$E = mc^2$

UNE FORMULE CHANGE LE MONDE

HARALD FRITZSCH

$E = mc^2$

UNE FORMULE CHANGE LE MONDE

Traduit de l'allemand par
Annie Brignone

Odile Jacob

Ouvrage traduit avec le concours
du Centre national du livre

L'édition originale en langue allemande de cet ouvrage
a été publiée par Piper Verlag GmbH, Munich, Allemagne
sous le titre : Eine Formel verändert die Welt

15, rue Soufflot, 75005 Paris

www.odilejacob.fr

ISBN : 2-7381-0551-3

Pour Brigitte, Oliver et Patrick

« La plupart des livres sur les sciences s'adressant aux profanes tentent davantage d'impressionner les lecteurs que de leur expliquer les visées et les raisonnements élémentaires. Après en avoir feuilleté quelques-uns, le non-spécialiste par ailleurs intelligent se décourage totalement. Il en conclut : " Je suis trop bête, je ferais mieux d'y renoncer. " En outre, les phénomènes présentés de manière spectaculaire rebutent également le lecteur. En un mot, seul l'auteur et l'éditeur sont responsables. Avant de publier un tel livre, il est préférable de s'assurer que tout amateur exigeant puisse le comprendre et l'apprécier. »

Albert EINSTEIN

Introduction

« Einstein m'expliquait chaque jour sa théorie, et à notre arrivée j'étais finalement convaincu qu'il la comprenait. »

Chaïm WEIZMANN *

Le titre de ce livre est inhabituel. Il se réfère à une formule mathématique – $E = mc^2$ – qui décrit la relation découverte par Albert Einstein entre l'énergie E et la masse *m* d'un objet matériel, où le facteur liant ces deux grandeurs est donné par la vitesse de la lumière, mesurée à 300 000 km/s. Or l'équation célèbre, établie par Einstein en 1905, n'est pas seulement une des formules mathématiques qui charpentent la physique moderne, elle est aussi un symbole de notre époque. Les scientifiques et les techniciens participant à la réalisation de la bombe atomique en prirent conscience dès le 16 juillet 1945 vers 6 heures du matin, quand eut lieu la première explosion atomique dans le désert du Nouveau-Mexique. Le grand public en fut informé quelques jours plus tard, le 6 août 1945, lorsque plus de cent mille habitants de la ville japonaise de Hiroshima furent les premières victimes de la bombe.

À partir de ce moment, les conséquences de la relation

---

* Extrait de *Einstein : the Human Side*, Princeton University Press, 1979, p. 62.

entre l'énergie et la masse, sous forme de bombes atomiques et à hydrogène, déterminèrent de manière plus ou moins directe la politique mondiale. La possibilité, offerte par ces bombes, d'anéantir toute vie sur terre a permis à l'humanité d'éviter une troisième guerre mondiale, au lieu de quoi nous vivons une époque caractérisée par un équilibre instable entre des puissances atomiques qui se tiennent réciproquement en échec.

Mais nul ne peut prévoir combien de temps encore cet équilibre, qui ne saurait être permanent, pourra être maintenu, ni s'il sera un jour possible d'imposer un désarmement à l'échelle mondiale, sans la menace que fait peser sur nous ce potentiel de destruction totale. Car c'est une ironie de l'histoire qu'un monde sans guerre, c'est-à-dire sans guerre atomique, n'est possible que parce que l'alternative n'est plus le monde d'autrefois où les guerres étaient un moyen légitime de la politique, mais *pas de monde du tout.*

Le début du vingtième siècle fut caractérisé par des transformations de la politique mondiale entraînant l'effondrement du monde bourgeois en apparence bien ordonné du dix-neuvième siècle finissant. C'était l'époque des mouvements révolutionnaires en Russie, de l'ascension économique des États-Unis et de l'exacerbation des rivalités en Europe, qui aboutira à l'éclatement de la Première Guerre mondiale. Il est intéressant de constater que les sciences de la nature connurent à peu près au même moment de profonds bouleversements grâce au physicien allemand, plutôt conservateur, Max Planck, qui créa les fondements de la future théorie des quanta et donc de la théorie moderne des atomes, ainsi qu'à Albert Einstein, un jeune employé du Bureau fédéral des brevets de Berne.

Vers la fin du dix-neuvième siècle, les sciences de la nature étaient dominées par la physique classique dont l'apogée avait été la mécanique de Newton. Les lois de Newton s'appliquaient universellement, régissant le mouvement des étoiles et des planètes aussi bien que celui des atomes. Les fondements de la mécanique newtonienne déterminaient la stabilité et l'immuabilité de la masse. L'espace et le temps constituaient, selon le savant anglais, les structures présupposées de l'univers.

La théorie de la relativité d'Einstein, plus exactement la théorie de la relativité restreinte, eut des conséquences considérables. (Il ne sera pas question ici de la théorie générale de 1915, consacrée tout particulièrement au problème de la gravitation.) Ni l'espace ni le temps ne sont des concepts revêtant une signification universelle, tous deux dépendent de la situation de l'observateur. Il ne peut pas non plus être question d'universalité de la masse : elle peut se transformer en énergie et *vice versa*.

C'est une telle transformation que décrit l'équation d'Einstein $E = mc^2$. Elle affirme qu'à tout morceau de matière correspond une masse considérable, à savoir l'énergie obtenue en multipliant la masse correspondante par le carré de la vitesse de la lumière $c = 300\,000$ km/s.

À l'aide de l'exemple suivant, on peut déterminer la valeur de cette énergie : une auto roulant sur l'autoroute à une vitesse de 180 km/h (donc 50 m/s) possède une énergie cinétique donnée par le demi-produit de la masse par le carré de la vitesse v, à savoir $\frac{1}{2}\,mv^2$. Par contre, selon la formule d'Einstein, l'énergie correspondant à la masse de la voiture est $2 \times (\frac{c}{v})^2 \approx 7{,}2 \times 10^{13}$, soit presque cent mille milliards de fois plus grande.

Bien sûr, cette énergie ne peut pas être utilisée telle quelle, car la matière qui constitue l'automobile est stable, elle ne peut donc pas être spontanément changée en énergie, telle que l'énergie de rayonnement. Ce n'est possible qu'à l'aide des méthodes de la physique nucléaire, et seulement de façon partielle.

L'équation d'Einstein ne décrit pas uniquement le bilan d'une transformation possible de la matière en énergie, mais aussi celui d'une inversion de ce processus, donc d'une transformation de l'énergie en matière. Ainsi est-il possible, par exemple, de produire des particules de matière grâce à des collisions de particules de lumière, les photons, ce qui autorise aujourd'hui les physiciens et les astronomes à spéculer sur la création de la matière au début de l'évolution cosmologique, lors de ce qu'on appelle le « big bang ».

On dit à tort de la théorie de la relativité qu'elle est trop difficile et réservée aux seuls spécialistes. C'est sans doute vrai si l'on veut entrer dans tous les détails de la théorie, qui effectivement sont ardus. Mais les idées de base sont excessivement simples et accessibles aux profanes. Les difficultés que rencontre un spécialiste, voulant expliquer la théorie de la relativité à un public intéressé, mais non initié à la physique, sont avant tout de nature conceptuelle.

Depuis la naissance, chacun de nous a développé un sentiment particulier de l'espace qui nous entoure et du temps qui s'écoule de façon apparemment régulière et universelle. Certaines conséquences de la théorie de la relativité semblent être en contradiction avec ce sentiment. On a l'impression erronée que la théorie de la relativité bouleverse de fond en comble les concepts d'espace et de temps. En réalité, il ne s'agit pas d'un bouleversement total de ces concepts, mais d'une modification et d'un élargissement, et ce pour des situations qui ne se produisent jamais ou seulement très rarement dans notre vie quotidienne : pour des processus où les corps matériels se déplacent à une vitesse extrêmement élevée, plus exactement à une vitesse approchant celle de la lumière, c'est-à-dire environ 300 000 km/s.

Les vitesses auxquelles nous avons affaire dans la vie quotidienne sont très petites par rapport à celle de la lumière. C'est pourquoi il n'y a pas de place, dans notre appréhension intuitive de l'espace et du temps, pour les phénomènes singuliers auxquels il faut s'attendre dans le cas de très grandes vitesses selon la théorie de la relativité. Pour comprendre ces effets, il faut non seulement apprendre des choses nouvelles, mais abandonner d'anciennes conceptions ou prendre conscience de leurs limites. C'est là que réside la difficulté.

Renoncer à des idées parfois séculaires est un processus douloureux et ne peut se faire qu'à grand-peine. Le secret de nombreuses découvertes dans les sciences de la nature ne consiste pas seulement dans la production d'idées nouvelles, mais dans l'identification des théories anciennes qui sont insuffisantes et doivent être remplacées.

Quand Einstein découvrit au début du siècle la relation entre l'énergie et la masse, il partit du fait que, dans l'équation $E = mc^2$, il s'agissait seulement d'une relation utile, grâce à laquelle on pouvait exploiter le bilan masse-énergie des processus physiques. En effet, pour les phénomènes physiques connus à cette époque et étudiés dans le détail, on ne pouvait pas encore parler d'une transformation directe de la masse en énergie, voire en rayonnements électromagnétiques. Dans le meilleur des cas, on parvenait à transformer en énergie des fragments minuscules et négligeables de la masse en question.

Einstein lui-même ne croyait pas, à cette époque, qu'il serait possible un jour de transformer directement en énergie des quantités plus grandes de matière. Mais, sur ce point, il se trompait. Bien sûr, il ne pouvait pas savoir qu'on trouverait, peu d'années après la formulation de son équation, de nouvelles forces physiques – les interactions fortes à l'intérieur du noyau atomique – grâce auxquelles on allait pouvoir, pour la première fois, transformer en énergie une part relativement importante de la matière nucléaire, par exemple en énergie de particules émises ou en rayonnements électromagnétiques. Or c'est exactement ce qui s'est produit au cours de l'explosion de la bombe lancée sur Hiroshima.

Le 6 août 1945, un gramme de masse s'était soudain transformé en énergie, une énergie correspondant à l'énergie libérée par l'explosion de 12 400 tonnes d'explosif conventionnel au TNT (la bombe elle-même, une construction technique complexe, pesait beaucoup plus : presque 4 tonnes). Elle suffisait à faire disparaître de la surface de la terre la plus grande partie d'une ville d'environ trois cent mille habitants.

Pour la bombe atomique comme pour les réacteurs nucléaires, l'énergie est « produite » à partir de la masse. Or ce n'est possible que parce qu'il existe, outre les forces bien connues de la gravitation et de l'électromagnétisme, une autre force naturelle, celle de l'interaction des particules nucléaires à l'intérieur du noyau de l'atome. (Par ailleurs, il existe aussi l'interaction dite « faible » qui joue un rôle important dans la désintégration radioactive des noyaux atomiques mais que nous laissons de côté pour l'instant.) Une propriété essentielle de cette interaction forte est que, au cours des phénomènes où elle est prépondérante, la masse des objets concernés (particules, noyaux atomiques) est modifiée.

Les réactions d'interaction forte furent à l'œuvre au tout début de l'univers. C'est ainsi, par exemple, qu'on explique la synthèse des noyaux atomiques par les processus d'interaction forte, peu après le big bang, cette explosion primordiale qui vraisemblablement s'est produite il y a environ quinze milliards d'années, ou encore par les processus nucléaires se déroulant dans les étoiles.

Sur Terre, les processus d'interaction forte n'ont pratiquement plus lieu aujourd'hui. La plupart des processus dynamiques sont des processus au cours desquels la force de pesanteur, c'est-à-dire la gravitation, et l'interaction électromagnétique jouent les premiers rôles.

Les processus chimiques, par exemple la combustion ou l'explosion d'une grenade, sont également des processus de nature électromagnétique puisque la cohésion des atomes est due aux forces d'attraction électrique. Pour cette raison, on a mis longtemps avant de s'apercevoir que masse et énergie sont transformables l'une en l'autre. Au siècle dernier, les physiciens et les chimistes allaient même jusqu'à parler de deux principes de conservation différents dans les sciences de la nature : conservation de l'énergie et conservation de la masse.

Ce n'est qu'au début de notre siècle qu'on s'est aperçu que toute une série de phénomènes physiques découverts au dix-neuvième siècle, plus particulièrement les phénomènes électromagnétiques et les effets de la physique atomique, ne pouvaient être compris que si l'on renonçait à la séparation stricte entre espace et temps, et si on les considérait comme une entité, comme un espace-temps. La théorie de la relativité d'Einstein est la formulation mathématique de cette unité.

Une conséquence importante de cet amalgame de l'espace et du temps est la conversion de la masse en énergie et *vice versa*.

Dans la mécanique classique – la physique de Newton –, masse et énergie sont deux concepts différents. D'après Newton, l'énergie d'un boulet de canon au repos est nulle, tandis qu'elle est considérable dans la théorie d'Einstein. Il n'est pas juste toutefois de dire que la théorie de Newton doit être remplacée par la théorie de la relativité. Elle s'avère plutôt comme un cas limite, valable seulement dans les situations où les vitesses sont inférieures à celle de la lumière, soit environ 300 000 km/s. C'est le cas dans la plupart des situations que nous rencontrons dans la vie de tous les jours. La physique de Newton, la physique du quotidien, est pour cette raison immédiatement évidente et directement saisissable. Ces lois sont familières au moins intuitivement à tout automobiliste. Dans certaines situations critiques, il ne pourra pas s'en sortir sans cette intuition.

Dans les phénomènes de transmutation atomique qui font intervenir des interactions fortes, la vitesse des particules et des noyaux est la plupart du temps comparable à celle de la lumière. Il n'est pas rare que ces objets se déplacent à des vitesses largement supérieures à 100 000 km/s. On ne peut comprendre ces phénomènes qu'avec la théorie de la relativité et par conséquent en tenant compte de l'unité de l'espace et du temps, de la masse et de l'énergie.

Toutefois, la théorie de la relativité ne sert pas seulement à comprendre le mode de fonctionnement d'une bombe ou d'un réacteur nucléaire. Ses effets interviennent aussi dans de nombreux domaines des sciences, tels que l'électronique et la microélectronique, les accélérateurs de particules et même certaines techniques médicales. Aujourd'hui, les éléments fondamentaux de la théorie de la relativité font partie de la culture de chacun, au même titre que la connaissance de la matière atomique.

De nombreux livres ont été écrits sur la théorie de la relativité pour un public profane et l'un d'eux par Einstein lui-même. Ce livre-ci se distingue des autres par deux caractéristiques.

Dans un premier temps, j'ai tenté de décrire les conséquences à longue portée de la théorie de la relativité restreinte sur nos conceptions actuelles de la formation et de la structure de la matière, où la relation masse-énergie joue un rôle central. L'importance conférée à l'aspect de la matière ainsi qu'à l'équivalence de la masse et de l'énergie apparaît déjà dans le titre. Comme pour tout livre de vulgarisation scientifique, il fallait opérer un choix minutieux entre ce qui devait être écrit et surtout ce qui ne devait pas l'être. C'est donc consciemment que je n'ai pas traité en détail les questions relatives à la cosmologie ou au big bang. Ce qui est nouveau dans ce livre, c'est la combinaison des différentes facettes que présente la relation d'Einstein entre la masse et l'énergie. Cette relation traverse l'édifice de la physique moderne tel un fil rouge qui conduit au commencement du monde, à l'explosion primordiale.

Par ailleurs, la plus grande partie de ce livre se présente sous forme de conversations fictives entre Isaac Newton, Albert Einstein et une troisième personne imaginaire, Adrian Haller, professeur de physique théorique à l'université de Berne. De tels dialogues sont naturellement pure invention de l'auteur, ces personnages n'ayant jamais pu se rencontrer. De plus, les personnages « Newton » et « Einstein », tels qu'ils argumentent et agissent dans ce livre, ne sont pas entièrement identiques aux personnalités historiques. Je décris leurs réactions et leurs déclarations, comme si d'aventure on pouvait les amener à prendre position sur les approches et les résultats de la physique actuelle.

L'élaboration des concepts fondamentaux de la théorie de la relativité restreinte était achevée pour l'essentiel en 1909. Cette année fut importante pour la carrière d'Einstein, car c'est alors qu'il eut ses premières offres de chaire d'enseignement et qu'il devint célèbre dans son domaine. Le personnage d'Albert Einstein, tel qu'il apparaît dans mon livre comme interlocuteur d'Isaac Newton, doit être identifié à l'Einstein de l'année 1909, donc à un homme encore jeune de trente ans. À cette époque, Einstein était certes le père de la théorie de la relativité restreinte, mais il ignorait tout des conséquences de sa théorie en physique nucléaire, en physique des particules, en cosmologie et dans bien d'autres domaines.

Comme interlocuteur d'Einstein, j'ai choisi Isaac Newton, tel qu'il était, à ce qu'on en sait, après la rédaction de son œuvre majeure, les *Principia*. Newton était alors au début de la quarantaine et dans une période très féconde.

Je ne cacherai pas que j'ai choisi la forme dialoguée car elle permet une confrontation plus contrastée des différents points de vue. Les difficultés de faire passer les idées de la théorie de la relativité sont surtout de nature conceptuelle. Pour cette raison, il est important d'attirer toujours l'attention du lecteur sur les différences subtiles entre les diverses notions de la physique classique et de la théorie de la relativité.

Le lecteur non prévenu s'identifiera peut-être d'abord à Isaac Newton. Comme ce dernier, il refusera au début d'admettre *a priori* les conclusions d'Einstein et de Haller, jusqu'au moment où il deviendra, comme Newton lui-même, un relativiste convaincu.

Mon modèle pour la forme dialoguée demeure le célèbre *Dialogue sur les deux grands systèmes du monde* de Galilée qui fut publié en 1632 et qui, grâce à sa large diffusion, a contribué de manière décisive à imposer le système du monde copernicien en Europe. Contrairement à Galilée, je n'ai toutefois pas conçu mon livre seulement sous la forme de dialogues, mais j'ai intégré librement les conversations dans une intrigue.

Les deux premiers chapitres sont consacrés au système de concepts physiques créé par Newton, tels que temps, espace, masse, etc. Comme ces derniers s'inspirent étroitement des conceptions intuitives que chaque individu élabore consciemment ou inconsciemment au cours de sa vie, le lecteur n'aura aucune difficulté à les admettre. Je décris un peu plus en détail les idées de Newton sur l'espace absolu et le temps absolu, c'est-à-dire ses conceptions de la physique classique, qui furent soumises à une remise en question radicale dans la théorie de la relativité.

La forme dialoguée, retenue pour la plus grande part du livre, commence au troisième chapitre par la discussion entre Haller et Newton au Trinity College de Cambridge sur la nécessité d'une révision des conceptions newtoniennes de l'espace et du temps. Les nouvelles découvertes sur la nature de la lumière, dont il est question dans le quatrième chapitre, sont à l'origine de ces réflexions. Le souhait de Newton de rencontrer Albert Einstein, créateur de la théorie de la relativité, pour échanger leurs idées, sera exaucé au cinquième chapitre, quand Haller et Newton arrivent à Berne.

Les remarques d'Einstein sur la constance de la vitesse de la lumière dans la nature vont scandaliser Newton (sixième chapitre). Mais il sera peu à peu introduit dans le monde intellectuel du jeune Einstein, ce dernier aussi bien que Haller le guidant dans son périple au pays de la relativité.

Le premier pas vers la théorie de la relativité sera effectué au chapitre IX, quand Newton sera initié au célèbre phénomène de la dilatation du temps dans le cas des très grandes vitesses. Le chapitre suivant est consacré à la vérification expérimentale. Newton admet la preuve expérimentale de la dilatation du temps à l'aide des muons se déplaçant à grande vitesse (chapitre X), ainsi que la possibilité du vieillissement différent de deux jumeaux, dont l'un entreprend un long voyage dans l'espace (chapitre XI).

Le phénomène époustouflant du raccourcissement des objets se déplaçant à très grande vitesse (chapitre XII) de même que les étonnantes propriétés symétriques de l'espace-temps, cette entité invoquée par Einstein de l'espace et du temps (chapitre XIII), seront tous deux finalement acceptés par Newton. Au chapitre XIV, Newton se rendra à la nouvelle signification du concept de masse d'un corps dans la théorie de la relativité. Masse et énergie sont dans une étroite relation réciproque.

C'est Newton qui introduira le premier, au chapitre XV, la formule à laquelle se rapporte le titre du livre : $E = mc^2$. À partir de ce moment-là, Haller prendra l'initiative dans les discussions qui, dans la deuxième partie du livre, auront lieu au

CERN près de Genève et qui porteront sur des domaines ignorés aussi bien de Newton que d'Einstein.

La fusion et la fission nucléaire seront évoquées au chapitre XVI. L'explosion de la première bombe atomique le 1er juillet 1945 dans le désert du Nouveau-Mexique et les préparatifs effectués dans ce but à Los Alamos sont le thème du chapitre suivant. Au chapitre XVIII, la conversation tournera autour des possibilités techniques d'obtenir de l'énergie par fusion et fission nucléaire.

Le résultat le plus impressionnant de la transformation de la masse en énergie, l'annihilation de la matière au contact de l'antimatière, sera le thème de la discussion du chapitre XIX. Cela nous conduira nécessairement à parler de la physique des particules élémentaires (chapitre XX) et des questions cosmologiques sur l'origine et la destruction éventuelle de toute matière dans l'univers (chapitre XXI).

J'ai écrit ce livre avant tout parce que je voulais informer le grand public de l'importance et du rôle de la relation d'Einstein masse-énergie dans notre image moderne du monde physique. Un lecteur intéressé mais profane devrait être en mesure de se faire une idée de l'importance de la théorie de la relativité, et particulièrement de la relation, aux nombreuses conséquences, entre la masse et l'énergie. Dans une époque comme la nôtre, où la discussion concernant les problèmes de la production future d'énergie, par exemple la mise en service de réacteurs nucléaires, touche avec raison un public toujours plus vaste, il est important que chacun puisse se faire une idée et ne soit pas obligé de suivre aveuglément le conseil des experts, ou de ceux qui se présentent comme tels.

Pour beaucoup, la formule d'Einstein est une sorte de code magique inventé par les physiciens et non pas une propriété fondamentale de la nature. J'espère que, dans un avenir proche, les idées de la théorie de la relativité perdront définitivement leur caractère magique, mystérieux et incompréhensible, qu'elles feront partie de la culture de chacun et que ce livre y contribuera.

Une partie du manuscrit a été écrite au CERN, à l'occasion d'un long séjour en tant qu'invité du département de physique théorique. Je voudrais remercier les membres de ce département de leur accueil et particulièrement leur ancien directeur, le professeur Maurice Jacob. J'éprouve une immense gratitude envers Richard P. Feynman, décédé en février 1988, avec lequel j'ai pu parler de la forme et de la thématique de ce livre à l'occasion d'un séjour au California Institute of Technology à Pasadena. Je remercie aussi les membres du département de physique théorique du laboratoire de Los Alamos de leur hospitalité qui m'a permis d'écrire une grande partie de ce livre en un été.

Je remercie également M. Johann Plankl d'avoir relu de nombreux passages du manuscrit. J'exprime enfin ma reconnaissance à toute l'équipe des éditions Piper, et particulièrement à M. Klaus Stadler, pour ses précieux conseils lors de la rédaction de ce livre.

$E = mc^2$

LIEUX

Cambridge, ville universitaire d'Angleterre
Berne, capitale de la Suisse et lieu d'origine de la formule $E = mc^2$
CERN, centre de recherche en physique des particules élémentaires situé à l'ouest de Genève

PERSONNAGES

Isaac Newton, ancien professeur de philosophie naturelle à l'université de Cambridge
Albert Einstein, ancien fonctionnaire de deuxième classe du Bureau fédéral des brevets à Berne
Adrian Haller, professeur de physique théorique à l'université de Berne

CHAPITRE PREMIER

Newton et l'océan de la vérité

Vers la fin du mois de juillet, les vacances semestrielles venaient tout juste de commencer à l'université de Berne, le professeur Adrian Haller s'était envolé pour participer à un colloque à l'université de Californie à Santa Barbara, sur la côte Ouest des États-Unis. Il avait prévu de s'arrêter quelques jours à Londres, pour rendre visite à des amis. Le jour même de son arrivée, il trouva l'occasion de visiter l'abbaye de Westminster pour se recueillir sur la tombe de Newton et put lire sur la pierre cette épitaphe : *Sibi gratulentur mortales tale tantumque exis-tisse humani generis decus* (« Que les mortels se félicitent qu'une telle gloire du genre humain ait vécu parmi eux »).

Ces mots expriment tout le respect et l'admiration que les Anglais éprouvent aujourd'hui encore pour leur compatriote de génie, Isaac Newton. Né à Woolsthorpe, dans le Lincolnshire, le 24 décembre 1642 (selon le calendrier julien), l'année de la mort de son célèbre collègue italien Galilée, il mourut à Londres le 20 mars 1727.

On ne saurait surestimer l'importance des idées de Newton dans la formation de notre conception du monde. Comme aucun autre scientifique avant et après lui, excepté peut-être Einstein, il a donné une impulsion décisive au développement des sciences de la nature et des techniques. La clarté et la profondeur de sa pensée ont même impressionné les poètes, comme en témoignent ces vers fameux de Pope :

Nature and Nature's laws lay hid in night :
God said, let Newton be ! and all was light.
(« La nature et ses lois restaient tapies dans les ténèbres,
Dieu dit, *que Newton soit* ! et tout s'illumina. »)

Tout cela fit que Haller désira visiter ce dimanche le champ d'activités de Newton au Trinity College de Cambridge, ville universitaire située à environ 80 km au nord de Londres. Après une courte promenade dans la ville, il se rendit directement au College. Il découvrit aussitôt, à gauche du porche d'entrée, le petit bâtiment modeste où Newton avait longtemps vécu et travaillé.

La grande cour était déserte à cette heure matinale. Haller s'assit sur la marche de la fontaine, au milieu de la cour, pour jouir du soleil et du calme des lieux. Personne ne le dérangea. Seul un homme d'âge moyen, à coup sûr un chercheur ou un professeur travaillant et habitant au College, traversa la cour et entra dans la maison de Newton.

Haller essaya de se représenter les lieux à l'époque de Newton. Tout était sans doute comme aujourd'hui, car le College n'avait guère changé au cours des siècles. Newton vint à Cambridge comme étudiant en 1661 et s'inscrivit au Trinity College. À cette époque, il s'intéressait essentiellement aux mathématiques, à l'astronomie, à l'optique et à la chimie, sans oublier la théologie. L'étudiant qu'il était impressionna particulièrement son professeur Isaac Barrow, alors titulaire de la chaire lucassienne de mathématiques (d'après Henry Lucas, fondateur de cette chaire). Barrow s'intéressait non seulement aux sciences naturelles, mais aussi aux mathématiques, aux langues et aux questions religieuses. Au cours de sa vie, il avait été prédicateur, professeur de grec, d'optique et de mathématiques. (Il maîtrisait naturellement le latin et l'hébreu, mais aussi l'arabe.)

L'influence de Barrow sur la carrière ultérieure du jeune étudiant fut décisive. Grâce à lui, Newton posséda à fond tout le savoir scientifique de son temps. L'intérêt exceptionnel qu'il manifesta pour la religion au cours des dernières années de sa vie est dû aussi en grande partie à Barrow, qui l'initia, tout particulièrement, aux idées des philosophes Spinoza et Hobbes.

À l'âge de vingt-trois ans, Newton obtint le grade de bachelier en philosophie. Son projet initial de rester à l'université pour se consacrer à l'étude des mathématiques tourna court en raison de l'épidémie de peste qui ravagea l'Angleterre en 1665. Les autorités ayant décrété la fermeture des universités pour éviter tout risque de contagion, Newton revint auprès de sa mère à Woolsthorpe, où il vécut la période la plus féconde de sa vie. En un court laps de temps, il développa les idées de base du calcul différentiel et intégral, ainsi que de la mécanique classique. Il formula la loi de la gravitation universelle, et par conséquent de l'attraction générale des masses, qui allait devenir un des piliers de la physique, avant que, deux cent cinquante ans plus tard, Albert Einstein ne lui donnât une nouvelle interprétation plus fondamentale.

Newton séjourna environ un an et demi à Woolsthorpe. La profusion d'idées nouvelles qui virent le jour à cette époque est impressionnante et ne peut s'expliquer que par sa puissance incroyable de pensée et de concentration. Segrè a pu écrire à ce sujet dans ses notes biographiques : « La singularité de son talent résidait en sa capacité de garder présentes à l'esprit les données d'un problème jusqu'à ce qu'il en trouve la solution. Je pense qu'il doit sa supériorité à la puissance de sa faculté d'intuition, la plus forte et la plus persévérante qui ait jamais été donnée à un être humain. Quiconque s'est jamais essayé une fois à une pure réflexion scientifique ou philosophique sait bien que son esprit peut certes se concentrer un certain temps sur un problème afin de le résoudre, mais que bientôt tout s'estompe et s'évanouit pour ne plus laisser qu'une plage blanche. Je crois que Newton pouvait penser au même problème pendant des heures, des jours, des semaines, jusqu'à ce qu'il en pénètre le secret. »

Dans l'histoire des sciences de la nature, il n'existe qu'un seul autre exemple d'une telle profusion d'idées nouvelles, jaillissant en un temps aussi bref. Dans les années 1904 et 1905,

Albert Einstein établit les bases de la relativité du temps et de l'espace, prolongement essentiel des idées de Newton, de même que les bases importantes de la théorie moderne des quanta.

De retour à Cambridge, Newton impressionna tant son professeur Barrow que celui-ci décida de communiquer certains résultats de son élève à des collègues de la Royal Society, fondée à Londres en 1660. Ainsi, le nom de Newton franchissait pour la première fois les murs de Cambridge. En 1669, Barrow renonçait à la chaire lucassienne de mathématiques. Au moment de l'élection de son successeur, il s'assura que Newton, âgé alors de seulement vingt-sept ans, fût nommé à ce poste.

Newton consacra ses premiers cours à l'optique. Outre ses recherches théoriques, il fit des expériences dans son laboratoire du Trinity College, la plupart du temps avec des appareils qu'il fabriquait lui-même. Bien qu'il soit aujourd'hui principalement célèbre comme auteur de théories physiques, ce fut aussi un excellent expérimentateur et un remarquable artisan. Nous en avons toute une série de preuves comme le télescope à réflexion, aujourd'hui propriété de la Royal Society, dont le miroir fut poli par Newton lui-même.

La première publication de Newton, en 1672 dans les *Philosophical Transactions of the Royal Society,* traitait d'un phénomène d'optique découvert par lui, associant la réfraction de la lumière aux couleurs. Par la suite, cette découverte allait apporter une contribution importante à l'élucidation de la nature physique de la lumière.

Il est intéressant de noter que, plus de deux siècles plus tard, des considérations sur la nature de la lumière seront de nouveau à l'origine d'une révolution en physique, déclenchée cette fois par Albert Einstein. Prenant position sur les travaux de Newton, il écrivit dans son introduction à une nouvelle édition de *L'Optique* : « Heureux Newton, bienheureuse enfance de la science ! Qui dispose aujourd'hui de temps et de calme peut, en lisant ce livre, revivre les moments merveilleux que le grand Newton a connus dans ses jeunes années. La nature était pour lui un livre ouvert dont il pouvait lire sans peine tous les signes. Les concepts, dont il se servait pour mettre de l'ordre dans les données expérimentales, surgissaient spontanément des expériences mêmes, les belles expériences qu'il faisait se succéder comme des jeux et qu'il décrivait avec un luxe attendrissant de détails. Il était tout à la fois expérimentateur, théoricien, mécanicien et pas moins interprète de génie. Il nous apparaît solide, sûr et seul : sa joie de créer et son exactitude jusque dans le moindre détail se manifestent dans chaque mot et chaque chiffre. »

Newton ne publiait les résultats de ses recherches qu'à contrecœur, et seulement pour éviter toute querelle de priorité. L'astronome Edmond Halley (1656-1742) a le mérite d'avoir su convaincre Newton de publier ses idées et ses résultats dans un grand ouvrage. Il y a un peu plus de trois cents ans paraissait le premier livre de son œuvre majeure, les *Philosophiae naturalis principia mathematica* (*Principes mathématiques de la philosophie naturelle*).

Ce livre, souvent appelé *Principia* pour faire court, est un des piliers de la physique. Il pose notamment les fondements de la mécanique et, en conséquence, des développements des techniques. Dans la préface, Newton décrit ainsi son approche des phénomènes physiques : « Trouver les forces qu'emploie la nature dans les phénomènes du mouvement puis expliquer par ces forces les autres phénomènes. » Les trois cents ans écoulés depuis la parution des *Principia* témoignent du succès extraordinaire de cette méthode d'investigation.

Les *Principia* sont divisés en trois parties. Dans un premier temps, Newton définit les concepts fondamentaux de la mécanique qui seront traités plus en détail dans la suite de ces pages.

Le livre I est consacré à différents aspects de la mécanique. Y sont étudiés en particulier les mouvements des corps sous l'influence de forces centrales, les forces dirigées vers un centre, telle la force d'attraction de la gravité qui émane du Soleil et revêt une importance capitale pour les mouvements des planètes.

Le livre II traite essentiellement de physique appliquée. Newton y étudie, par exemple, les problèmes concernant les mouvements des corps dans des milieux tels que l'air et l'eau, comme celui de la résistance qu'ils y rencontrent. Newton fonde à cette occasion une nouvelle branche des mathématiques, dont l'importance en physique, en particulier pour la mécanique, ne devait apparaître que cent ans plus tard. Il s'agit du calcul des variations. Le livre II se termine sur la théorie des ondes, dans laquelle Newton se limite à la propagation des ondes dans les fluides et des ondes sonores.

Le livre III des *Principia*, intitulé *Du système du monde*, est consacré avant tout aux phénomènes astronomiques. Sur la base de sa théorie de l'attraction universelle entre masses (gravitation), Newton explique le mouvement des planètes se déplaçant dans le champ gravitationnel du Soleil, une prouesse scientifique qui rendit Newton célèbre dans le monde entier.

À la fin des *Principia*, Newton écrit à propos de sa théorie de la gravitation :

« J'ai expliqué jusqu'ici les phénomènes célestes et ceux de la mer par la force de la gravitation, mais je n'ai assigné nulle part la cause de cette gravitation. Cette force vient de quelque cause qui pénètre jusqu'au centre du Soleil et des planètes, sans rien perdre de son activité ; elle n'agit point selon la grandeur des superficies (comme les causes mécaniques), mais selon la quantité de la matière ; et son action s'étend de toutes parts à des distances immenses, en décroissant toujours dans la raison doublée des distances. [La diminution est proportionnelle au carré de la distance. H. F.]

« La gravité vers le Soleil est composée des gravités vers chacune de ses particules, et elle décroît exactement, en s'éloignant du Soleil, en raison doublée des distances. [...]

« Je n'ai pu encore parvenir à déduire des phénomènes la raison de ces propriétés de la gravité, et je n'imagine point d'hypothèses. [Dans l'original latin, nous avons ici le fameux *Hypotheses non fingo*. H. F.] Car tout ce qui ne se déduit point des phénomènes est une hypothèse : et les hypothèses, soit métaphysiques, soit physiques, soit mécaniques, soit celles des qualités occultes, ne doivent pas être reçues dans la philosophie expérimentale.

« Dans cette philosophie, on tire les propositions des phénomènes, et on les rend ensuite générales par induction. C'est ainsi que l'impénétrabilité, la mobilité, la force des corps, les lois du mouvement, et celles de la gravité ont été connues. Et il suffit que la gravité existe, qu'elle agisse selon les lois que nous avons exposées, et qu'elle puisse expliquer tous les mouvements des corps célestes et ceux de la mer *. »

Le succès de la mécanique de Newton, telle qu'elle est exposée dans les *Principia*, fut éclatant non seulement en Angleterre, mais aussi sur le continent. Voltaire, par exemple, les mentionnait à la moindre occasion dans ses déclarations et dans ses écrits.

La mécanique céleste fondée par Newton permettait d'expliquer par le menu les mouvements des planètes. Elle triompha plus d'un siècle après la mort du savant. Pendant un certain temps, il sembla que la théorie de Newton n'était pas en mesure de décrire en détail la trajectoire d'Uranus. En mesurant avec exactitude cette trajectoire, on trouvait de petites anomalies qui ne se laissaient pas expliquer dans le cadre de la théorie newtonienne de la gravitation universelle.

Une explication possible, qui n'était pas en contradiction avec la théorie de Newton, consistait à supposer qu'au-delà de la planète Uranus se trouvait une autre planète dont la gravitation expliquerait les anomalies observées. C'est la solution que proposèrent en 1846 Urbain Jean Joseph Le Verrier et John Couch Adams, indépendamment l'un de l'autre. De plus, ils furent en mesure d'indiquer la position exacte de la nouvelle planète qui, selon eux, tournait autour du Soleil sur une trajectoire à peu près circulaire d'un rayon de quatre milliards et demi de kilomètres environ. Cette même année, la nouvelle planète fut découverte par l'astronome berlinois Johann Gottfried Galle : elle fut appelée « Neptune ». Une fois de plus, il

* Traduction de Mme du Châtelet.

s'avéra que la théorie de Newton pouvait expliquer les infimes détails de la marche des corps célestes.

Les grands succès de la mécanique de Newton ont vraisemblablement fait que personne n'a procédé à une vérification des fondements de sa théorie. Il est hautement probable que Newton lui-même eut un regard critique sur ces fondements, en particulier ses idées concernant l'espace et le temps. Mais comme il utilisait toujours des formulations prudentes dans ses publications, et s'en tenait à son adage *Hypotheses non fingo*, sinon quand il pensait, du moins quand il écrivait, il n'a pas transmis à la postérité ses doutes sur les fondements de sa physique, fondements qu'ils avait lui-même élaborés. Au cours du dix-neuvième siècle, il apparut clairement que tous les phénomènes physiques ne se laissaient pas expliquer dans le cadre de la théorie newtonienne de la mécanique. On découvrit ainsi des phénomènes électriques et magnétiques, réfractaires à toute explication mécanique. Vers la fin du siècle, la physique nucléaire naissante ainsi que certaines propriétés étranges des matériaux et des gaz ne pouvaient plus se décrire par des modèles mécaniques.

Presque deux cent vingt ans après la publication des *Principia*, on arriva à un point tel que la conception newtonienne du monde devait être remise en cause jusque dans ses fondements. Albert Einstein, âgé alors de vingt-sept ans et employé du Bureau fédéral des brevets de Berne, publia en 1905 ses idées nouvelles sur la structure interne de l'espace et du temps, revenant à transformer de fond en comble la mécanique. Il se révéla toutefois que la physique de Newton, loin d'être fausse, constituait dans de nombreux cas une très bonne représentation approchée de la réalité. Sa mécanique s'avérait en fait une première approximation de la mécanique einsteinienne.

Après la publication des *Principia*, la renommée de Newton s'étendit dans toute l'Europe. Il fut bientôt considéré comme le plus grand savant vivant. En 1696, le roi le nomma inspecteur de la Monnaie, une fonction très importante. (Il fut responsable d'un changement dans le monnayage entrepris à cette époque en Angleterre.) Plus tard, il devint directeur de la

Monnaie. C'est à ce titre qu'on peut voir l'effigie de sir Isaac Newton sur le billet d'une livre. En 1709, il fut anobli par la reine Anne pour services rendus à l'administration de la Monnaie.

Les vingt-quatre dernières années de sa vie, Newton fut président de la Royal Society. La plus ancienne académie savante d'Angleterre toujours active inaugura de façon informelle, dès 1645, ses premières séances hebdomadaires, en réunissant des philosophes et des savants de grande renommée. En 1660, le roi Charles II la reconnut officiellement comme l'Académie royale d'Angleterre, et Newton avait donc la haute main sur la vie scientifique en Angleterre. L'élection d'un nouveau membre ne pouvant se faire qu'avec son accord.

Isaac Newton mourut le 20 mars 1727 à Londres. Il fut enterré à l'abbaye de Westminster.

CHAPITRE II

Newton et l'espace absolu

Comme nous allons exposer plus loin les idées d'Einstein sur la relativité de l'espace et du temps, il convient de nous occuper d'abord des conceptions de Newton, avant de laisser nos deux grands hommes prendre la parole.

Dans les *Principia,* Newton établit les concepts fondamentaux de sa mécanique. La première notion introduite est la masse d'un corps ou d'une particule. Il définit la masse comme le produit de la densité et du volume, une définition qui peut sembler tautologique dans la mesure où le concept de densité n'a pas été suffisamment éclairci. De nombreux critiques de l'œuvre de Newton ont rejeté sa définition de la masse comme un « semblant de définition ». Ce reproche n'est pas injustifié, mais il méconnaît le fait que Newton partait d'une conception atomiste de la structure de la matière.

Selon lui, la matière était composée d'infimes particules, les atomes, et la densité n'était rien de plus qu'une mesure du nombre de particules matérielles par unité de volume, une conception confirmée pour l'essentiel par le développement de la théorie atomiste au dix-neuvième siècle.

Visiblement, Newton a réfléchi pendant longtemps sur le concept de masse. Aujourd'hui, cela semble justifié car, malgré l'abondance de nouveaux aperçus acquis au cours des trois derniers siècles, on ne sait toujours pas clairement ce que masse et matière représentent au fond.

Newton fut le premier à percevoir l'importance du produit de la masse par la vitesse d'un corps, de la quantité de mouvement, ou impulsion. Cette grandeur ne change pas, elle reste donc constante, si aucune force ne s'exerce sur le corps. Étant donné que la masse d'un corps demeure en général invariable dans de telles conditions, sa vitesse ne se modifie donc pas non plus.

Dans son livre, Newton décrit ainsi cet état de fait : « Tout corps persévère dans son état de repos ou de mouvement rectiligne uniforme, aussi longtemps qu'aucune force extérieure n'agit sur lui et ne le contraint à changer cet état. »

De nos jours, où chacun accumule les expériences de mouvements à relativement grandes vitesses, cette assertion va de soi. Il en allait autrement à l'époque de Newton. On a longtemps cru que tous les mouvements étaient associés à des forces.

Le monde qui nous environne, et que nous observons chaque jour avec nos propres yeux, est très varié. Nous voyons constamment autour de nous une multiplicité de phénomènes naturels, que ce soit la chute des feuilles en automne dans une forêt d'arbres à feuilles caduques ou le vol d'un oiseau par-dessus les toits d'une ville. Tous ces phénomènes ont un point commun : ils s'accomplissent grâce au concours de nombreuses causes. Ainsi, les feuilles tombent des arbres car souffle un vent léger. Leur chute est lente, en tout cas moins rapide que celle d'une pomme se détachant de sa branche, parce que l'air oppose une résistance au mouvement des feuilles. Certes, cette résistance existe également pour la pomme, mais elle est beaucoup moins importante.

Comment se produisent donc ces mouvements variés que nous observons constamment dans la nature ? Qu'est-ce qu'un mouvement ? Intuitivement, nous croyons que le mouvement a quelque chose à voir avec les forces. Observons un corps, par exemple une voiture au repos. Pour la mettre en mouvement, nous devons exercer une force, en l'occurrence la pousser par derrière. Pour la maintenir en mouvement pendant un certain temps, il faudra continuer à la pousser ou mettre en marche le moteur qui assume alors ce travail. On aura l'impression que le mouvement est un état qui nécessite constamment la présence de forces et d'énergie. Ce principe a été formulé par Aristote il y a plus de deux mille ans. Ainsi écrivait-il en substance : un corps en mouvement s'immobilise quand la force génératrice de ce mouvement cesse d'agir.

Le principe d'Aristote est indubitablement juste : nous observons sans cesse l'arrêt de mouvements. Mais il a un défaut rédhibitoire : il est pratiquement inutilisable sous cette forme. Certes, Aristote pensait aux mouvements des corps sur la Terre, où tous les corps sont en contact permanent les uns avec les autres dans leur environnement. Le principe d'Aristote ne vaut certainement pas pour les corps célestes qui se déplacent dans l'univers. Un vaisseau spatial parcourant l'univers, loin de toute étoile et de toute planète, n'a besoin d'aucune force pour entretenir son mouvement. Il ne sera jamais au repos, mais en état permanent de mouvement.

Galilée, le grand savant italien, mort près de Florence l'année de la naissance de Newton, démontra le premier que le principe d'Aristote devait être remplacé par un nouveau principe. À la suite de nombreuses expériences, il découvrit qu'un corps, non soumis à l'influence de forces extérieures, conservait son état de mouvement et poursuivait sa course rectiligne uniforme.

La vitesse n'est d'aucune manière une mesure de la force agissant sur un corps. Une voiture qui se déplace à 100 km/h en ligne droite sur une portion rectiligne de l'autoroute conservera cet état de mouvement si aucune force extérieure n'agit sur elle.

Naturellement, dans la réalité, il en va tout autrement, car à la suite d'une coupure de moteur elle s'arrêtera au bout de quelques minutes, en raison de la perte constante d'énergie due au frottement des pneus sur la chaussée ainsi qu'à la résistance de l'air. En ce sens, la voiture satisfait le principe d'Aristote. Par conséquent, on ne peut pas dire que le principe d'Aristote est faux et en contradiction avec celui de Galilée. Le principe d'Aristote est formulé de manière trop imprécise et ne peut donc pas trouver d'application directe, dans la technique par exemple.

Dans les *Principia* de Newton, le principe de Galilée joue un rôle fondamental. Newton en a fait la première de ses lois naturelles du mouvement des corps. Newton a nommé « principe d'inertie » la tendance de tous les corps aspirant à demeurer dans leur état de mouvement présent respectif.

La définition rigoureuse des concepts d'espace et de temps était tout à fait essentielle pour la réalisation du programme newtonien d'une formulation des lois fondamentales de la mécanique. Les mouvements de tous les objets du monde ont lieu dans l'espace et le temps. Mais que sont l'espace et le temps ? L'univers est-il infiniment grand ou a-t-il des limites ? Pourquoi le temps s'écoule-t-il de manière uniforme ? Et le temps, qu'est-il vraiment ?

Saint Augustin répondit ainsi à la question : « Si on me le demande, alors je le sais. Mais si je veux l'expliquer, alors je ne le sais pas. » Dans *La Montagne magique*, Thomas Mann écrit : « Qu'est-ce que le temps ? Un mystère ! Sans réalité propre, il est tout-puissant. Il est une condition du monde phénoménal, un mouvement mêlé et lié à l'existence des corps dans l'espace, et à leur mouvement. Mais n'y aurait-il point de temps s'il n'y avait pas de mouvement ? Point de mouvement, s'il n'y avait pas de temps ? Interrogez toujours ! Le temps est-il fonction de l'espace ? Ou est-ce le contraire ? Ou sont-ils identiques l'un à l'autre ? Ne vous lassez pas de questionner ! Le temps est actif, il produit. Que produit-il ? le changement. " À présent " n'est pas " autrefois ", " ici " n'est pas " là-bas ", car entre les deux il y a le mouvement. Mais comme le mouvement par lequel on mesure le temps est circulaire, refermé sur lui-même, c'est un mouvement et un changement que l'on pourrait aussi bien qualifier de repos et d'immobilité ; car l'" alors " se répète sans cesse dans l'" à présent ", le " là-bas " dans l'" ici "... * »

À la vérité, il n'est pas facile de sonder la nature intime

---

* Traduction de Maurice Betz.

du phénomène « temps », et à ce jour les physiciens n'y sont pas complètement parvenus. Il est beaucoup plus aisé pour un physicien d'expliquer comment on mesure le temps : au moyen d'une horloge, bien sûr. L'essentiel, c'est le fait que, dans la nature, il y a des mouvements périodiques, se reproduisant régulièrement, comme le va-et-vient monotone d'un pendule ou les oscillations d'un cristal de quartz. Il suffit d'un dispositif pour compter ces mouvements et l'on a une horloge. Le nombre de périodes écoulées est une mesure du temps qui passe.

Visiblement, Newton s'est donné beaucoup de peine pour définir le plus exactement possible les concepts d'espace et de temps. Selon lui, l'espace et le temps existent indépendamment l'un de l'autre, et indépendamment de la matière. Il insiste sur la distinction entre espace et temps relatifs et espace et temps absolus. « Le temps absolu, écrit-il dans les *Principia,* vrai et mathématique, sans relation à rien d'extérieur, coule uniformément et s'appelle " durée ". Le temps relatif, apparent et vulgaire, est cette mesure sensible et externe d'une partie de durée quelconque (égale ou inégale) prise du mouvement : telles sont les mesures d'heures, de jours, de mois, etc., dont on se sert ordinairement à la place du temps vrai. L'espace absolu, sans relation aux choses externes, demeure toujours identique et immobile. L'espace est cette mesure ou dimension mobile de l'espace absolu, laquelle tombe sous nos sens par sa relation aux corps, et que le vulgaire confond avec l'espace immobile. »

Il est intéressant que Newton ait considéré nécessaire de faire une distinction claire entre l'espace « relatif » et l'espace « absolu ». Nous savons bien ce que Newton entendait par « espace relatif ». Il pensait à l'espace tout autour de nous, au sein duquel nous évoluons et pouvons effectuer trois sortes de mouvements : vers le haut ou le bas, vers l'avant ou l'arrière, vers la droite ou la gauche. Autrement dit, notre espace a trois dimensions. Chaque position dans l'espace se laisse déterminer par trois nombres indépendants les uns des autres, par trois coordonnées. Pour cela, il nous faut un système de coor-

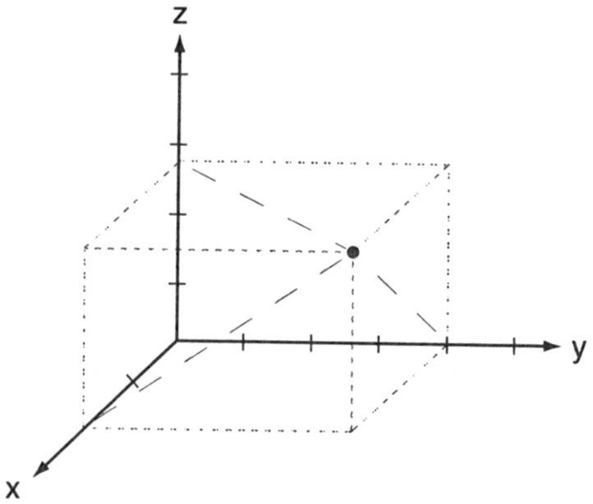

Fig. 1. Système orthogonal de trois axes de coordonnées *x*, y, z. La position de chaque point de l'espace est décrite par la donnée de trois chiffres, les trois coordonnées respectivement déterminées par la projection du point sur les axes correspondants, les directions (indiquées par les lignes en pointillés) des projections devant être orthogonales aux axes correspondants.

données, pouvant être établi de façon arbitraire. On utilise le plus souvent un système de trois axes orthogonaux.

Les coordonnées d'un point dans l'espace n'ont évidemment pas de valeur absolue, puisqu'elles dépendent non seulement de la position de ce point, mais aussi du choix arbitraire de l'origine du système de coordonnées, ainsi que du choix arbitraire des directions respectives des axes de coordonnées. Ce qui compte en définitive, ce sont les coordonnées du point par rapport à celles d'autres points.

Soit trois points A, B et C sur une droite, le point B se trouvant exactement au milieu, les points A et C aux extrémités. Cette propriété du point B – se trouver exactement au milieu de la ligne AC –, est une propriété importante de ce point, qui est indépendante du choix du système de coordonnées.

Lorsqu'on donne les coordonnées de ce point, on constate que les différences entre les coordonnées de B et celles de A sont égales aux différences entre les coordonnées de C et celles de B. Si, par exemple, le point C a pour coordonnée $y = 7$ et le point A pour coordonnée $y = 3$, le point B doit avoir pour coordonnée $y = 5$, c'est-à-dire la valeur se trouvant exactement au milieu de 3 et 7. Il en va de même pour les coordonnées x et z.

Si l'on déplace l'origine des coordonnées, de façon que, pour simplifier, les nouveaux axes de coordonnées soient parallèles aux anciens, cela ne modifie rien pour les trois points A, B, C. Seule change la manière de les décrire dans le nouveau système de coordonnées. Les coordonnées y des points A, B et C ne sont plus maintenant 3, 5 et 7, mais, par exemple, 4, 6 et 8. De nouveau, la coordonnée du point B se trouve exactement au milieu des valeurs correspondantes des points A et C.

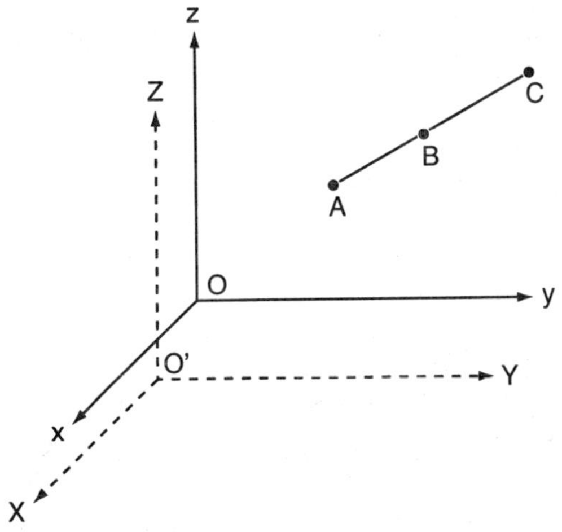

Fig. 2. Trois points A, B, C sont représentés dans un espace à trois dimensions par un trièdre orthogonal de coordonnées. Leur description dans deux systèmes de coordonnées en translation l'un par rapport à l'autre est rigoureusement équivalente, en conséquence de l'homogénéité de l'espace.

Cette propriété de B – se trouver exactement au milieu de A et de C – est indépendante de l'axe des coordonnées. On dit qu'elle est « invariante » par rapport aux changements de système de coordonnées.

Peu importe l'endroit où nous plaçons les trois points dans l'espace, ils peuvent figurer tout près de l'origine des coordonnées ou très loin. Il n'y a ni point ni domaine privilégié dans l'espace, tous les points sont égaux en droit. Ce caractère démocratique, nous l'appelons « homogénéité de l'espace ». D'après Newton, notre espace est partout homogène et étendu à l'infini.

Il y a une autre propriété de l'espace qui est importante sous ce rapport. Non seulement nous pouvons déplacer notre système de coordonnées, mais nous pouvons le faire tourner à loisir. Les directions des axes de coordonnées ne sont en rien fixées, puisqu'il n'y a pas de direction privilégiée de l'espace. Toutes les directions ont même valeur. On dit que l'espace est isotrope.

L'homogénéité et l'isotropie de notre espace nous permettent de décrire des systèmes géométriques et physiques, comme les triangles ou les sphères, à l'aide d'une infinité de systèmes de coordonnées. Tous ces systèmes sont parfaitement équivalents.

C'est grâce à l'homogénéité et à l'isotropie de l'espace que nous pouvons déplacer un objet quelconque dans l'espace ou le faire tourner dans une autre direction, sans qu'il en soit modifié pour autant. Cela n'est toutefois le cas que si aucune influence extérieure ne vient perturber l'homogénéité ou l'isotropie de l'espace. Ce qui, au sens strict, ne peut avoir lieu que dans l'espace cosmique, loin des champs de gravitation des planètes ou des Soleils. Ainsi, l'espace dans lequel nous évoluons n'est pas isotrope, car il y a une direction privilégiée qui est celle de la gravité pointant vers le sol.

Jusqu'à présent, nous n'avons parlé que de l'espace. Or tous les phénomènes naturels se produisent dans l'espace et le temps. Considérons le processus dynamique le plus simple que l'on puisse imaginer dans la nature, le mouvement libre d'un corps, par exemple celui d'un vaisseau spatial à travers l'espace cosmique. Pour simplifier, nous ne tiendrons pas compte de ses dimensions et nous supposerons qu'il est réduit à un point, un point qui a toutefois une masse, celle du vaisseau.

Nous appellerons cet objet idéal, ne pouvant évidemment pas exister dans la réalité, un « point matériel ».

Imaginons donc un tel vaisseau spatial, idéalisé en point matériel se déplaçant librement dans l'espace cosmique. Conformément au principe d'inertie de Newton, ce vaisseau se déplace à une vitesse constante en ligne droite, à moins que d'aventure il se trouve au repos. Dans ce dernier cas, il est facile de décrire la situation dans le système de coordonnées. À tout moment, le vaisseau spatial se trouve en un certain point, c'est-à-dire à l'endroit où il s'est arrêté. Nous pouvons déplacer le système de coordonnées de telle sorte que son origine se confonde avec l'emplacement de l'engin spatial. La description en deviendra alors particulièrement aisée : les coordonnées du vaisseau sont toujours égales à zéro.

L'affaire est plus difficile si le vaisseau spatial se déplace à travers l'espace. À chaque instant, nous pouvons indiquer les coordonnées du vaisseau, mais elles se modifient constamment. Elles dépendent du temps. Si l'on considère l'ensemble des coordonnées repérant le mouvement du vaisseau dans l'espace, on obtient alors une droite.

À chaque instant, le vaisseau se trouve en un lieu bien précis de la droite. Cette dernière peut tourner dans n'importe quelle direction de l'espace, et le point zéro se trouver à n'importe quelle distance de la droite. L'espace étant homogène, nous pouvons toujours choisir le point zéro de telle sorte qu'il se trouve sur la droite du vaisseau spatial en mouvement.

La donnée de la trajectoire linéaire du vaisseau ne décrit pas exactement la dynamique du mouvement. Ainsi, le vaisseau peut se déplacer très vite ou très lentement sur la droite. Pour décrire clairement le mouvement, il nous faut aussi les données temporelles correspondant aux endroits respectifs où se trouve le vaisseau. C'est chose facile si nous associons chaque point de la trajectoire au temps correspondant à l'endroit où passe le vaisseau.

Si l'on se donne une certaine unité de temps (par exemple des secondes) et une unité de distance (par exemple des kilomètres), on obtient aisément par ce moyen la vitesse du vais-

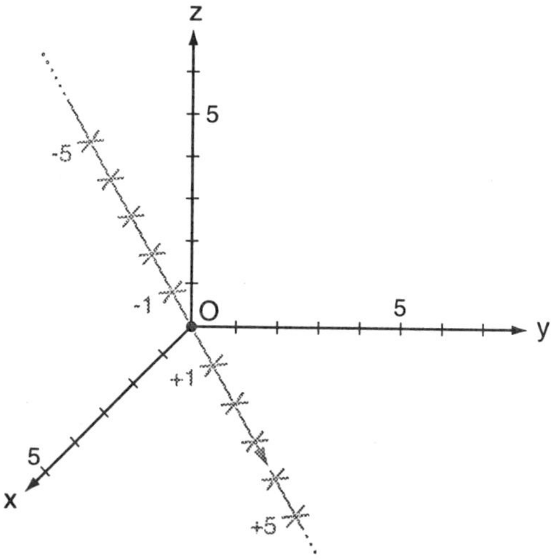

Fig. 3. Un point matériel en mouvement décrit une droite dans un espace à trois dimensions. Ici, la droite passe par hasard par le point origine du système de coordonnées. Les chiffres apparaissant sur la trajectoire indiquent le temps en secondes auquel le point matériel se trouve à l'endroit considéré, les chiffres sur les axes de coordonnées étant par exemple en kilomètres. Le point origine des temps est déterminé arbitrairement de telle sorte que le point matériel se trouve au temps zéro au point origine des coordonnées.

seau spatial. Il suffit de choisir l'origine du système de coordonnées spatiales de telle sorte qu'elles se confondent avec celle du temps.

Nous avons non seulement choisi arbitrairement l'origine du système de coordonnées spatiales, mais aussi l'origine des temps ou le temps zéro. Ce nouveau choix exprime un nouveau degré de liberté que nous avons dans la description d'un mouvement simple, en l'occurrence celui d'un vaisseau spatial.

Comme le souligne Newton dans ses *Principia*, non seulement l'espace est homogène dans sa structure, mais aussi le temps. De même que l'emplacement du point zéro du système de coordonnées ne joue aucun rôle dans le mouvement du vaisseau spatial le moment choisi comme temps zéro dans la description du temps, pas plus que le choix de l'unité de mesure, que ce soit la seconde ou toute autre n'en jouent un.

La fixation arbitraire du point zéro choisi par l'observateur du mouvement n'a de sens évidemment que s'il n'y a pas d'instants privilégiés et si par conséquent tous les temps sont égaux en droit.

C'est bien ce qui se passe lorsque nous décrivons le mouvement d'un vaisseau spatial dans l'espace cosmique. Il importe peu qu'il parcoure aujourd'hui ou seulement dans quelques années sa trajectoire. Dans les deux cas, son mouvement sera le même, pourvu que sa vitesse soit identique et que le vaisseau spatial se déplace sur la même droite.

Il apparaît clairement qu'il existe des points communs entre l'espace et le temps. Ne serait-ce qu'ils sont tous les deux homogènes. Le temps s'écoule uniformément, aucun instant ne se distingue en principe d'un autre. De manière analogue dans l'espace, le choix du point zéro n'a aucune importance. Toutefois, il y a visiblement aussi des différences considérables entre l'espace et le temps. Dans l'espace, on peut se rendre arbitrairement dans des endroits différents. Dans le temps, ce n'est pas possible car il se déroule uniformément, que nous le voulions ou non. Il ne s'écoule que dans une direction, à savoir vers le futur, un voyage dans le passé n'est possible qu'en imagination.

Aussi existe-t-il trois directions différentes dans l'espace, mais une seule dans le temps. En outre, le temps est mesuré par le tic-tac d'une montre en secondes, minutes, etc., tandis que l'espace est mesuré en mètres et en kilomètres. Les secondes et les mètres sont des unités totalement différentes et qui n'ont aucun rapport entre elles.

Newton avait tenu compte de la disparité entre l'espace et le temps lorsqu'il parlait d'un temps absolu s'écoulant indépendamment de nous observateurs. Rien, aucune circonstance extérieure ne peut influencer le cours du temps. Rien n'est plus cruel et plus inexorable que le tic-tac de l'horloge.

L'idée newtonienne d'un temps absolu est immédiatement évidente, elle correspond à notre expérience quotidienne, même si, naturellement, notre perception psychologique du temps évalue inégalement des temps absolument égaux. Une heure passée à attendre sur le quai de la gare nous paraît très longue alors qu'une heure employée à lire un roman passionnant fuit à tire-d'ailes.

L'idée d'espace absolu est un peu moins évidente. À quel espace Newton pense-t-il lorsqu'il parle d'espace absolu ? « L'espace absolu, sans relation aux choses externes, demeure toujours similaire et immobile », écrit-il dans les *Principia*. Cette définition surprend, car Newton a clairement reconnu, en établissant le principe d'inertie, que cela ne faisait aucune différence qu'un corps soit au repos ou qu'il soit en mouvement rectiligne uniforme. Comment peut-on alors parler d'un espace absolu immobile, comme le fait Newton ?

Lorsque, jusqu'à présent, nous avons parlé d'un système de coordonnées spatiales, il s'agissait d'un système qui se trouve au repos par rapport à un observateur, mais nous aurions pu prendre aussi un système se déplaçant par rapport à lui.

Considérons, par exemple, deux vaisseaux se croisant par hasard dans l'espace cosmique qu'ils parcourent tous deux d'un mouvement rectiligne et uniforme. Les observateurs à bord des deux vaisseaux spatiaux prennent respectivement des systèmes de coordonnées se déplaçant aussi et que nous appellerons A et B. Maintenant, imaginons que nous sommes à bord du vaisseau spatial muni du système A et que nous considérions cet engin comme étant au repos.

L'autre vaisseau file à une vitesse, disons, de 100 m/s. Lequel des deux systèmes est le meilleur, le système au repos A ou le système en mouvement B ?

Le principe d'inertie de Newton nous donne la réponse : ils sont tous les deux aussi bons. Comme il est impossible d'établir un mouvement absolu, l'observateur à l'intérieur du vaisseau B déclarera que son système est au repos. Par rapport au système B, le système A se déplace exactement à la même vitesse que le vaisseau B dans le système A, donc à la vitesse que nous avons choisie arbitrairement de 100 m/s. Seul le sens de la vitesse est exactement inverse.

Nous trouvons sur Terre des situations analogues, par

exemple quand deux trains se croisent ou quand un train en mouvement passe devant un train à quai. Le lecteur se souvient certainement de telles situations : il est assis dans un train à l'arrêt, regarde par la fenêtre et a l'impression que son train s'ébranle alors que le train qui avance réellement lui semble être immobile.

Sur Terre aussi il n'est pas possible de déceler un mouvement absolu. Seuls des mouvements relatifs, c'est-à-dire des mouvements par rapport à un certain système de coordonnées, peuvent être définis.

Prenons l'exemple d'un train qui roule à 100 km/h. Dans la voiture de tête se trouve le passager A et dans la voiture de queue le passager B. Tous deux sont assis et lisent le journal, ils se trouvent donc au repos par rapport au train. Pour un observateur immobile sur un quai, donc en repos par rapport à la surface de la Terre, A et B se déplacent tous les deux à la vitesse constante de 100 km/h.

À midi, on annonce par haut-parleur que le wagon-restaurant au milieu du train est ouvert. Nos deux passagers se lèvent pour s'y rendre. Chacun parcourt ainsi la moitié du train à une vitesse d'environ 4 km/h. Pour un troisième passager de ce même train, A et B se déplacent à la même vitesse, c'est-à-dire à 4 km/h. Les deux vitesses ont seulement des directions opposées. A se déplace en sens inverse de la marche, tandis que B se déplace dans le même sens.

Pour l'observateur sur le quai, tout paraît différent. B file devant ses yeux à la vitesse de 104 km/h, la vitesse du train et la vitesse de ses pas s'ajoutant l'une à l'autre. Toutefois, le passager A ne se déplace qu'à une vitesse de 96 km/h par rapport au quai, la seconde vitesse se soustrayant de la première.

Sur Terre, il est donc facile de distinguer un système particulier, à savoir un système de coordonnées au repos par rapport à la Terre. Quand nous disons qu'un objet est au repos, cela signifie en général que cet objet ne se déplace pas par rapport à la surface de la Terre, donc par rapport au sol ou à un arbre.

Mais cette manière de parler s'avère également relative.

Un passager assis dans un train en marche, lisant son journal, paraît être en repos aux yeux de son voisin, tandis que le contrôleur, qui passe justement dans le couloir, se déplace. Cette manière de parler dépend du système de référence, car le passager comme le contrôleur se déplacent par rapport à la surface de la Terre ou à tout autre système de coordonnées, à l'exception de celui constitué par le train.

Un système de coordonnées, établi par des observateurs à bord d'un vaisseau spatial se déplaçant librement dans l'espace cosmique, a un nom particulier : on l'appelle « système inertiel ». Ce nom dérive du mot latin *inertia* (« indolence »). On pourrait tout aussi bien nommer ce système « système d'indolence ». Mais le terme latin est passé en physique, et par conséquent nous l'utiliserons aussi.

Dans un système inertiel, il est facile de décrire le mouvement libre d'un corps. Conformément au principe d'inertie de Newton, un tel corps se déplace toujours sur une droite, à moins que celui-ci ne se trouve d'aventure au repos. Dans ce dernier cas, il demeure une fois pour toutes à l'endroit où il se trouve.

À l'instar de nombreux concepts dans les sciences de la nature, le concept de système inertiel représente un cas limite idéal. Un vaisseau spatial se déplaçant librement dans l'univers, et qui existe donc indépendamment des autres corps, sans être influencé par eux, cela n'existe pas, car même s'il vole à travers le Tout, loin des planètes, des étoiles et des galaxies, il subit encore l'attraction de la masse des corps célestes lointains.

Ainsi ne peut-on établir un système inertiel que de manière approximative. Par exemple, le système de coordonnées, avec le Soleil à l'origine, dans lequel on peut décrire le mouvement des planètes est une bonne approximation d'un système inertiel. Certes, le Soleil ne s'y déplace pas au sein du Tout, il est contraint par l'attraction de la masse des étoiles dans notre galaxie à se mouvoir sur une trajectoire presque circulaire autour du centre de notre galaxie. La courbure de cette trajectoire est si minime qu'on peut la négliger dans la plupart des cas et considérer la trajectoire du Soleil comme une droite. Sous cette réserve, le système défini par la position du Soleil est un système inertiel.

Les choses semblent moins favorables lorsque l'on considère un système de coordonnées solidement lié à la surface de la Terre. Notre planète tourne d'une part autour du Soleil, du fait de la force d'attraction exercée par le Soleil sur elle, et d'autre part tourne une fois toutes les vingt-quatre heures autour de son axe. Un système de coordonnées dont les axes sont rivés à la surface de la Terre tournoie de manière très compliquée dans l'espace cosmique. En tout cas, il ne se déplace pas de façon rectiligne uniforme comme un système inertiel.

Au sens strict, il ne peut y avoir absolument aucun système inertiel sur Terre. Fort heureusement, on peut cependant négliger les cabrioles d'un système solidaire de la Terre dans la plupart des cas. Si, par exemple, on veut étudier la dynamique d'une voiture en train de rouler, on peut ne pas tenir compte du fait que cette automobile tourne autour du Soleil, comme tout ce qui se trouve à la surface de la Terre. On ignore de même la rotation du véhicule autour de l'axe de la Terre. Si l'automobile roule en ligne droite à vitesse constante sur l'autoroute, on pourra interpréter dans la plupart des cas le système de coordonnées défini par le véhicule comme un système inertiel.

D'habitude, on introduit à la surface terrestre un système au repos par rapport à la Terre. C'est approximativement un système inertiel, comme tous les autres systèmes de référence se mouvant de façon rectiligne uniforme par rapport au système au repos. Celui-ci est le système auquel nous rapportons normalement nos indications de vitesse. Un conducteur de voiture surpris en train de rouler à 130 km/h sur une autoroute, où la vitesse est limitée à 100 km/h, ne peut pas espérer gagner l'indulgence du policier en déclarant que la limitation de vitesse imposée n'a de sens que dans la mesure où le système de référence est indiqué clairement.

L'indication d'une vitesse n'a de sens que si l'on précise le système de référence considéré. La vitesse est toujours relative, donc relative à un système de référence. C'est ce qui explique que nous ne pouvons pas ressentir immédiatement une vitesse. Si quelqu'un est assis les yeux fermés dans une voiture en mouvement, il ne lui sera pas possible de faire la différence, par exemple, entre une vitesse de 100 km/h et une vitesse de 150 km/h.

Mais toutes les grandeurs physiques associées à la vitesse ne sont pas relatives pour autant. Par exemple, nous avons un sens de l'accélération. Ce même passager remarquera aussitôt quand la voiture change de vitesse, quand, par conséquent, se produit une accélération ou un ralentissement. Si le véhicule accélère, il se sent plus fortement pressé contre son siège, il ressent une force par suite de l'accélération. Celle-ci se manifeste du fait que tout corps voudrait avant tout persister dans son état de mouvement. S'il vient à en être vigoureusement empêché, il oppose à cette accélération une force, qu'on nomme communément « force d'inertie ».

Si nous prenons maintenant comme système de référence l'automobile en accélération, on constate que des corps initialement au repos dans ce système, par exemple des crayons derrière le pare-brise, ne demeurent pas immobiles, mais voltigent dans la voiture sous la force de l'accélération.

L'apparition des forces d'inertie explique que nous n'avons pas affaire à un système inertiel. Dans des systèmes de référence en accélération, les corps volant librement ne se déplacent pas en ligne droite mais sur des trajectoires courbes plus ou moins compliquées.

Ces forces d'inertie apparaissant à la suite d'une accélération sont mesurables, elles possèdent par conséquent un caractère absolu, indépendant du système de référence. L'accélération d'un corps est donc absolue, à l'opposé de sa vitesse qui est relative et donc dépendante du système de référence.

Revenons au concept newtonien d'espace absolu. Nous avons vu que, pour chaque système inertiel, il existait une infinité d'autres systèmes se déplaçant en ligne droite et de façon uniforme par rapport à lui. Lequel de ces systèmes décrit l'espace absolu au sens de Newton ? Y a-t-il un sens de parler d'espace absolu qui, selon Newton, existait indépendamment de la matière et ne serait pas influencé par elle ? Ou bien serait-ce plutôt que la matière est responsable en fin de compte de l'existence même d'un espace, qui se révèle dans la manière dont nous pouvons combiner et ordonner les formes phénoménales variées de la matière les unes relativement aux autres ?

La notion d'espace absolu exerçait sur Newton un attrait quasi mystique, sinon même religieux. C'est ainsi qu'il se représentait l'esprit remplissant tout, comparable à Dieu. Dieu seul pouvait avoir les qualités attribuées à l'espace absolu. Il était éternel, infini, immuable, indestructible, pénétrant tout et embrassant tout. Newton supposait en effet qu'un créateur géomètre était à l'origine de toutes choses.

Naturellement, Newton a bien vu les difficultés auxquelles on est confronté lorsqu'on introduit l'idée d'un espace absolu, car alors une importance toute particulière doit être conférée à l'un des innombrables systèmes inertiels, à savoir celui qui est au repos par rapport à l'espace absolu. Or, et Newton l'a admis ouvertement, un tel repos relatif ne se laisse pas mesurer.

On ne pouvait contourner cette difficulté qu'en renonçant tout à fait au concept d'espace absolu, ou, à titre de compromis, en considérant tous les systèmes inertiels ensemble comme l'espace absolu. Si l'on connaît un de ces systèmes, alors on peut construire aussitôt tous les autres, en permettant tous les mouvements uniformes et rectilignes possibles. Visiblement, Newton n'était pas prêt à un tel compromis, car il tenait fermement à son concept d'espace absolu. Nous ne savons pas pourquoi il l'a fait, mais on peut présumer qu'ont joué un rôle des motifs étrangers à la science de la nature.

« Étrange que Newton ait tenu aussi farouchement à l'espace absolu, pensa Adrian Haller toujours perdu dans ses pensées, sur la marche de la fontaine dans la cour du Trinity College. Visiblement, en introduisant la notion d'espace absolu, il avait oublié son adage " Je ne fais pas d'hypothèse."

En vérité, parler d'un espace absolu et, par là, d'un système de coordonnées donné de manière absolue, par conséquent d'un système inertiel exceptionnel, sans préciser comment l'établir physiquement, voilà bel et bien une hypothèse et qui de plus ne manque pas d'audace. »

Il se surprit à déplorer de ne pas pouvoir interroger directement Newton à ce sujet, puisqu'il se trouvait seulement à quelques mètres de son laboratoire. C'était bien sûr impossible.

Il revint à la réalité et quitta peu après la cour du Trinity College. C'était une magnifique journée d'été. Il faisait une chaleur inhabituelle pour l'Angleterre. Très fatigué par la promenade qu'il fit ensuite dans Cambridge qui s'éveillait lentement, il s'allongea sur la pelouse impeccable du parc derrière le Trinity College et s'endormit profondément.

L'impression qu'avait faite sur lui le Trinity College ne se dissipa nullement dans son sommeil, bien au contraire : Newton allait jouer un rôle tout particulier. Lorsque le professeur Haller, quelques jours plus tard, rencontra l'auteur de ces lignes au colloque de Santa Barbara, il le lui raconta durant une visite d'El Capitan State Park, qui se trouve au nord de Santa Barbara, au bord du Pacifique. Le récit de son rêve est restitué aussi fidèlement que possible dans les pages qui suivent.

CHAPITRE III

Haller rêve qu'il rencontre Newton

Après une courte pause, je retournai au Trinity College, plus exactement j'y courus, comme à un rendez-vous urgent. Un je-ne-sais-quoi m'attirait irrésistiblement vers le lieu où Newton avait vécu et travaillé. Hors d'haleine, j'atteignis le porche. De nouveau, je croisai l'homme d'âge moyen, qui semblait moins pressé cette fois, il fit même une halte, m'observant avec curiosité.

« Je vous ai déjà vu tout à l'heure, dit-il, vous cherchez quelque chose ? Puis-je vous aider ? »

Je souris involontairement à la pensée que c'était Newton lui-même que je cherchais et que c'était évidemment insensé. Qui peut bien chercher un savant mort depuis plus de deux cent cinquante ans ?

« Non, répliquai-je hâtivement, je ne cherche rien de particulier. Je voulais seulement visiter cet endroit. J'ai toujours voulu voir le laboratoire de Newton et aujourd'hui j'en ai enfin l'occasion.

– Vous êtes vraisemblablement physicien, répondit l'homme en m'examinant attentivement.

– Vous avez raison. Mais vous ne me croirez pas : je cherche bien quelque chose, plus exactement quelqu'un, je veux dire, Isaac Newton. »

Je m'étonnai moi-même de ma réponse aussi sincère qu'absurde, et du fait que mon interlocuteur la prit tout à fait naturellement, comme si j'avais dit quelque chose de banal.

L'inconnu sourit et lâcha sèchement : « Vous n'avez plus besoin de chercher. *Je* suis Isaac Newton. »

C'était bien lui. J'avais devant moi Newton en personne, le Newton des *Principia* âgé d'environ quarante ans, tel que l'avait représenté le peintre Godfrey Kneller. Seuls ses cheveux étaient plus courts : il ne portait pas de perruque. En outre, il était vêtu à la mode d'aujourd'hui, si bien qu'un observateur non averti l'aurait pris pour un professeur actuel du Trinity College.

En cet instant, je me surpris moi-même de trouver naturel d'avoir soudain devant moi l'un des plus grands savants de l'histoire. Mais, plus encore, je me comportai comme si je n'étais pas avec Isaac Newton, mais avec un simple collègue. Par conséquent je me présentai : « Adrian Haller, professeur de physique à l'université de Berne. »

Newton eut l'air très heureux de rencontrer un collègue du continent et poursuivit : « Je vous dois une explication. Vous devez être étonné de me trouver ici dans la cour du College. Après tout, trois cents ans ou presque se sont écoulés depuis que j'ai travaillé ici. »

Je hochai la tête, faisant comme si c'était la chose la plus naturelle du monde de rencontrer Newton à Cambridge. Je n'en étais pas moins stupéfait que Newton se comportât si jovialement et fût si avenant à mon égard. De son temps à Cambridge, il y a trois siècles, il passait pour être farouche et hautain, en tout cas peu accessible même à ses collègues. Visiblement, il avait changé depuis, et pas à son désavantage.

« Il y a quelques jours, continua Newton, j'ai reçu l'autorisation de visiter mon ancien lieu d'activité. Depuis, je suis resté ici, à Cambridge. Vous pouvez imaginer que beaucoup de choses sont neuves pour moi : la circulation dans les rues, la lumière si claire dans les salles du College – que vous appelez, vous modernes, « lumière électrique », je crois –, ces étranges appareils à images aux écrans galbés, et cetera. Mais je m'adapte très bien au demeurant. D'ailleurs, je passe le plus clair de mon temps dans la bibliothèque, je cherche à savoir ce qu'est devenue la théorie de la nature à laquelle j'ai consacré mon temps autrefois. Je dois avouer que je rencontre beaucoup de difficultés. Il y a tellement de choses que je ne comprends pas dans les manuels de physique que je consulte en ce moment.

– Rien d'étonnant à cela, interrompis-je alors. Depuis plus de trois cents ans que sont parus vos *Principia*, il s'est passé tant de choses dans les sciences. Et la physique n'a vraiment pas fait exception. Votre mécanique ne permettait plus de comprendre les nouveaux phénomènes de physique atomique, découverts au siècle dernier. Il a fallu élaborer de nouvelles théories, comme la théorie de la relativité ou la mécanique quantique.

– Et voilà de nouveau ce concept « Théorie de la relativité », s'exclama Newton. À plusieurs reprises déjà, je m'y suis heurté dans mes lectures. Qu'est-ce donc que cette théorie ? Faut-il la prendre au sérieux ? Peut-être pourrez-vous m'en dire davantage là-dessus. Pas plus tard qu'hier soir, je me suis appliqué à m'en faire une idée à partir des quelques remarques que j'ai trouvées dans un manuel, mais je dois avouer que je n'y suis pas parvenu. Une seule chose m'est apparue clairement : ma thèse de l'espace absolu n'est plus admise dans cette étrange théorie. »

Que pouvait répondre à cela un physicien comme moi absorbé dans les problèmes actuels de sa science, ceux de la fin du vingtième siècle ? Comment pouvais-je décliner la demande de Newton ? Par ailleurs, c'était pour moi l'occasion unique d'entrer dans l'intimité du monde et des facultés intellectuelles de ce génie exceptionnel de l'histoire mondiale.

« C'est convenu, répondis-je. Je suggère que nous examinions ensemble les aspects essentiels de la théorie de la relativité. Mais vous devez m'accorder quelque chose. Vous avez élaboré les fondements de la mécanique, cette science qui fut le point de départ du développement des techniques, comme d'ailleurs de l'émergence de la théorie de la relativité. Je souhaiterais, à cette occasion, avoir un aperçu de votre monde intellectuel et profiter ainsi de notre échange. En outre, je devrai procéder de manière quelque peu systématique et envisager plusieurs phénomènes physiques, découverts au cours de notre vingtième siècle, et qui sont liés à la théorie de la relativité. Cela signifie que nous devrons prendre notre temps. Peut-être aurons-nous même besoin de plusieurs jours. De combien de jours disposeriez-vous ?

– Oh ! pour moi, cela importe peu, répondit Newton. J'ai seulement scrupule à abuser du vôtre. Quand je faisais mes recherches ici à Cambridge, il y a trois siècles, j'avais tout mon temps. Mais, aujourd'hui, il me semble que c'est différent. J'ai l'impression que presque personne n'a le temps de réfléchir à quoi que ce soit d'une manière qui ne soit pas superficielle.

– Écoutez, j'avais le projet d'aller à un colloque en Amérique. Mais si j'ai la chance inestimable de passer quelques jours avec Isaac Newton, alors j'oublie tout et je reste ici. Le colloque peut bien se dérouler sans moi. »

Newton parut heureux d'en savoir bientôt davantage sur ce qu'il avait considéré sans fausse modestie comme le développement de sa théorie de la nature. Il accepta aussitôt de consacrer les jours suivants à s'entretenir avec moi.

Comme nous n'avions ni l'un ni l'autre aucun plan précis pour le reste de la matinée, nous engageâmes aussitôt notre débat dans la cour du College. Il fut convenu que j'expliquerais d'abord à Newton notre conception actuelle des fondements de la mécanique, une entreprise comparable à celle d'apporter des chouettes à Athènes. Après tout, cette conception remontait pour l'essentiel aux travaux de Newton. C'est pourquoi je pus être bref dans mes arguments et porter bien vite la discussion sur la problématique de l'espace absolu. À l'occasion, sir Isaac prenait la parole pour résumer mes explications.

NEWTON – Si je vous ai bien compris, vous affirmez qu'on peut toujours introduire à un certain point de l'espace un système de coordonnées fonctionnant comme un système inertiel. Que la propriété essentielle d'un tel système, c'est qu'une masse corporelle a un mouvement rectiligne, comme il sied à un corps, qui n'est soumis à aucune force. Une fois qu'on a construit un tel système, on en connaît d'emblée une infinité d'autres semblables qui se meuvent à une vitesse quelconque de façon rectiligne et uniforme par rapport au premier.

Un système de coordonnées, décrivant un mouvement circulaire par rapport au premier, n'est toutefois pas un système inertiel, puisqu'un corps libre ne se déplace jamais en ligne droite dans ce système, mais sur une ligne courbe. Cette dernière est « produite » par le mouvement circulaire du système. Il en résulte une différence fondamentale entre les systèmes inertiels et les systèmes rotationnels. Je l'ai déjà indiqué en détail dans les *Principia*. Il en va de même pour les systèmes de référence, dont le mouvement est accéléré dans une direction quelconque.

J'ai toujours été d'avis que la force d'inertie éprouvée quand on freine subitement un fiacre, ou, si vous préférez, une automobile, doit avoir son origine dans la structure de l'espace. En effet, les vitesses sont toujours relatives, tandis que les accélérations sont absolues, indépendantes du système de référence. Mais comment l'accélération d'un corps peut-elle être déterminée absolument, s'il n'y a pas d'espace garantissant ce caractère absolu ?

D'une manière analogue, il doit bien y avoir une chose qui distingue un système rotationnel d'un système inertiel. À mon avis, c'est la structure de l'espace qui marque la différence. L'espace et le temps sont les seules choses qui subsistent si on retire la matière de l'univers.

HALLER – Êtes-vous si sûr qu'il reste encore quelque chose si la matière est enlevée de l'univers ?

NEWTON – Bien sûr, deux choses au moins demeurent, l'espace et le temps. [Visiblement, Newton n'allait tolérer aucune remise en question de ses idées sur l'espace et le temps.] Au commencement, le monde fut créé par Dieu, et en effet dans l'espace et le temps, ou plus précisément dans l'espace et le temps absolus. Pour moi, cet espace et ce temps sont d'une perfection absolue, en quelque sorte des parties de Dieu. Ils sont aussi absolus que Dieu. Nous-mêmes, qui vivons sur notre planète en rotation et non pas dans l'espace cosmique libre, nous faisons l'expérience du temps absolu dont le système de coordonnée définit certes un repos absolu, mais jamais complètement, toujours seulement à peu près.

De même, le temps mesuré par nos horloges, qui marchent plus ou moins bien, n'est en aucun cas identique au temps absolu et ne le décrit qu'imparfaitement. Ainsi ai-je pu écrire jadis dans les *Principia* : « L'espace absolu, sans relation aux choses externes, demeure toujours similaire et immobile. L'espace relatif est cette mesure ou dimension mobile de l'espace absolu, laquelle tombe sous nos sens par sa relation aux corps, et que le vulgaire confond avec l'espace immobile. » Selon moi, le fait que tous les corps se meuvent dans l'espace, et celui-ci n'est aucunement influencé ou modifié par eux, est à lui seul une preuve suffisante de l'existence d'un espace absolu, fonctionnant comme une charpente divine, dans laquelle s'encastre la matière.

On peut en dire autant à propos du temps. Certes, chacun de nous sait bien, d'expérience, qu'il s'écoule à des vitesses différentes, tantôt il vole comme la flèche d'un Indien, tantôt il rampe avec la lenteur d'un ver de terre. Par chance, ces fluctuations peuvent être limitées grâce à nos horloges. Pourtant, quelle que soit notre manière de mesurer le temps, nous n'obtenons qu'une piètre copie du temps réel, c'est-à-dire du temps absolu. Ce dernier s'écoule, en soi et de par sa nature, uniformément et sans relation à un quelconque objet extérieur, avec la matière ou à l'univers.

Le temps est pareil à l'eau d'un fleuve charriant les événements comme autant de morceaux de bois. À peine l'un d'eux apparaît-il qu'il est emporté par le courant. Le fleuve de ce temps absolu s'écoule sans trêve, il transforme l'avenir en présent et celui-ci à son tour en passé.

Dans ma jeunesse, j'ai longuement et intensément réfléchi sur le temps. Rien n'est plus simple et plus complexe à la fois que le temps. Chacun de nous en fait l'expérience et ressent à sa manière comment il s'écoule. Notre existence n'est pensable que dans le temps. Mais si nous demandons à quelqu'un ce qu'est vraiment le temps, alors personne ne sait donner une réponse satisfaisante. Peut-être n'y aura-t-il d'ailleurs jamais de réponse.

Je crois que le temps est comme l'espace, une charpente créée par Dieu, dans laquelle la matière s'encastre. Les étoiles et les planètes passent, mais le temps demeure. Il ne connaît ni début ni fin. Partout dans l'espace cosmique, que ce soit ici sur Terre ou dans une galaxie lointaine, le temps absolu est le même. C'est un lien créé par Dieu, qui nous unit aux régions les plus lointaines du monde.

Newton avait prononcé ces derniers mots sur un ton, semblait-il, péremptoire, et j'avais l'impression qu'il cherchait moins à me convaincre qu'à se persuader lui-même. Nous avions marché de-ci de-là dans la cour, pour finalement nous retrouver sur la marche de la fontaine du College. Mon interlocuteur avait fort bien remarqué que ses explications me laissaient sceptique.

NEWTON (*avec une légère irritation dans la voix*) – Il me semble que vous semblez avoir quelques doutes à ce propos ? Je dois avouer que j'ai longtemps bataillé avec moi-même avant de me résigner à définir le temps et l'espace comme indices d'un espace et d'un temps absolus. On évite ainsi maintes difficultés. Je dois toutefois avouer qu'il s'agit d'une hypothèse que je ne peux pas démontrer. Mais il me semble que le résultat m'a finalement donné raison.

HALLER – Oui et non. En ce qui me concerne, je dois admettre que je peux très bien vivre avec votre mécanique sans avoir à postuler quelque chose comme un espace absolu.

NEWTON – Mais alors, comment pouvez-vous concevoir qu'il y ait une différence entre un système inertiel et un système rotationnel ?

HALLER – C'est très facile. Je l'explique ainsi à mes étudiants de Berne : si quelqu'un se trouve dans un système de référence en rotation, par exemple sur un disque qui tourne, il peut aisément constater la rotation, puisqu'il voit que tout tourne autour de lui. Un individu quittant la Terre dans un vaisseau spatial peut le faire de la même manière. Si son vaisseau devait se mettre à tourner comme une toupie, il verrait les étoiles fixes du ciel tourner autour de lui. Il se dirait alors : « Ha ! ha ! mon système de référence est en rotation, je ne suis donc pas dans un système inertiel. » Dans cet exemple, c'est le ciel des étoiles fixes qui permet à un observateur de faire la différence entre rotation et non-rotation. De manière analogue sur Terre, nous constatons la rotation du globe sans pour autant faire appel au concept d'espace absolu.

NEWTON – Je suis d'accord avec vous pour l'essentiel. Il se pourrait bien que l'espace absolu ait quelque chose à voir avec les étoiles fixes et les masses lointaines dans le cosmos.

N'est-il pas étrange que les étoiles justement soient fixes, donc apparemment immobiles ? Pour quelles raisons ? En vérité, les étoiles se déplacent, relativement vite même, mais nous ne nous en rendons pas compte du fait de leur éloignement. Toutefois, même dans le cas d'une étoile très lointaine, nous ne pourrions observer à l'œil nu sa trajectoire que si sa vitesse était assez grande. On pourrait par conséquent comprendre l'apparente immobilité des étoiles s'il y avait un principe stipulant que les étoiles, si éloignées fussent-elles, ne pouvaient jamais dépasser une vitesse maximale déterminée. C'est le seul cas où l'on serait certain que les constellations lointaines ne sont immobiles dans le ciel nocturne qu'en apparence.

Un tel principe existe-t-il ? S'il existait, je serais prêt à déclarer caduque l'idée d'espace absolu et à introduire à sa place le principe de repos approximatif des étoiles.

J'étais sidéré d'entendre qu'après cette longue tirade Newton fût ainsi prêt à abandonner le concept d'espace absolu. « Vous avez raison, répondis-je, il est surprenant que les étoiles, ou plus exactement les constellations lointaines...

– Vous voulez dire « les galaxies » ? corrigea Newton en souriant. Vous voyez, je n'ai pas perdu mon temps depuis mon retour à Cambridge. Je me suis mis au courant de l'état actuel des recherches en astronomie et en astrophysique.

– ... Les galaxies, veux-je dire ; il est donc surprenant que ces dernières ne se meuvent pas très vite et de manière débridée dans l'espace cosmique, mais, comme on le sait aujourd'hui, de façon très civilisée, avec une lenteur majestueuse. Ainsi, par exemple, notre galaxie et la galaxie la plus proche, Andromède, volent à la rencontre l'une de l'autre à une vitesse comparativement infime de quelques kilomètres par seconde.

– À mon avis, dit Newton, la régularité des mouvements cosmiques, dont il est maintenant question, ne peut pas être le fait du hasard. Je dirais même qu'elle est en rapport d'une manière ou d'une autre. Peut-être même est-elle identique à l'espace absolu. »

Je voulais éviter que nous ne nous perdions dans une discussion de fond stérile sur l'espace absolu : « Je suis fondamentalement d'accord avec votre dernière conjecture. Nous observons en effet aujourd'hui que les galaxies se meuvent dans l'espace cosmique sur des trajectoires régulières et non chaotiques. Il règne plus d'ordre dans l'espace cosmique qu'un observateur sans idées préconçues ne l'aurait soupçonné de prime abord. Voilà pourquoi il est raisonnable d'utiliser un système de coordonnées qui décrit ces mouvements le plus simplement possible. Par exemple, il n'y aurait pas grand sens d'utiliser un système dans lequel toutes les galaxies tourneraient autour d'un centre, le point zéro de notre système, c'est-à-dire le système défini par notre planète Terre en mouvement.

« Pour nous, qui vivons sur la Terre, toutes les galaxies à l'instar du Soleil accomplissent leur rotation en vingt-quatre heures. Cette dernière n'a évidemment rien à voir avec les galaxies, mais uniquement avec notre modeste planète. Les astronomes le savent depuis longtemps. Et c'est pour cela que, dans leurs études des mouvements galactiques, ils recourent à un système de coordonnées déterminé par notre galaxie et dont le point zéro correspond à son centre. On peut décider que ce système est l'espace absolu, d'autant plus qu'à l'intérieur d'un tel système on peut aussi décrire simplement les mouvements des autres galaxies, puisque ces dernières se déplacent à une vitesse inférieure à celle de notre système galactique.

« Tout d'abord, mettons-nous d'accord sur cette définition d'un espace " absolu ", même si elle peut vous paraître trop phénoménologique et dénuée de toute profondeur philosophique, sans parler de l'aspect religieux. Nous verrons en effet bientôt que de tout autres questions surgissent dans la théorie de la relativité, de sorte que nous devrons revenir sur celle de l'espace absolu. »

J'étais conscient d'exiger beaucoup de Newton, car je remettais en question des aspects essentiels de sa théorie mécaniste. Mais il se montra plutôt curieux d'en savoir davantage sur la relativité, si bien qu'il renonça à toute polémique sur ce point et proposa lui-même que nous en arrivions enfin à la nouvelle théorie.

Entre-temps, les heures avaient passé, et nous décidâmes de laisser la physique et d'aller prendre un repas simple mais reconstituant dans un bistrot voisin.

Pendant le déjeuner, nous parlâmes de toutes sortes de choses qui intéressaient Newton. Mon récit des premiers pas de l'homme sur la Lune avait piqué sa curiosité, et il voulait en savoir davantage sur l'état des recherches actuelles sur l'espace cosmique. Ni l'un ni l'autre n'avions envie de reprendre aussitôt notre dialogue sur la physique. Au lieu de quoi, nous fîmes une délicieuse promenade à travers le Cambridge serein du dimanche.

CHAPITRE IV

Dialogue sur la lumière

Le hasard ramena nos pas dans le parc situé derrière Trinity College, où je m'étais reposé dans la matinée. Nous nous installâmes dans un endroit calme sur la pelouse, et mon compagnon prit la parole.

NEWTON – J'ai lu dans un manuel de physique que les propriétés de la lumière jouaient un rôle décisif dans la théorie de la relativité. Nous pourrions commencer par là si vous voulez bien.

Pour ma part, j'affirmais autrefois que la lumière était constituée de petites particules se mouvant à très grande vitesse dans l'espace. Une étude plus précise du mouvement des satellites de Jupiter a permis de fixer cette vitesse, ou plus exactement celle des particules de lumière par rapport à l'espace absolu, à environ 300 000 km/s. C'est délibérément que je dis « environ », car il s'agit ici d'une estimation grossière de la vitesse de la lumière, qui dans tous les cas est très élevée et qui, dans les cas d'espèce, peut dépendre de la vitesse de la source lumineuse ou d'autres paramètres encore.

HALLER – Pas si vite ! De nos jours, on mesure la vitesse de la lumière avec une grande précision. En une seconde, un rayon lumineux parcourt une distance de 299 792 458 mètres. Aujourd'hui, on connaît cette vitesse à un mètre près par seconde.

NEWTON – Quelle précision fantastique, c'est à peine

croyable. Il faudra que vous m'expliquiez à l'occasion par quelle méthode de mesure on est parvenu à ce résultat. Mais je voudrais d'abord savoir autre chose. Supposons que j'éclaire avec ma lampe la tour que vous voyez là-bas. Les particules lumineuses vont d'ici à la tour à une vitesse que nous désignerons par *c*. De toute façon, cette vitesse sera d'environ 300 000 km/s. Maintenant, je prends la lampe et je m'éloigne de la tour en courant.

Puisque les particules de lumière sont émises par la lampe à la vitesse *c* et que cette dernière se meut – disons à 5 m/s –, vous voyez les particules de lumière filer non pas à la vitesse *c*, mais à la vitesse *c* moins 5 m/s.

L'inverse se produira si maintenant je cours vers la tour. La vitesse des particules de lumière par rapport à un observateur immobile sera supérieure en effet à *c*, elle sera de *c* plus 5 m/s.

De mon temps, il ne me serait jamais venu à l'esprit qu'il serait un jour possible de déterminer la vitesse de la lumière à un mètre par seconde près. Mais vous venez de me dire qu'on en était capable. On pourrait donc aujourd'hui, en mesurant la vitesse de la lumière, constater des différences infimes de l'ordre de quelques mètres par seconde.

Mais de quelle vitesse parlez-vous ? De la vitesse des particules par rapport à la lampe ou par rapport à un observateur déterminé ?

HALLER – Il s'agit toujours de la vitesse de la lumière que nous avons mentionnée et que nous désignons par la lettre *c*. Quand on mesure la vitesse de la lumière, on obtient invariablement la vitesse *c*, dont je viens d'indiquer la valeur exacte. Il n'y en a pas d'autre. La vitesse de la lumière est en quelque sorte une constante de la nature.

NEWTON – Mais c'est absurde, tout à fait impensable. En tant que physicien, vous devriez savoir que la vitesse ne peut jamais être une constante de la nature puisqu'elle dépend toujours de l'observateur. Par exemple, la vitesse de la lumière émise par les phares d'un bateau ou d'une de ces voitures filant à toute allure sur les routes ne peut pas être identique à celle des particules émises par une lampe au repos.

Quand vous affirmez que les particules de lumière se propagent toujours à la même vitesse, c'est tout aussi absurde que si vous disiez que tous les boulets de canon volent aussi vite, indépendamment de l'observateur. Ce serait non seulement en totale contradiction avec les lois que j'ai formulées dans mes *Principia*, mais aussi contraire à tout bon sens.

HALLER – Je suis tout à fait d'accord, ce que j'affirme là est en contradiction avec vos lois et ce que vous appelez « le bon sens ». Et pourtant, c'est la vérité, la lumière se meut toujours à la même vitesse. Ce que je dis là, je ne l'invente pas, c'est un fait expérimental.

NEWTON – Quand ces découvertes ont-elles été faites et par qui ?

Newton, qui avait parlé avec beaucoup d'irritation, brûlait d'en savoir davantage car il en connaissait l'enjeu : que toute la belle construction de sa mécanique ne fût pas en mesure d'assimiler de telles découvertes expérimentales. Je pris néanmoins mon temps pour répondre.

HALLER – Avant d'en venir à ces expériences, je voudrais ajouter encore quelque chose à propos de la nature de la lumière. À l'instant, vous parliez des particules lumineuses. Elles existent d'ailleurs réellement, et on les appelle de nos jours « photons ».

NEWTON – Comment cela « elles existent réellement » ? Dans mes *Principia*, j'avais déjà évoqué ces particules, les photons. D'ailleurs, je dois vous avouer – mais cela reste entre nous – que je n'étais pas vraiment sûr de moi. Certains phénomènes lumineux, tels que la diffraction de la lumière à travers une fente, n'étaient pas compréhensibles au moyen de mon hypothèse.

Certains savants du continent, de Hollande et de France essentiellement, ont refusé catégoriquement ma théorie et sont allés jusqu'à affirmer que la lumière n'était pas constituée de particules, mais d'ondes se propageant dans un milieu quelconque, une sorte d'éther remplissant tout l'espace cosmique. Cette théorie ondulatoire avait certainement des aspects sympathiques, hormis l'idée d'un éther à laquelle je n'ai jamais pu me rallier. Je l'aurais acceptée éventuellement si j'avais trouvé une quelconque possibilité de réunir la théorie ondulatoire à ma théorie corpusculaire, un compromis en quelque sorte. J'ai longuement cherché dans cette direction, puis j'ai renoncé, avec raison, me semble-t-il, puisque vous-même disiez à l'instant que ma théorie corpusculaire de la lumière s'est avérée juste.

HALLER – Tout doux, sir Isaac ! Certes, nous savons aujourd'hui, sur la base de nombreuses recherches expérimentales, que la lumière est effectivement composée d'infimes particules, les photons, mais cela ne signifie pas nécessairement que vous ayez eu raison de vous en tenir à votre conception de la lumière. Le compromis dont vous parliez a effectivement été réalisé, en 1905, par un jeune physicien travaillant au Bureau fédéral des brevets de Berne, ma ville natale. D'ailleurs, il s'agit du même physicien qui, en cette même année, a fondé les bases de la théorie de la relativité.

NEWTON – C'est admirable ! Et comment s'appelle cet homme ?

HALLER – Albert Einstein. Nous entendrons encore souvent parler de lui. Ce fut l'un des scientifiques les plus importants du vingtième siècle ; il est mort en 1955 en Amérique.

NEWTON – Cet Einstein m'intéresse. Mais vous m'en direz plus une autre fois. Pour le moment, j'aimerais bien savoir en détail comment donc Einstein a passé ce compromis entre la théorie ondulatoire et la théorie corpusculaire.

HALLER – Je crains de ne pas pouvoir vous l'expliquer par le menu, d'autant que les problèmes annexes n'ont pas de rapport direct avec la théorie de la relativité qui reste notre principal centre d'intérêt. Mais permettez-moi de vous décrire brièvement les choses. Au cours des dix-huitième et dix-neuvième siècles, la théorie ondulatoire de la lumière s'était peu à peu imposée.

NEWTON – Ainsi donc ! C'est bien ce que je pensais.

Newton me scrutait fixement. Il n'était aucunement déçu, il semblait même prendre mes paroles avec calme et placidité.
HALLER – Si l'on admet que la lumière se propage de façon ondulatoire, à la manière d'une onde sonore ou de vagues à la surface d'un lac, on peut comprendre toute une série de phénomènes et tout particulièrement la diffraction dont vous venez de parler. Plus encore, on peut, par exemple, calculer les détails de la trajectoire de la lumière à travers un dispositif optique très complexe. De cette manière, on est parvenu à construire des télescopes à très grande résolution, qui se sont révélés très utiles surtout en astronomie. Bref, vers la fin du dix-neuvième siècle, il n'y avait plus aucun doute là-dessus : la lumière était bel et bien un phénomène ondulatoire. Plus tard, on découvrit d'autres phénomènes étranges, notamment en étudiant les atomes.
NEWTON – Ne parlons pas d'atomes maintenant. J'ai consacré beaucoup de temps ces derniers jours à la théorie atomique. Je trouve extraordinaire qu'on ait réussi à sonder de plus en plus profondément la matière, pour découvrir que les atomes étaient les petites briques des éléments chimiques.

N'êtes-vous pas surpris des connaissances que j'ai déjà acquises sur les atomes ? Je sais qu'un atome est formé d'entités plus petites, le noyau et l'enveloppe, formée de particules spécifiques, les électrons. Je me suis aussi un peu penché sur les forces électriques qui, en fin de compte, assurent la cohésion des briques des atomes.

Toutefois, il y a encore une quantité de choses que je ne comprends pas en ce qui concerne les atomes, par exemple le fait que certains noyaux soient si lourds. Selon moi, les noyaux devraient aussi être composés de particules plus petites. La question se pose alors de savoir quelles forces assurent la cohésion de ces particules, car je ne pense pas que ce soient les forces d'attraction électrique. Les noyaux sont trop stables pour cela. Il doit exister une autre force, une sorte de force nucléaire qui n'a rien à voir avec les forces électriques.
HALLER – Vous avez entièrement raison. En effet, les noyaux

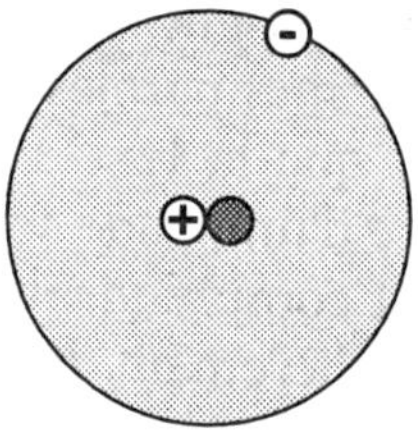

Fig. 4. Représentation schématique d'un atome, en l'occurrence d'hydrogène lourd. Il est constitué d'un noyau atomique chargé positivement, composé ici d'un proton à charge positive et d'un neutron à charge neutre (cercle noir), ainsi que d'un cortège électronique constitué ici d'un seul élément. L'électron se déplace autour du noyau. La cohésion de l'édifice atomique est assurée par les forces d'attraction électrique entre l'électron du cortège et le noyau. Des atomes complexes comprennent plusieurs électrons et des noyaux constitués d'une série de protons et de neutrons. Le noyau de l'atome le plus simple, l'atome d'hydrogène ordinaire, est composé d'un seul proton.

sont constitués de particules encore plus petites que l'on nomme « nucléons ». En outre, elles ne sont pas maintenues ensemble par des forces électriques mais bien, comme vous le disiez si justement, par d'autres forces, beaucoup plus fortes que les forces électriques, et qu'on appelle pour cette raison « forces nucléaires fortes » ou plutôt « interactions fortes ».

Newton, qui écoutait avec intérêt, se délectait à m'entendre confirmer ses conjectures les unes après les autres.

HALLER – Mais revenons à la lumière et plus particulièrement à la question de savoir comment on décrit aujourd'hui les phénomènes lumineux au moyen de la dualité onde-particule. Récemment, un de mes amis a écrit un petit article sur ces questions dans une revue de vulgarisation. Je suggérerais que vous y jetiez un coup d'œil. Peut-être trouverons-nous la revue ici, à la bibliothèque du College.

NEWTON – Entendu. Vous pensez donc que je peux comprendre cet article malgré les trois siècles qui nous séparent l'un de l'autre ?

HALLER – Je n'ai aucune inquiétude là-dessus, car il a été écrit pour les profanes, et un lecteur profane du vingtième siècle

aura sûrement beaucoup plus de peine à le comprendre que le plus grand physicien du dix-septième et du dix-huitième.
NEWTON – Dans ce cas, mettons-nous en quête de cet article.

Nous eûmes de la chance à la bibliothèque bien organisée du College, car, quelques minutes plus tard, je tenais la revue dans la main. Newton se plongea aussitôt dans sa lecture, et j'en profitai pour aller flâner en ville. Nous étions convenus de nous retrouver dans deux heures à la fontaine de la cour.

[Afin que le lecteur ne perde pas le fil du récit en allant chercher l'article en question, avec d'ailleurs le risque de ne pas le trouver, l'auteur en reproduit ci-dessous le contenu. Lecteur, sois indulgent si tu retrouves ici certains éléments déjà évoqués au cours de la conversation avec Newton.]

Qu'est-ce que la lumière ?

Nous sommes en 1904. À Berne, capitale de la Suisse, travaille au Bureau fédéral des brevets un jeune employé de vingt-cinq ans du nom d'Albert Einstein : il examine les nouvelles demandes de brevet d'invention.

Malgré ses multiples tâches, il trouve encore le temps et le loisir de réfléchir aux problèmes de physique qui le préoccupent depuis l'époque de ses études à Zurich, en particulier ceux qui concernent la lumière.

Depuis des décennies, on observait dans les expérimentations des phénomènes inhabituels que personne ne comprenait, y compris Einstein. Mais il sentait bien qu'il avançait vers une solution du problème – une idée qui allait être le point de départ d'un changement radical de notre conception du monde physique.

Cela faisait déjà longtemps que les physiciens s'intéressaient à la lumière. Et ce pour de bonnes raisons : mis à part la substance de notre environnement, à savoir la matière, la lumière est le phénomène le plus frappant de notre vie quotidienne.

Qu'est-ce que la lumière ? Une forme particulière de la matière ? Une substance ? Sir Isaac Newton fut l'un des premiers savants à aller plus loin dans ses réflexions sur la lumière. Dans son ouvrage majeur publié à la fin du dix-septième siècle, il a défendu l'opinion que la lumière était composées d'infimes particules de matière. Pourtant, la théorie de Newton n'était pas convaincante. Qu'advient-il, par exemple, de ces particules lumineuses quand la lumière est absorbée par un corps ? Sont-elles « avalées » par la matière ?

Un contemporain de Newton, le Hollandais Christiaan Huygens, avait une autre conception de la lumière. Il croyait qu'elle était, à l'instar du son, un phénomène ondulatoire, les ondes lumineuses se propageant dans un milieu particulier qui remplissait tout l'espace, l'éther.

De fait, on peut alors comprendre de nombreuses propriétés de la lumière, par exemple sa diffraction lorsqu'elle pénètre l'eau ou le verre, un phénomène utilisé pour la fabrication de lunettes astronomiques. Ainsi l'idée de Huygens a-t-elle fini par s'imposer au siècle passé.

La théorie ondulatoire connut un véritable triomphe quand le physicien allemand Heinrich Hertz put prouver, à la fin du siècle dernier, que la lumière n'était rien d'autre qu'une onde électromagnétique particulière. Les ondes électromagnétiques propagées, par exemple, par un émetteur radio ne se distinguent de la lumière visible que par leur longueur d'onde. On réussit ainsi à unifier deux grands domaines des sciences de la nature, l'électricité et l'optique.

L'œil humain ne perçoit qu'une infime partie des ondes électromagnétiques, celles qui sont comprises dans un domaine situé entre 0,38 et 0,78 millième de millimètre, l'extrémité supérieure correspondant à la lumière rouge et l'extrémité inférieure à la lumière bleue. Toutes les autres ondes électromagnétiques sont invisibles, comme, par exemple, les rayons X, dont la longueur d'onde est seulement un millième de celle de la lumière visible, ou encore les ondes radio, dont la longueur d'onde se situe entre un mètre et quelques kilomètres.

Le point de départ des réflexions d'Einstein en 1905 fut la physique atomique. La matière est composée de briques minuscules, les atomes, qui à leur tour sont constitués de particules encore plus petites : les électrons et les nucléons. Les électrons sont porteurs de charges électriques. Un courant électrique passant à l'intérieur d'un fil n'est rien d'autre qu'un flux d'électrons, sautant pour ainsi dire d'un atome à l'autre.

Einstein trouvait insatisfaisant que la matière fût constituée d'atomes et présentât donc une structure granulaire, tandis qu'on admettait par ailleurs que la lumière, en tant qu'onde électromagnétique, fût un phénomène continu. Comment se représenter alors l'interaction entre les atomes et la lumière ?

Heinrich Hertz, qui découvrit les ondes électromagnétiques, fut le premier à observer l'effet singulier qui allait étonner Einstein une dizaine d'années plus tard. Quand la lumière tombe sur une plaque métallique, il peut arriver que des électrons soient éjectés du métal. On appelle ce phénomène « effet photoélectrique ». Il a trouvé un large champ d'applications techniques, par exemple la cellule photoélectrique d'un appareil photographique. La lumière incidente détache des électrons d'une surface métallique. On peut mesurer le flux de ces électrons. Plus la lumière incidente est forte, plus le flux mesuré est grand, et plus le temps d'exposition de la plaque photographique peut être court.

De façon analogue, on peut « exciter » des atomes, de telle sorte qu'ils continuent à « éclairer », à la manière des chiffres lumineux d'une montre.

Mais pourquoi des électrons sont-ils détachés du métal ? Comme toute onde électromagnétique, l'onde lumineuse contient de l'énergie. Celle-ci est pour ainsi dire « avalée » par le métal. Dans la nature, l'énergie ne se perd jamais, et il en va de même pour l'effet photoélectrique. On retrouve l'énergie dans les électrons se déplaçant à très grande vitesse, arrachés de la plaque de métal aussitôt après le « bombardement de lumière ».

On pourrait s'attendre à ce que les électrons quittent le métal d'autant plus vite que la lumière incidente est intense et, réciproquement, d'autant plus lentement qu'elle est plus faible, car plus la lumière semble forte, plus l'énergie disponible est grande.

Or les observations des physiciens ont donné un résultat inattendu. On a en effet trouvé que ce n'est pas la vitesse des électrons qui change avec l'intensité du rayonnement lumineux, mais le nombre d'électrons. Si l'on projette sur le métal une lumière cent fois plus intense, on obtient cent fois plus d'électrons, tandis que l'énergie et la vitesse des électrons demeurent inchangées.

On peut aussi faire varier la vitesse des électrons en changeant la longueur d'onde de la lumière incidente. Par exemple, si, au lieu de lumière rouge, on utilise de la lumière bleue, les électrons seront catapultés hors du métal à une vitesse plus élevée, même si, ce faisant, l'intensité de la lumière est diminuée. Les physiciens se trouvaient ici devant une énigme.

Manifestement, la lumière projetée sur la plaque métallique transmet de manière très spécifique son énergie aux électrons arrachés. Chaque électron reçoit une quantité bien déterminée d'énergie qui ne dépend absolument pas de l'intensité de la lumière, mais uniquement de la longueur d'onde. Il semble que l'énergie d'un rayon lumineux soit composée d'innombrables « atomes de lumière ». Telle est précisément la conception que proposa Albert Einstein en 1905 au monde étonné des spécialistes et qui lui valut le prix Nobel de physique en 1921.

La théorie einsteinienne de la lumière implique que la lumière est un phénomène ondulatoire, dans lequel toutefois l'énergie est transportée par paquets bien définis. Einstein lui-même parlait de minuscules « atomes de lumière », d'infimes « petits pois lumineux », qu'il a dénommés « photons ». Ainsi, non seulement la matière mais aussi la lumière se composent de particules élémentaires.

Maintenant se pose alors la question délicate : la lumière est-elle un phénomène ondulatoire ou corpusculaire ?

Comment doit-on se représenter un photon ? Qui a raison finalement, Huygens ou Newton ? Selon Einstein, aussi bien l'un que l'autre. La propagation de la lumière est un phénomène ondulatoire tout autant que corpusculaire. On peut s'expliquer ainsi les choses : les ondes lumineuses sont regroupées en courts trains d'ondes, les photons, petits paquets d'ondes et d'énergie, qui parcourent inlassablement l'espace à la vitesse de la lumière.

L'énergie d'un photon ne dépend que de la longueur d'onde de la lumière. Plus la longueur d'onde est courte, plus l'énergie des photons est élevée. Les photons de la lumière rouge sont donc plus pauvres en énergie que ceux de la lumière bleue.

L'énergie d'un photon « bleu » est d'environ 3 électronvolts. Un électronvolt, en abrégé eV, est l'énergie qu'acquiert un électron, quand, par exemple, il passe du pôle négatif au pôle positif d'une pile de lampe de poche, entre lesquels existe une tension de 1 volt. (Vu la petitesse de la masse d'électrons, cette énergie est infime.) L'énergie d'un photon « rouge » n'est que la moitié de celle d'un photon bleu, c'est-à-dire 1,5 eV. Notre œil ne peut enregistrer que des photons situés dans un domaine d'énergie entre 1,5 et 3 eV.

Les photons des ondes radio sont comparativement plus pauvres en énergie. Nous pouvons déterminer l'énergie des photons qui rayonnent depuis une source radio émettant des ondes courtes dans la bande de 41 m. La longueur d'onde (41 m) est à peu près cent millions de fois supérieure à celle de la lumière bleue. Par conséquent, l'énergie des photons est cent millions de fois plus petite que celle des photons « bleus » (3 eV).

Les photons des rayons X ont une énergie environ mille fois plus grande que celle des photons visibles. C'est pourquoi ils sont en mesure de pénétrer le corps humain, propriété largement utilisée en médecine. Mais ils peuvent également provoquer des dégâts dans les tissus humains.

L'énergie des photons peut être aussi grande que l'on veut. On appelle « particules gamma » les photons possédant une énergie supérieure à 10 000 eV. Ce sont les briques des rayons gamma, que l'on observe souvent dans les expériences de physique nucléaire. Un réacteur nucléaire émet un rayonnement gamma intense, contre lequel il faut se protéger à l'aide d'épaisses parois de plomb et de béton. L'effet destructeur d'une bombe atomique ou à hydrogène provient en grande partie du rayonnement gamma produit au cours de l'explosion due aux interactions des particules nucléaires.

L'idée d'Einstein explique très simplement pourquoi l'énergie des électrons n'augmente pas avec l'intensité lumineuse dans l'effet photoélectrique. Quand un photon heurte la plaque métallique, son énergie est absorbée par un électron. L'électron ainsi accéléré est arraché du métal. Sa vitesse est fixée par l'énergie du photon.

Si nous augmentons l'intensité de la lumière, les photons seront plus nombreux à venir heurter la plaque de métal. Le résultat en sera une augmentation du nombre d'électrons arrachés, mais pas de leur vitesse. Pourtant, si nous diminuons la longueur d'onde de la lumière incidente, en utilisant par exemple une lumière bleue au lieu d'une lumière rouge, nous augmentons l'énergie des photons et, par conséquent, celle des électrons émis. L'idée d'Einstein élucide ainsi l'énigme de l'effet photoélectrique.

L'hypothèse d'Einstein concernant les atomes de lumière, les photons, ne fut pas accueillie favorablement par ses collègues. Ainsi, lors de l'admission d'Einstein à l'Académie prussienne des sciences, Max Planck, qui l'avait pourtant recommandé, laissa libre cours à sa critique en sollicitant de l'indulgence, car Einstein, bien qu'il fût un très grand physicien, « avait parfois dépassé les bornes dans ses spéculations ». En exemple, Max Planck mentionna l'hypothèse des photons.

Aujourd'hui, il n'y a plus le moindre doute sur l'existence des photons. Ce sont des particules élémentaires au même titre que les électrons ou les nucléons. Les méthodes de mesure modernes permettent de démontrer facilement l'existence de photons individuels. On a même établi que la rétine de l'œil humain, qui au fond n'est rien d'autre qu'un appareil de détection des photons, est capable d'enregistrer individuellement les photons de la lumière visible, représentant chacun l'infime quantité d'énergie de quelques électronvolts.

Le physicien américain Arthur Compton apporta une preuve convaincante de l'hypothèse d'Einstein. Il prit son idée très au sérieux et s'intéressa en particulier aux réactions entre photons et électrons. Si les photons sont effectivement des particules élémentaires, comme les électrons, on devrait alors observer les collisions entre photons et électrons. Celles-ci ressembleraient aux collisions des boules sur une table de billard. Imaginons que nous jouons au billard avec deux sortes de boules, des boules blanches et des noires un peu plus grosses.

Une des boules blanches heurte latéralement une boule noire au repos. Le résultat en sera que la petite boule blanche sera déviée sur le côté et continuera sa course à une vitesse moindre, tandis que la boule noire se mettra en mouvement et roulera. La vitesse, et par conséquent l'énergie, de la boule blanche est plus petite après la collision, puisqu'une partie de son énergie est transmise à la boule noire.

Arthur Compton, qui fut par ailleurs un physicien extrêmement réaliste, compara les boules blanches aux photons et les noires aux électrons. Les électrons – briques des nuages d'électrons – existent en grande quantité dans le moindre morceau de matière. En première approximation, on peut supposer que les électrons sont en repos dans les atomes.

Lorsque nous soumettons de la matière à un rayonnement de photons de la plus grande énergie possible, il peut arriver qu'un photon percute un électron et soit dévié ainsi de sa course. Simultanément, l'électron subit un choc tel qu'il est arraché à une vitesse considérable du morceau de matière, et peut être détecté par un compteur de particules. Dans sa collision avec l'électron, le photon perd une partie de son énergie, ce qui change sa longueur d'onde.

Ce changement de longueur d'onde ainsi que la perte d'énergie des photons ont été mis en évidence par Compton. Pour ses expériences, il utilisa des photons du rayonnement X. Il exposa aux rayons X de la matière normale, par exemple un morceau d'aluminium. Les « photons X » sont alors déviés par leurs collisions avec les électrons et perdent ainsi leur énergie. Compton a mesuré avec précision la déviation des photons X, de même que leur perte d'énergie. Les résultats étaient une confirmation éclatante de la théorie d'Einstein.

Les collisions des photons avec les électrons étudiés par Compton montrent de façon convaincante que les photons, à l'instar des électrons, sont des particules minuscules, si bien qu'une question s'impose alors : quelle est la différence entre les photons, d'une part, et les particules matérielles comme les électrons, d'autre part ?

Une différence importante réside dans les vitesses avec lesquelles les particules se meuvent dans la nature. Un morceau de matière normale, une pierre par exemple, peut ou bien se trouver au repos, ou bien s'approcher ou s'éloigner de nous à une vitesse déterminée. Toutefois, cette vitesse ne peut pas être arbitraire. Les lois de la physique stipulent que la matière ne peut jamais se mouvoir à une vitesse dépassant celle de la lumière.

Dans l'espace vide, la lumière se meut à une vitesse d'environ 300 000 km/s. Les photons se déplacent à la même vitesse, indépendamment de l'énergie. Un photon de lumière visible et un photon de rayon X se meuvent tous deux à la vitesse de la lumière, bien que le photon de rayon X possède une énergie bien supérieure. Un photon, produit par une réaction nucléaire dans le Soleil, a besoin d'environ huit minutes pour parvenir jusqu'à la Terre.

La vitesse de la lumière est par conséquent une grandeur universelle de la nature. Que ce soit ici sur Terre, dans l'espace entre le Soleil et la Terre ou dans les vastes espaces intergalactiques, les particules lumineuses se meuvent à une vitesse d'environ 300 000 km/s. C'est une propriété spécifique des photons.

Il en va tout autrement pour les autres particules élémentaires, par exemple les électrons. Ils se comportent comme un morceau de matière plus grand. Comme une pierre, un électron peut se trouver au repos ou parcourir l'espace à différentes vitesses, pourvu qu'elles restent inférieures à celle de la lumière. Dans les laboratoires modernes de physique des particules élémentaires, on peut accélérer les électrons à l'aide de champs électriques et magnétiques compliqués pour leur faire atteindre environ 99 % de la vitesse de la lumière. La vitesse de la lumière n'est cependant jamais atteinte.

L'importance universelle de la vitesse de la lumière a été reconnue pour la première fois par Einstein en 1905. Au même titre que sa théorie des photons, sa théorie de la relativité est un fruit de l'année 1905, qui fut si féconde pour la physique.

Quelle est la raison profonde de cette différence entre les photons et les électrons ? Elle réside dans la masse de ces particules. L'électron est une particule élémentaire, dont la masse infime est de 10^{-27} g. Et ce n'est qu'en raison de sa masse qu'il peut exister au repos.

Les photons, en revanche, sont des particules dépourvues de masse. Ils véhiculent certes de l'énergie, mais ne peuvent pas être au repos. Du fait de son absence de masse, le photon est contraint de se mouvoir continuellement toujours à la vitesse de la lumière.

C'est ainsi que la masse d'une particule élémentaire acquiert une signification importante. Elle établit, pour ainsi dire, à quelle vitesse la particule doit se mouvoir pour avoir une certaine énergie. Mais cela n'explique pas encore clairement pourquoi il existe des particules, comme les photons, qui sont dépourvues de masse tandis que d'autres en ont une. Jusqu'à présent, les physiciens ne connaissent pas de réponse à cette question.

Dans la nature, les photons ont pour fonction de transporter de l'énergie. L'énergie du Soleil est rayonnée sous forme de photons. Une partie en est absorbée par la surface de la Terre et transformée en d'autres formes d'énergie, par exemple en chaleur. Tout cela n'est possible que parce que les photons sont en interaction avec la matière. Les photons ne peuvent pas traverser tout simplement la matière sans transmettre de l'énergie à toutes les particules chargées électriquement, par exemple aux électrons par l'effet Compton.

Ce qui est important ici, c'est le fait que seules les particules chargées électriquement soient « dérangées » par les photons. Aucune interaction n'a lieu avec les particules dépourvues de charge électrique. L'électricité est donc directement liée à la lumière, et donc aux photons.

Les photons ne jouent pas seulement un rôle très important dans la nature, ce sont les particules qui apparaissent avec la plus grande fréquence dans notre monde.

En 1965, les astrophysiciens Arno Penzias et Robert Wilson ont découvert un rayonnement singulier, irradiant uniformément la surface de la Terre à partir de toutes les directions de l'espace cosmique. Il s'agit de photons d'une énergie d'environ 0,000 02 eV seulement. On sait aujourd'hui que ce rayonnement existe partout dans l'espace cosmique, mais aussi dans l'espace intergalactique. Les galaxies, les étoiles et les planètes baignent en quelque sorte dans une mer de photons. Il y a en moyenne environ quatre cents photons par centimètre cube. Le nombre de photons dans l'univers est donc beaucoup plus élevé que le nombre des autres particules élémentaires (électrons, nucléons).

Les astrophysiciens supposent que la mer de photons dans le cosmos est un résidu du big bang, de cette explosion primordiale qui a eu lieu il y a environ vingt milliards d'années et dont sont issus non seulement la matière, en tant que cendres de cette explosion, mais aussi le rayonnement emplissant tout le cosmos. Indispensables dans leur rôle de véhicules et de transmetteurs d'énergie, les photons sont de surcroît les particules les plus importantes et les plus fréquemment rencontrées.

CHAPITRE V

Newton rencontre Einstein

J'étais au rendez-vous à l'heure convenue. J'attendais Newton, impatient de savoir comment il s'en était tiré avec l'article. Je ne tardai pas à l'apercevoir. Rien sur son visage ne trahissait l'impression que la lecture lui avait faite, si bien que je lui demandai aussitôt : « Eh bien, cet article sur la lumière a-t-il satisfait votre curiosité ?

– Au contraire, il n'a fait que l'augmenter. À vrai dire, tant de questions se bousculent dans ma tête qu'il nous faudra, je le crains, beaucoup de temps pour y répondre avant d'aborder la théorie de la relativité.

– Je ne le crois pas, répliquai-je, car la plupart de ces questions, du moins celles qui concernent la lumière, ont un rapport plus ou moins directement à la théorie de la relativité.

– C'est fort possible, répondit Newton, mais je ne peux pas en juger pour l'instant. Il m'est naturellement devenu clair à la lecture qu'il ne restait pas grand-chose de ma théorie corpusculaire de la lumière. Ce compromis entre la théorie ondulatoire et la mienne, qu'Einstein a proposé, est un résultat déjà impressionnant. À l'époque où j'écrivais les *Principia,* j'en avais eu l'idée car il ne m'avait pas échappé que la théorie ondulatoire de la lumière avait quelque chose pour elle, notamment une explication tout à fait plausible des phénomènes d'interférence et de diffraction. Si seulement j'en avais su davantage sur l'électricité, la physique atomique et la lumière en tant que phénomène électromagnétique !

– Cher monsieur Newton, nul ne peut vous reprocher de ne pas avoir déjà publié dans vos *Principia* l'hypothèse des quanta de lumière d'Einstein. Vous devez bien vous douter qu'il n'y est pas parvenu par ses seules réflexions. Son succès n'a été possible que parce que des centaines de physiciens expérimentateurs et de techniciens avant lui – parmi lesquels on compte des chercheurs géniaux comme votre compatriote Michael Faraday ou le physicien allemand Heinrich Hertz – ont assemblé une masse de faits expérimentaux. De plus, pour effectuer les expériences permettant d'étudier les phénomènes électriques et magnétiques, il fallait que les techniques d'observation eussent atteint le niveau requis. À votre époque, il était impossible de réaliser ces expériences.

– J'en conviens, se ravisa Newton, de mon temps, les techniques d'expérimentation n'étaient pas assez avancées. Vous avez sans doute raison. Quand j'écrivais les *Principia*, le temps d'une théorie générale n'était pas encore venu. D'ailleurs, la lecture de l'article de votre ami a éveillé ma curiosité pour Einstein. Parlez-moi un peu plus de lui. »

Pendant les minutes qui suivirent, je donnai à Newton, qui m'écoutait avec attention et sans m'interrompre, un bref aperçu biographique du grand physicien.

Einstein est né à Ulm, le 14 mars 1879. Un an plus tard, sa famille s'installa à Munich, où son père Hermann Einstein ouvrit avec son frère une petite entreprise de matériel électrique.

Einstein commença de s'intéresser aux mathématiques, aux sciences de la nature et à la philosophie pendant ses études secondaires au lycée Luitpold de Munich. À quinze ans, il quitta Munich pour rejoindre ses parents en Italie. En effet, son père avait son entreprise à Milan. Après une année à l'école cantonale d'Aarau, en Suisse – Einstein obtint le diplôme nécessaire pour entrer à l'université –, il entreprit des études de mathématiques et de physique à l'École polytechnique de Zurich. En 1900, il termina ses études avec un diplôme de professeur de mathématiques.

Sa candidature à un poste d'assistant à l'École polytechnique de Zurich n'eut aucun succès. Après avoir été professeur auxiliaire dans différentes écoles pendant presque deux ans, il devint fonctionnaire du Bureau fédéral des brevets de Berne en 1902. Einstein, qui vers la fin de sa vie devait évoquer cette période comme l'une des plus heureuses de son existence, resta fonctionnaire du Bureau des brevets jusqu'en 1909.

Ce fut pour lui le temps des découvertes importantes qui firent époque dans les sciences de la nature. En 1905, Einstein publia dans *Annalen der Physik* une série de travaux qui ont fait sa renommée mondiale. Malgré la modestie de son titre, son travail « Sur un point de vue heuristique concernant la production et la transformation de la lumière » est à la base de la théorie des photons, pour laquelle Einstein devait recevoir le prix Nobel en 1921.

Ses deux autres travaux – « Sur l'électrodynamique des corps en mouvement » et « L'inertie d'un corps dépend-elle de sa quantité d'énergie ? » – représentent l'acte de naissance de la théorie de la relativité restreinte.

En 1909, Einstein obtint alors un poste de professeur de physique théorique à l'université de Zurich, en reconnaissance de ses travaux. En 1911 et 1912, il occupa une chaire à l'université de Prague et à l'École polytechnique de Zurich.

Sa carrière universitaire fut couronnée par l'honneur d'une offre de poste de recherche à la Kaiser-Wilhelm-Gesellschaft de Berlin, nouvellement créée, poste qu'il a occupé de 1914 jusqu'à son émigration aux États-Unis.

Après l'arrivée de Hitler au pouvoir, Einstein, qui ne se trouvait pas à Berlin à ce moment-là, décida de démissionner de son poste et de ne plus retourner en Allemagne, décision sur laquelle il n'est jamais revenu. Einstein passa les vingt dernières années de sa vie à l'Institute for Advanced Study de Princeton, dans l'État fédéral du New Jersey. Il est mort le 18 août 1955.

Dans ma conversation avec Newton, je mentionnai aussi

le grand travail accompli par Einstein durant ses premières années berlinoises, à savoir la création de la théorie de la relativité générale, une théorie de la gravitation qui constitua un élargissement considérable de la conception newtonienne.

Comme on pouvait s'y attendre, Newton était naturellement impatient d'en savoir davantage. Mais il se rangea volontiers à mon avis que nous devrions d'abord nous consacrer aux fondements de l'« ancienne » théorie de la relativité, publiée par Einstein en 1905, à savoir la relativité restreinte.

Après quelques minutes de silence, Newton s'exclama soudain : « J'aimerais tant pouvoir parler avec Einstein lui-même.

– Il n'y a rien que je ferais plus volontiers, répondis-je amusé, car je ne l'ai pas connu non plus. Malheureusement, il est mort en 1955. »

Newton sourit : « Vous oubliez, mon cher ami, dit-il en souriant, que moi non plus je ne suis plus en vie, officiellement. Mais je comprends votre argument. Cependant, il me plairait de visiter l'endroit où Einstein a travaillé à Berne. J'aimerais connaître la ville où il habitait quand il créa sa théorie. Cela devrait être possible. Après tout, Berne est aussi votre ville natale. Je sais que cela va vous surprendre, mais, sérieusement, ne pourrions-nous pas aller ensemble à Berne – hum – en avion ? Depuis que je suis ici de nouveau à Cambridge, je commence à m'habituer à la vie moderne et je me suis promis de faire bientôt un voyage en avion. Alors, pourquoi pas à Berne ? Vous disiez tout à l'heure que vous pourriez prendre quelques jours de congé. Ne voulez-vous pas venir avec moi ? »

La proposition de Newton me semblait aller de soi. En outre, cela m'enchantait de l'accompagner dans ma ville natale. « D'accord, nous allons prendre l'avion pour la Suisse. Je suggère que nous volions directement de Londres à Genève, puis que nous continuions en train jusqu'à Berne. À cette occasion, nous pourrons d'ailleurs visiter le Centre européen de recherche nucléaire, le CERN, qui se trouve tout près de Genève. »

Ce qui fut fait. Le soir même nous étions à Londres. Newton descendit dans un hôtel de Chelsea, tandis que je retournai chez mes amis pour leur faire part de ma décision de ne pas prendre l'avion pour les États-Unis et de rentrer en Suisse. Ils m'écoutèrent avec étonnement. Pour des raisons évidentes, je ne soufflai mot de ma rencontre avec Newton.

Le lendemain matin, je retrouvai celui-ci au comptoir de la Swissair, à Heathrow, aéroport de Londres. Au comble du bonheur, il me raconta qu'il était à l'aéroport depuis deux bonnes heures déjà, pour y étudier le bâtiment et le trafic aérien. La perspective du vol imminent pour Genève le rendait aussi joyeux qu'un enfant, ce qui n'était que trop compréhensible pour un savant du dix-septième siècle qui ne s'était encore jamais envolé dans les airs.

Deux heures plus tard, vers 11 heures, l'avion de la Swissair s'apprêtait à atterrir à Genève-Cointrin. Newton était assis près du hublot et regardait émerveillé le massif des Alpes qui se déployait au-dessous de lui, dominé par la cime du mont Blanc. Je lui montrai l'étroite vallée du Rhône qui traversait la chaîne du Jura. Bientôt, nous nous trouvions au-dessus de la banlieue sud-ouest de Genève. J'eus tout juste le temps d'attirer l'attention de Newton sur le site du CERN, au pied du Jura, avant que l'avion ne se pose en douceur sur le sol suisse.

Malgré la proximité du Centre de recherche du CERN, nous décidâmes d'en remettre la visite à plus tard et de prendre aussitôt le train pour Berne. En début d'après-midi, nous arrivions à la gare centrale de la capitale helvétique.

L'université de Berne se trouve à proximité de la gare. L'Institut de physique, où je travaille, est directement accessible par un ascenseur situé à l'intérieur de la gare. Ce dernier nous conduisit au-dessus de la place, en face du grand bâtiment de l'université, d'où nous avions une vue splendide sur la ville et les montagnes du haut pays bernois. C'était une belle journée ensoleillée, et les sommets enneigés de la Finsteraarhorn et de la Jungfrau étincelaient dans le soleil de l'après-midi. Saisi d'étonnement, Newton contemplait ce panorama unique. Il parut intéressé d'apprendre que ses compatriotes avaient été les premiers à « découvrir » cette région au siècle dernier et qu'ils y avaient introduit le tourisme alpin moderne .

Je profitai d'une promenade dans le quartier universitaire pour montrer à Newton l'Institut des sciences de la nature, où je travaillais. Nous étions en vacances semestrielles, et les étudiants étaient plutôt rares. Un escalier nous conduisit alors dans la petite rue Aarberger, et Newton prit ses quartiers dans un hôtel proche de la gare.

Comme je voulais passer voir un collègue de l'Institut de physique, je pris congé de Newton, non sans être au préalable convenu d'un rendez-vous à l'Aarbergerhof, un restaurant très apprécié des étudiants et du personnel de l'université. Quelques heures plus tard, Newton et moi quittions le restaurant, d'humeur joyeuse. L'excellent repas et le bon vin italien y étaient certainement pour quelque chose.

Newton manifesta le désir d'aller voir le soir même la maison dans laquelle Einstein avait vécu. Je le conduisis à la Bärenplatz, au centre de la vieille ville ; de là nous remontâmes la pittoresque rue du marché. Après avoir traversé la place du théâtre, nous rejoignîmes la Kramgasse, en passant devant la tour Zytgloggen, célèbre dans le monde entier. Bientôt, nous étions devant le numéro 49 où Einstein avait habité avec sa petite famille au début du siècle. Nous étions arrivés sur le lieu de naissance de la théorie de la relativité.

L'entrée de la maison d'Einstein, bien protégée par les arcades en pierre typiques de la vieille ville, est facile à trouver. Sur le pilier en face de la porte, on peut lire l'inscription : « Dans cette maison Einstein a écrit ses articles fondamentaux sur la théorie de la relativité en 1903-1905 ».

Einstein habitait au deuxième étage. Son logement a été loué dans les années 1970 à la Société Einstein de Berne et transformé en petit musée.

Newton voulut visiter l'endroit sur-le-champ. Le musée n'étant ouvert que pendant la journée, ce désir de Newton n'aurait pas pu être exaucé si je n'avais prévu cette éventualité et pris mes dispositions. J'avais en effet emprunté les clés à un collègue et ami, membre de la Société Einstein. Le musée étant justement fermé pour plusieurs semaines, il avait bien voulu me confier les clés pour quelques jours. C'est ainsi qu'en quelques minutes nous étions à l'intérieur.

Les meubles de l'époque n'ayant pas été conservés, l'installation est très rudimentaire. On y trouve essentiellement des photos, des dessins et des documents évoquant Einstein. Newton s'en approcha pour les détailler après m'avoir signifié que, si je souhaitais faire un petit tour en ville en attendant, puisque je connaissais déjà tout ça, il n'avait absolument rien contre. Je compris qu'il voulait être seul un moment et quittai la maison, pour déambuler le long du fleuve jusqu'au Parlement fédéral et flâner dans la ville.

Une heure plus tard, je me trouvai de nouveau au numéro 49 de la Kramgasse et gravis l'escalier. À mon grand étonnement, j'entendis que Newton n'était plus seul. Non sans excitation, il parlait en anglais avec un homme que j'identifiai aussitôt à son accent très fort comme allemand ou suisse allemand.

Lorsque Newton m'aperçut, il dit dans un rire : « Vous vous souvenez sans doute du souhait que j'ai exprimé à Cambridge d'entendre Einstein lui-même m'expliquer sa théorie de la relativité et non vous. Eh bien, nous n'avons pas fait ce long voyage pour rien. Puis-je vous présenter ? Notre visiteur ce soir est le maître de céans lui-même : monsieur Einstein. »

Confondu, je regardai le nouveau venu plus attentivement cette fois. Et, en effet, j'avais bien devant moi l'image vivante de l'homme dont on pouvait voir la photo sur le mur d'en face, devant son pupitre au Bureau des brevets. Il n'y avait pas de doute, j'avais devant moi Albert Einstein, âgé d'environ trente ans. De taille moyenne, il avait une forte carrure, le front large, la chevelure épaisse et noire, et une fine moustache. Je remarquai aussitôt ses yeux marron et étincelants. À la différence de l'homme sur la photo au mur, il portait un costume moderne gris, légèrement élimé.

Newton nous présenta, et, tandis que nous nous serrions la main, Einstein me dit non sans ironie que c'était une joie pour lui de faire la connaissance d'un professeur de physique de Berne. Il s'agissait visiblement d'une allusion aux frictions qu'il y avait eu autrefois entre lui et d'autres professeurs de l'université. Par ailleurs, les deux hommes se conduisaient comme si c'était la chose la plus naturelle au monde de nous trouver réunis tous les trois dans ces pièces. Pour moi qui venais de faire la connaissance de Newton à Cambridge, il n'était plus aussi extravagant de me trouver face à Einstein ici à Berne. J'eus le sentiment que Newton avait eu l'intuition de cette rencontre, à Cambridge, et je compris pourquoi il avait précipité ce voyage.

« Quand j'étais à Berne, dit alors Einstein avec malice, j'avais fondé avec quelques amis une académie, à laquelle nous avions donné le nom d'académie Olympia et qui, contrairement à la plupart des autres académies, s'était même révélée être une entreprise utile, tout au moins pour ses membres. Lorsque j'ai appris récemment que j'allais retourner à Berne pour quelque temps, je n'imaginais pas y rencontrer Isaac Newton. Accepteriez-vous, cher Newton, de devenir membre de cette académie ?

– Rien ne me ferait plus plaisir, répondit ce dernier, si je peux vous y entendre parler de la relativité. Comme j'imagine que nous allons passer quelques jours ensemble à Berne, je propose que nous établissions à nous trois, sur de nouvelles bases, votre académie Olympia, cela conférerait un caractère officiel à notre rencontre. »

Pour ma part, je ne trouvai rien à redire, trop content d'être associé à ces deux géants de la physique. C'est ainsi qu'en cette heure tardive nous procédâmes de façon bien peu officielle à une refondation de l'académie Olympia dans la Kramgasse. L'acte de fondation fut célébré avec une bouteille de Montepulciano qu'Einstein sortit d'on ne sait où.

Comme la soirée était déjà bien avancée, nous décidâmes de ne pas nous attarder afin de nous retrouver le lendemain matin au même endroit. Je raccompagnai Newton à son hôtel. Einstein nous tint compagnie quelque temps, puis alla son chemin. Visiblement, il ne passait pas la nuit dans son appartement, ce qui aurait été hasardeux vu l'absence de lit.

Le lendemain matin, vers 10 heures, nous nous retrouvâmes, Newton et moi, au numéro 49. Einstein nous attendait déjà, et la première séance de l'Académie put commencer.

« Newton et moi sommes un peu dans la même situation, dit Einstein en se tournant vers moi. Nous voici soudain catapultés dans le présent. Pour moi aussi, maintes choses de la vie quotidienne sont incompréhensibles, même si j'ai l'avantage sur Newton d'avoir vécu à une période moins reculée. Au cours de ces derniers jours, j'ai tenté de m'instruire sur tout ce qui s'est produit dans l'intervalle, notamment dans le domaine de la physique qui m'intéresse en premier lieu, et j'ai fait un usage intensif de la bibliothèque de l'Institut de physique. Mais je dois avouer que je ne suis pas allé bien loin. J'insiste d'emblée sur ce fait, car, au fil de la conversation, nous allons soulever des problèmes, pour lesquels je n'aurai pas de solution, en ce qui concerne notamment les questions que posera Newton. Vos interventions seront donc les bienvenues. »

Évidemment, je promis de faire tout mon possible pour être utile : « Newton aimerait d'abord apprendre des choses sur la théorie de la relativité. Je pense qu'il s'agira dans un premier temps de vos propres réponses. Nous commencerons maintenant en donnant la parole à sir Isaac. »

CHAPITRE VI

La vitesse de la lumière est une constante universelle

S'adressant directement à Einstein, Newton énonça le problème que lui posait la constance de la vitesse de la lumière, problème qu'il avait visiblement ruminé depuis notre départ de Cambridge.

NEWTON – Comment se peut-il que la lumière se propage toujours à la même vitesse ? Dans ma mécanique en tout cas, cela est impossible. Comme chacun sait, et vous deux en particulier, la vitesse d'un objet dépend toujours de l'observateur. Si ce dernier modifie sa vitesse, celle de l'objet observé change en même temps. Toute donnée d'une vitesse est juste relative, elle ne dépend pas seulement de l'objet considéré, mais aussi de l'état de mouvement de l'observateur. Comment se peut-il qu'il en aille autrement de la lumière ?

Mais hormis ce problème, j'ai encore d'autres objections concernant la lumière. À Cambridge, nous avons déjà parlé de votre théorie des quanta de lumière, qui est en quelque sorte une combinaison de ma théorie corpusculaire et de la théorie ondulatoire. C'est une performance, monsieur Einstein, je vous félicite. Mais si la lumière est un phénomène ondulatoire, au moins en partie, je me demande alors dans quel milieu elle se propage. Les vagues de la mer utilisent la surface de l'eau, comme une onde sonore l'air. Mais la lumière, dans quel milieu se propage-t-elle ?

À ce propos, j'ai appris que la lumière était un phénomène

électromagnétique et qu'il n'y avait pas de différence quantitative entre un rayon lumineux, un rayon X ou une onde radio. Tous ces phénomènes sont des ondes électromagnétiques qui ne se distinguent que par leur longueur d'onde.

Mais s'il y a un milieu dans lequel les phénomènes électromagnétiques se propagent, s'il existe un éther, comme on dit parfois, tout dépend alors de la manière dont on se déplace par rapport à l'éther. On ne peut parler de vitesse constante de la lumière que si l'on mesure la propagation de la lumière dans un système de référence en repos par rapport à l'éther. Un tel système ne serait d'ailleurs pas malvenu pour moi, car j'aurais pu le mettre en rapport avec mon idée d'un espace absolu, qui dans ce cas aurait été déterminé par l'éther électromagnétique. Mais l'éther, existe-t-il ?

Einstein avait écouté Newton attentivement. Il prit le temps de la réflexion avant de répondre.

EINSTEIN – Je comprends bien vos objections, sir Isaac. Pendant des années, je me suis obstinément interrogé sur ces questions et sur bien d'autres, par exemple celle qui occupait mon esprit depuis l'âge de seize ans et à laquelle je n'ai trouvé la bonne réponse qu'en 1905 : que se passerait-il si un observateur poursuivait une onde lumineuse et par conséquent se déplaçait à la vitesse de la lumière ? Comme nous le savons, ce problème ne se pose pas quand il s'agit d'une vague. Pas plus tard qu'hier soir, j'ai vu au cinéma quelqu'un qui pratiquait l'un de ces sports modernes, le surf, et chevauchait une vague sur sa planche, se déplaçant ainsi à la vitesse de la vague. Supposons que quelqu'un soit en mesure de « surfer » sur une onde lumineuse. Qu'observerait-il dans son système de référence ? Dans le meilleur des cas, il pourrait observer la crête de sa vague et celle des vagues environnantes, au repos évidemment. Il aurait devant lui une image statique, radicalement différente de celle qu'aurait un observateur au repos voyant défiler les ondes lumineuses à la vitesse de la lumière.

NEWTON – Cela me paraît étrange. Autant que je sache, on peut très bien décrire mathématiquement les phénomènes électromagnétiques et que, comme dans ma mécanique, cela ne dépende pas de mon système de référence. D'un point de vue qualitatif, une onde lumineuse devrait donc paraître identique dans tous les systèmes de référence. Il reste que je trouve singulier que, dans l'un des cas, on obtienne une image dynamique – l'onde lumineuse fuyant à toute allure – et dans l'autre cas une image statique, telle une peinture qui ne se modifie pas au fil du temps. J'ai l'impression qu'il y a quelque chose qui cloche ici. Peut-être, pour une raison qui reste à élucider, ne peut-il pas y avoir de « surfeur de lumière ».

À ces mots, je ne pus m'empêcher de sourire et je remarquai qu'Einstein me faisait un clin d'œil de connivence. Nous avions compris que Newton était au moins sur la bonne voie.
EINSTEIN – Ce que vous venez de dire est très proche de la vérité, en l'occurrence de ma théorie de la relativité. Nous verrons bientôt qu'un tel « surfeur de lumière » ne peut pas exister. Mais parlons d'abord du problème de l'éther qui, vers la fin du dix-neuvième siècle, agitait de nombreux physiciens, pour une série de raisons.
NEWTON – Vous pensez probablement au résultat de l'expérience de Michelson et Morley ?
EINSTEIN – Pas seulement, mais certainement aussi à elle. L'idée à la base de cette expérience est très simple. S'il y avait effectivement un éther, alors on pourrait s'attendre à ce que la Terre se déplace à travers cet éther dans sa révolution autour du Soleil. Pourtant, la Terre se meut dans l'espace à la vitesse honorable de 30 km/s. Plus exactement, on observe cette vitesse dans un système de référence où le Soleil est au repos.

Si l'éther se trouvait au repos par rapport au Soleil, nous aurions alors affaire à une vitesse relative de la Terre par rapport à l'éther de 30 km/s. L'observateur se trouvant sur Terre recevrait alors en pleine figure un sérieux coup de « vent d'éther ». Mais, évidemment, il n'en est rien. Nous pouvons donc supposer qu'en fait la Terre se meut sans heurt dans l'éther. Sinon « le vent d'éther » aurait arrêté depuis longtemps la révolution de la Terre autour du Soleil.

Nous avons supposé que le Soleil était au repos par rapport à l'éther. Mais même si ce n'est pas le cas, nous devrions compter avec un vent d'éther puisque la direction de la vitesse de la Terre se modifie constamment au cours de l'année. Par exemple, les directions sont opposées au début de l'été et au début de l'hiver. Le vent d'éther ne peut donc jamais être nul pendant toute l'année ; il est impossible en effet que l'éther tourne avec la Terre autour du Soleil.

NEWTON – Cela prouve qu'on peut mesurer la vitesse relative de l'éther par rapport à la Terre. Il suffit de mesurer la vitesse de la lumière ici sur Terre selon des directions différentes et à différents moments de l'année.

EINSTEIN – Félicitations, vous venez de réinventer le principe de base de l'expérience de Michelson-Morley. Permettez-moi de vous raconter brièvement l'histoire de cette expérience importante. Albert Abraham Michelson était un physicien américain qui déjà, pendant ses études, s'était donné comme tâche de prouver l'existence du vent d'éther. Il fit sa première tentative dans ce sens pendant un séjour d'étude à l'institut Hermann von Helmholtz. Mais cette expérience était rudimentaire et les résultats encore peu concluants.

Plus tard, Michelson obtint un poste de professeur aux États-Unis, à Cleveland exactement. Avec son collègue, le chimiste Edward Williams Morley, il réalisa une expérience bien meilleure, dont les résultats ne laissaient plus aucun doute. Cette expérience fut réalisée en 1887. Les deux scientifiques américains construisirent un appareil permettant de mesurer les infimes différences de vitesse qui existent entre les rayons lumineux, en fonction de leur direction.

NEWTON – À quoi ressemblait cet appareil ?

En guise de réponse, Einstein prit un morceau de papier et commença à dessiner un croquis [voir fig. 5].

EINSTEIN – Le principe de l'expérience consiste à comparer la vitesse de la lumière de deux rayons lumineux se propageant dans des directions différentes. Supposons que nous émettions de la lumière, le mieux serait une lumière monochrome, donc une lumière d'une couleur déterminée, disons une lumière bleue, à partir d'une source lumineuse. Le rayon se propage vers la droite et va être séparé en deux par un verre à miroirs argentés. L'une des moitiés de rayon traverse le verre et continue à se propager dans sa direction initiale, tandis que l'autre moitié est déviée de 90 degrés, poursuivant sa course perpendiculaire à sa direction initiale. Après avoir parcouru une distance de quelques mètres, les deux rayons lumineux sont réfléchis par deux miroirs. Les rayons renvoyés par ces derniers se croisent de nouveau sur la surface de verre argentée, où une partie de la lumière est déviée latéralement et pénètre dans un télescope d'observation.

NEWTON – Ha ! ha ! si les vitesses des particules de lumière des deux rayons perpendiculaires sont différentes, on devrait pouvoir constater une petite différence dans les temps de parcours à l'arrivée de la lumière au point d'observation. Une partie de la lumière arriverait plus vite que l'autre. Mais pourquoi a-t-on besoin d'un télescope particulier pour faire l'observation ? Une montre ordinaire pourrait suffire.

EINSTEIN – En principe, vous avez raison. Mais, malheureusement, il y a là un petit problème. Il ne faut pas oublier que nous avons affaire à une vitesse d'environ 300 000 km/s, tandis que la différence attendue entre les vitesses de la lumière devrait être de l'ordre de grandeur de 30 km/s. Les différences éventuelles entre les temps de parcours seraient donc infimes et ne pourraient pas être mesurées avec une montre.

On a recours alors à un artifice et on utilise les propriétés ondulatoires de la lumière. Quand deux ondes lumineuses se rencontrent, elles peuvent se renforcer, mais aussi s'éteindre mutuellement, selon que deux creux d'onde ou bien un creux d'onde et une crête d'onde se superposent. En d'autres termes, il y a des phénomènes d'interférence. On observe ces derniers au moyen d'un petit télescope. Je ne vais pas entrer dans les détails, car, dans le fond, nous faisons exactement ce que vous avez mentionné. On vérifie s'il y a des petites différences dans les temps de parcours des rayons lumineux.

NEWTON – Vous me mettez au supplice, monsieur Einstein. Dites-moi donc enfin de quel ordre de grandeur étaient les différences des vitesses de la lumière mesurées par Michelson et Morley. Correspondaient-elles à la vitesse orbitale de la Terre ?

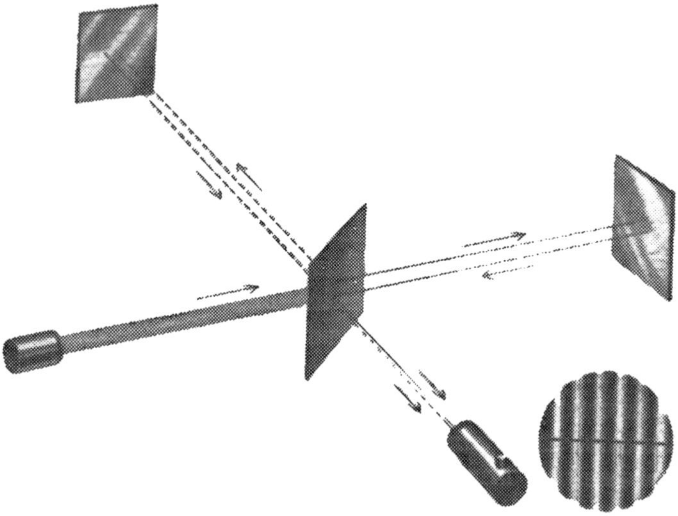

Fig. 5. Principe de l'expérience de Michelson et Morley. Traversant une plaque de verre argenté, le rayon lumineux monochromatique provenant d'une source de lumière (à gauche) est décomposé en deux rayons perpendiculaires. Ces derniers sont réfléchis dans deux miroirs puis de nouveau réunis. Le rayon ainsi obtenu est analysé dans un télescope d'observation. En utilisant les effets d'interférences (voir les bandes d'interférences dans le cercle), on peut mesurer jusqu'aux différences infimes dans les vitesses de propagation.

EINSTEIN (*accentuant non sans malice chacun de ses mots*) – L'effet était nul. On n'observa aucune différence dans les temps de parcours. Et pourtant l'expérience était si précise qu'on aurait dû voir un effet, même si la Terre ne se mouvait pas dans l'espace cosmique à une vitesse de 30 km/s, mais seulement de 5 km/s.

NEWTON – Alors la vitesse de la lumière est bien une constante...

Newton avait parlé tout bas, essayant en vain de dissimuler sa déception.

EINSTEIN – La vitesse de la lumière est identique dans tout système de référence et elle est donc une constante fondamentale de la nature. Partout dans l'univers, que ce soit ici sur Terre ou dans une galaxie lointaine, la lumière se propage à la même vitesse.

NEWTON *(blêmissant)* – Mon Dieu, que la lumière est un étrange phénomène ! Mais c'est impossible. Comment la lumière peut-elle se propager à la même vitesse dans tous les systèmes de référence possibles ? Vous avez vous-même évoqué l'exemple du « surfeur de lumière ». Quand quelqu'un chevauche une onde lumineuse et qu'il se déplace par conséquent à la vitesse de la lumière, celle-ci ne peut tout de même pas se mouvoir à sa vitesse initiale de 300 000 km/s dans le système de référence correspondant. D'ailleurs, que se passe-t-il si l'observateur d'une onde lumineuse se déplace à une vitesse supérieure à celle de la lumière ? Il devrait pratiquement dépasser la lumière de sorte que, dans son système de référence, la lumière devrait filer dans une direction opposée. Mais, si je vous ai bien compris, tout cela est impossible contrairement aux lois de ma mécanique. Je vous avoue, monsieur Einstein, tout cela me paraît insensé, sinon absolument illogique. Excusez, je vous prie, mon impertinence...

Einstein avait écouté en souriant, compréhensif. Comme il ne répondit pas tout de suite, je pris la parole.

HALLER – Monsieur Newton, vous venez de dire que, selon vous, le comportement de la lumière était insensé. Je voudrais souligner que ce n'est pas seulement la lumière qui est frappée de cette démence, mais aussi le mouvement de tout corps ordinaire. Ici aussi, on a pu constater que les lois de votre mécanique n'étaient pas exactes, mais seulement approchées. Les écarts deviennent d'autant plus grands que les corps se meuvent à une vitesse élevée. Toutefois, elles ne sont importantes que lorsque leur vitesse devient comparable à celle de la lumière *c*, et cette dernière, comme nous savons aujourd'hui, est de 299 792 458 m/s.

NEWTON – En d'autres termes, ce n'est pas seulement la lumière qui est insensée, mais toute la nature ?

EINSTEIN – Cher Newton, je peux bien comprendre que vous soyez déçu que les lois de votre mécanique soient remises en question. Mais, je vous prie, gardez la tête froide. Il est établi expérimentalement que la vitesse de la lumière est une constante universelle. Il nous faut l'accepter, un point c'est tout.

NEWTON – C'est justement mon problème. Dites-moi, s'il vous plaît, comment je pourrais l'accepter ? Je serais prêt à procéder à des modifications dans mes lois de mécanique, si c'était absolument nécessaire. Cela, je pourrais encore l'admettre. Mais si vous soutenez qu'il y a une vitesse universelle de la lumière, vous vous mettez en totale contradiction, selon moi, non seulement avec mes lois de la mécanique, mais – et c'est beaucoup plus grave – avec les lois fondamentales de l'espace et du temps.

HALLER – Non pas les lois fondamentales de l'espace et du temps, mais *vos* lois sur l'espace et le temps.

NEWTON *(sarcastique)* – Cher monsieur, voulez-vous dire qu'on ne peut comprendre ce comportement insensé de la lumière qu'en modifiant la structure de l'espace et du temps ?

EINSTEIN – C'est exactement ce qu'il veut dire, sir Isaac. Et c'est précisément ce que j'ai avancé en 1905 et qu'on a appelé par la suite la « théorie de la relativité ». On ne peut comprendre la lumière qu'en redéfinissant les concepts d'espace et de temps.

À ces mots, Newton devint encore plus blême. Son visage exprimait un étonnement sans bornes, réaction bien compréhensible, si l'on imagine quel choc terrible ces propos d'Einstein avaient produit sur lui.

Confortablement installé dans son fauteuil, Einstein dessinait des croquis abstraits sur une feuille de papier. Finalement, Newton regarda sa montre et dit : « *Gentlemen*, je crois qu'un peu de temps me serait nécessaire pour mieux assimiler ce que je viens d'entendre. L'heure du déjeuner n'est pas trop éloignée. Faisons une pause. Je vais marcher un peu le long du fleuve. Je propose que nous nous retrouvions à l'Aarbergerhof pour le déjeuner. »

Après que nous eûmes exprimé notre accord, Newton quitta le logement d'Einstein.

CHAPITRE VII

Événements, trajectoires et paradoxe

Pendant le déjeuner, il ne fut plus question de physique, bien qu'il fût évident que Newton n'avait cessé de penser à la vitesse constante de la lumière et à toutes ses conséquences. Einstein, qui était d'excellente humeur, nous conta mille anecdotes amusantes de son époque bernoise. Il vint à parler de l'ancienne académie Olympia, dont les membres n'affichaient pas cette dignité officielle comme sont accoutumés de le faire les membres d'une académie. Il fit le récit de nombreuses escapades et excursions effectuées par exemple au lac de Thoune. Je proposai alors que nous profitions aussi de ce beau temps pour faire de même. Einstein fut immédiatement d'accord, et Newton à tout le moins ne s'y opposa pas.

Après le repas, nous traversâmes ensemble la rue Aarberger et la place aux Ours pour rejoindre directement l'appartement d'Einstein et commencer la séance de l'après-midi. À grand-peine, je parvins à contenir Newton qui aurait sinon accablé Einstein d'une foule de questions et de problèmes. J'étais convenu avec Einstein qu'il nous fallait d'abord éclairer Newton sur toute une série de concepts et d'idées qui jouent un rôle particulier dans la théorie de la relativité.

« Messieurs, lança Einstein jouant au professeur, avant d'aborder la théorie de la relativité, je voudrais préciser quelques concepts qui vont jouer un rôle particulier dans la théorie de la relativité et peuvent tout aussi bien être présentés dans le cadre de la mécanique classique, dans votre mécanique donc, monsieur Newton.

« Considérons de nouveau l'espace et le temps. Comme vous le savez, l'espace est tridimensionnel dans notre univers. C'est un fait d'observation directe. Mathématiquement, cela signifie que notre espace peut être décrit par un système de coordonnées à trois dimensions, chaque point de l'espace étant clairement défini par trois nombres, les trois coordonnées. Nous ne savons pas pourquoi l'espace est tridimensionnel. Moi, en tout cas, je n'en connais pas de raison. À moins que la physique récente en ait découvert une ? »

En posant cette question, Einstein s'était tourné vers moi de sorte que je me sentais tenu de répondre : « Non, pas jusqu'à présent. D'après ce que nous savons aujourd'hui, l'espace pourrait bien avoir plus de trois dimensions, sans que les lois de la physique en deviennent absurdes. Mais je crois malgré tout que votre question ne restera pas sans réponse. Vraisemblablement, la structure de notre monde, et celle de l'espace par conséquent, est clairement déterminée par la réalité des lois fondamentales de la physique. Seulement voilà, à ce jour, nous ne connaissons pas complètement ces lois. J'ai dit " vraisemblablement ", car ce n'est pas sûr. Il se pourrait, par exemple, que les trois dimensions de notre espace se soient formées plus ou moins par hasard, peu après le big bang, cette explosion qui s'est produite au début de l'évolution cosmologique. J'ai moi-même joué avec cette idée, sans toutefois parvenir à des résultats concrets.

– Qu'en dites-vous, Newton, demanda Einstein, visiblement amusé. Je crois que nous pouvons prendre note avec satisfaction que les physiciens actuels ne savent toujours pas pourquoi notre espace est tridimensionnel. Ils n'ont pas inventé la poudre. Mais trêve de plaisanterie ! Nous considérons ici comme donnée que notre espace a trois dimensions. Par ailleurs, le temps n'a qu'une seule dimension, puisqu'un seul chiffre suffit à établir l'heure. »

Newton souleva une objection : « C'est en connaissance de cause que, dans mes *Principia*, j'ai non seulement parlé d'espace absolu, mais aussi d'un temps absolu. J'imaginais pouvoir aisément, du moins en pensée, placer une horloge à chaque point de l'espace. Je peux supposer aussi qu'au même moment chacune indique la même heure. L'ensemble de ces montres décrit alors un temps universel, qui tictaque partout de la même manière et que j'identifierais donc au temps absolu. Peu importe quelle unité on utilise alors pour décrire ce temps, que ce soit les minutes, les heures ou les fragments de ces dernières.

– Assez, assez, Newton, l'interrompit soudain Einstein, nous connaissons tous votre temps absolu. Mais ce à quoi je voudrais venir, c'est à une sorte d'unification de l'espace et du temps. Considérons en effet le temps comme une nouvelle coordonnée indépendante et donnons-lui la même valeur qu'aux trois coordonnées de l'espace.

– Un moment, monsieur Einstein, qu'est-ce que cela signifie ? s'écria Newton. Vous n'allez pas me dire que le temps est une partie de l'espace. Je m'y oppose catégoriquement. L'espace est l'espace, et le temps est le temps. Vous ne pouvez pas mélanger ces deux notions. Elles sont aussi inconciliables que les pommes et les poires.

– Doucement, personne n'a parlé de mélange de l'espace et du temps, en tout cas jusqu'à présent.

– J'espère bien qu'on n'en parlera pas non plus par la suite, dit Newton agacé.

– Hum ! Cher monsieur Newton, je crains fort que nous parlions bientôt d'un tel mélange, lançai-je alors.

– Pas si vite, chers collègues, dit alors Einstein avec calme et détermination. Je n'ai pas dit que la coordonnée du temps serait pratiquement désormais une quatrième dimension de l'espace. Nous l'introduisons tout simplement à côté des trois coordonnées spatiales. Il n'est pas question d'un espace à quatre dimensions, mais d'un continuum espace-temps, bref, d'un espace-temps, donc d'une figure à trois plus une dimensions (3 + 1). Exceptionnellement, il n'est pas permis d'additionner ici trois plus un pour obtenir quatre. Je vais vous donner un exemple simple d'un tel continuum. Supposons que nous décrivions le mouvement d'un vaisseau spatial le long de l'axe *x* de notre système de coordonnées. Ce n'est en aucune façon une limitation, car en faisant pivoter et en déplaçant de façon adéquate le système de coordonnées, on y parvient tout naturellement, le vaisseau spatial se déplaçant de toute façon en ligne droite. L'avantage, c'est que nous pouvons maintenant abandonner tout simplement les deux autres coordonnées, *y* et *z*, puisque toutes les deux sont nulles sur la trajectoire du vaisseau spatial et ne peuvent donc pas être utilisées pour décrire la position de celui-ci.

– Ainsi avez-vous réduit le problème à un simple problème unidimensionnel, dit Newton.

– Exactement, vous allez tout de suite comprendre pourquoi c'est utile. Nous avons maintenant la possibilité de décrire le mouvement du vaisseau en reliant chaque point de l'axe *x*, et donc de la trajectoire, au point correspondant au temps auquel le vaisseau passe devant lui ; en d'autres termes, nous établissons un horaire comme dans un indicateur de chemin de fer.

– Mais il existe encore une autre méthode pour introduire le temps comme coordonnée singulière. Pour cela, il nous faut seulement un système de coordonnées quelque peu inhabituel, composé d'un axe spatial, à savoir l'axe *x* dont nous venons de parler, et d'un axe des temps. »

Einstein dessina alors un axe de coordonnées sur un morceau de papier.

EINSTEIN – Je décris le mouvement du vaisseau, en reliant chaque point de l'espace au point correspondant du temps où le vaisseau passe au lieu *x*. J'obtiens une droite dans notre système de coordonnées à deux dimensions, ou plus exactement à 1 + 1 dimensions. L'avantage de cette description du mouvement du vaisseau est évident. Pour trouver la position du vaisseau spatial à un moment donné, on ne doit plus s'astreindre à étudier les chiffres donnés sur la trajectoire par rapport aux points du temps, à savoir l'indicateur du mouvement, on lit tout simplement la valeur de la coordonnée *x* sur la droite de l'espace-temps correspondant au point temps.

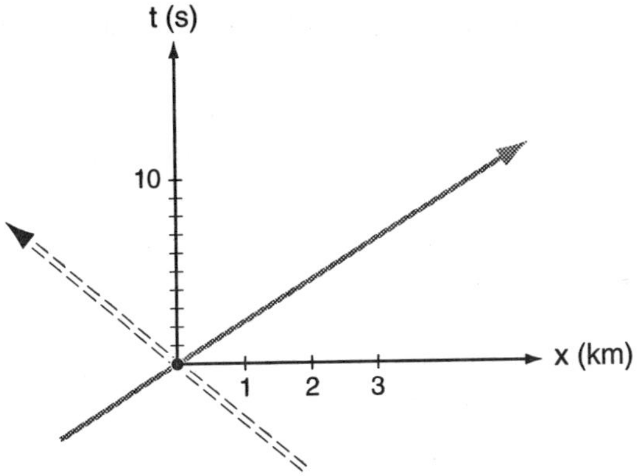

Fig. 6. Continuum espace-temps bidimensionnel. Sont représentés un axe spatial (axe des *x*, gradué en km) et un axe temporel en secondes. Le mouvement d'un vaisseau spatial, qui au point origine du temps se trouve au point 0 de l'axe spatial et s'effectue dans la direction de l'axe des *x*, décrit une droite. La droite en pointillés décrit un mouvement analogue dans la direction opposée.

NEWTON – C'est astucieux. Je dois avouer que votre système de coordonnées spatio-temporelles représente une synthèse judicieuse entre le temps et l'espace. Les points n'y décrivent pas n'importe quelle position dans l'espace, mais un endroit particulier, indiqué par les coordonnées x à un moment déterminé t. C'est pour moi une manière inhabituelle de représenter les choses, mais elle me paraît tout à fait légitime.
HALLER – D'ailleurs, on a choisi un nom spécial pour les points d'un tel système de coordonnées. Ils représentent des événements. Chaque point décrit un événement. Par exemple, la naissance d'Isaac Newton à Woolsthorpe le 24 décembre 1642 serait un tel point, avec le lieu x = Woolsthorpe et le temps $t = 1642$.
NEWTON (*en souriant*) – En tout cas, c'est un événement dont je peux difficilement me souvenir. Mais je vous en prie, monsieur Einstein, je vois que vous vous impatientez et que vous voulez poursuivre vos explications sur l'espace-temps.
EINSTEIN – La trajectoire d'un vaisseau spatial est une droite dans notre espace-temps. Elle représente une suite continue

d'événements, à savoir le passage du vaisseau spatial à chaque point de l'espace.

Dans un système normal de coordonnées cosmologiques, la position d'un objet est décrite par la donnée du point spatial correspondant. Mais, dans un système d'espace-temps, un tel corps décrit toujours une courbe, c'est-à-dire une chaîne d'événements, que le corps « traverse ». Une telle ligne, ou chaîne, a un nom spécial. On appelle cette courbe une « ligne d'univers ». Celle-ci contient toutes les informations concernant le mouvement d'un corps dans le passé, le présent et l'avenir.

NEWTON – Je suppose que le mot « ligne » a été choisi sciemment parce qu'il ne s'agit pas toujours d'une droite ?

EINSTEIN – En effet, la ligne d'univers de notre vaisseau spatial est une ligne droite, parce que, conformément au principe d'inertie de Newton, il se meut dans l'espace à une vitesse constante. Une telle droite n'a bien sûr ni commencement ni fin, car nous supposerons pour simplifier que notre vaisseau parcourt depuis toujours l'espace et qu'il continuera de le faire pour l'éternité. C'est évidemment impossible pour un vaisseau réel, car il doit bien avoir été construit à un moment donné.

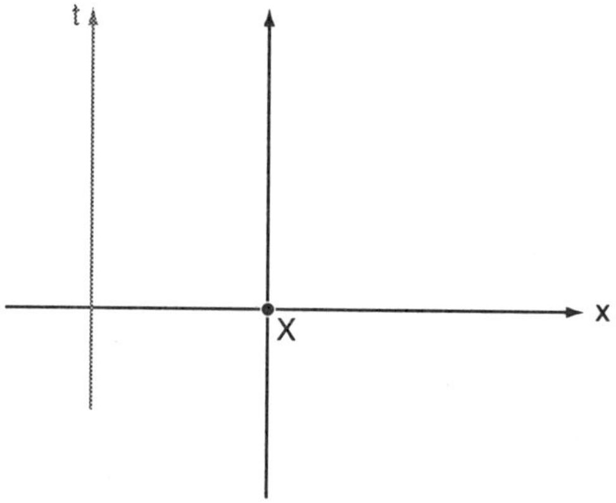

Fig. 7. La ligne d'univers d'un corps qui est au repos au point X est une droite parallèle à l'axe des temps. Ici, seul l'axe spatial des x est représenté. Dans un espace à trois dimensions, le point X est représenté par ses trois coordonnées d'espace.

Je voudrais encore évoquer un cas particulier, celui où le vaisseau spatial se trouve au repos en un lieu, disons au point X, par rapport bien sûr au système de coordonnées. Dans ce cas aussi, la ligne d'univers est une droite, une droite qui est parallèle à l'axe temporel et qui coupe l'axe spatial au point X.

Les lignes des objets, qui ne se meuvent pas de façon rectiligne et uniforme dans l'espace, ne sont évidemment pas des droites. Par exemple, la trajectoire d'un satellite terrestre, en orbite autour de la Terre, est une spirale.

Beaucoup d'autres courbes peuvent aussi se proposer comme lignes d'univers. Toutefois, la situation ne se laisse pas décrire aussi facilement que sur une simple feuille de papier, car, comme pour le satellite terrestre, le mouvement s'effectue dans l'espace réel à trois dimensions. Pour représenter exactement les lignes d'univers, il nous faudrait un bloc-notes, sur lequel on pourrait inscrire les quatre dimensions, trois pour l'espace et une pour le temps. Sur une feuille de papier, la chose est impossible, bien sûr. Une maquette dans notre espace tridimensionnel ne servirait pas à grand-chose non plus, car il manquerait une dimension pour représenter le temps. Pour un mathématicien, en revanche, la description d'une telle ligne d'univers dans un espace-temps à 3 + 1 dimensions s'effectuerait sans problèmes à l'aide de formules mathématiques.

HALLER – Il faut mentionner, cependant, que toutes les courbes possibles ne peuvent pas représenter les lignes d'univers de corps physiques dans l'espace-temps, contrairement à un système ordinaire de coordonnées spatiales, où l'on peut se représenter toutes les courbes possibles comme des trajectoires d'objets. Ainsi, aucun corps matériel ne peut avoir une courbe, un cercle par exemple, comme ligne d'univers.

Newton me regarda avec surprise, réfléchit quelques instants et dit : « Je comprends, une telle trajectoire signifierait que le corps, à certains moments donnés, serait en même

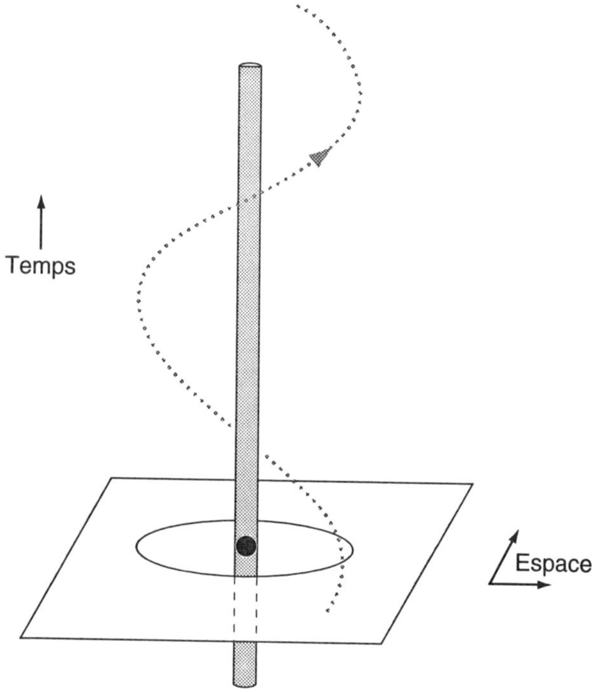

Fig. 8. La ligne d'univers d'un satellite en rotation circulaire autour de la Terre est une spirale, qui s'enroule autour de la ligne d'univers rectiligne de la Terre. (Le déplacement de la Terre par rapport au Soleil est ici négligé.) Le plan représente l'espace (à deux dimensions). La trajectoire circulaire est représentée sur le plan bidimensionnel. La ligne d'univers du satellite traverse ce plan en un point de la trajectoire circulaire.

temps dans deux endroits à la fois. Or, bien sûr, c'est impossible pour un seul et même corps matériel. J'en conclus qu'on ne peut prendre comme lignes d'univers que des courbes, qui pendant un temps constant n'ont qu'un point d'intersection avec l'axe correspondant du temps.

– On peut l'exprimer ainsi, dis-je ; mathématiquement parlant, c'est exact. »

Einstein reprit alors la parole : « Nous avons assez parlé de l'espace-temps pour le moment. Pour vous, monsieur Newton, il n'y a au fond rien de nouveau, car, jusqu'à présent, nos explications se sont déroulées dans le cadre de votre mécanique. Mais maintenant je quitte le point d'ancrage et j'introduis la lumière. »

Einstein sortit de nouveau son bloc-notes et dessina un autre système de coordonnées spatio-temporelles avec une seule coordonnée spatiale, l'axe des x.

« L'origine de mon système spatio-temporel représente bien sûr, comme tout autre point spatio-temporel, un événement : l'événement se produisant au lieu 0 et au temps 0. En ce point événement, supposons qu'il se passe quelque chose, à savoir l'émission d'un signal lumineux. Le signal se propage à la vitesse de la lumière, donc à environ 300 000 km/s.

« Supposons qu'à l'endroit x, qui se trouve à une certaine distance, disons 300 000 km, nous placions un observateur, dont la tâche est de détecter à l'œil des signaux lumineux. La ligne de l'observateur, qui doit se trouver au repos par rapport au point zéro, est naturellement une droite parallèle à l'axe des temps.

« Au moment de l'émission du signal lumineux, au temps $t = 0$ par conséquent, l'observateur ne voit naturellement encore rien. Il ne le détecte qu'au moment où les photons émis parviennent à l'endroit où il se trouve, dans ce cas une seconde plus tard. »

Newton écoutait attentivement les paroles d'Einstein, la tête appuyée sur une main.

EINSTEIN – Nous pouvons aussi tracer la ligne d'univers du signal lumineux à côté de celle de l'observateur. Puisque nous considérons l'espace comme unidimensionnel, la lumière ne peut se propager que le long de l'axe des x, mais dans les deux directions, la direction positive et la direction négative. Dans un espace à une dimension, il y a en effet deux directions seulement : vers l'avant et vers l'arrière. Les photons qui se meuvent suivant l'axe positif atteignent en une seconde l'endroit où se trouve l'observateur. La ligne d'univers de la lumière est donc une droite, par ailleurs identique à celle d'un corps qui s'éloignerait de son point de départ à la vitesse de la lumière.

NEWTON (*qui avait regardé pensivement le graphe d'Einstein*)

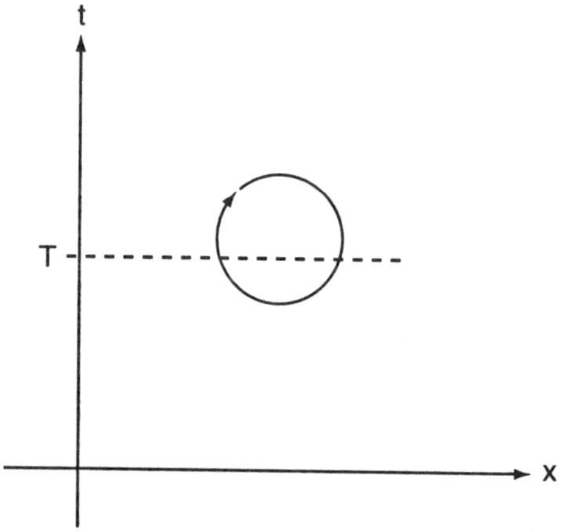

Fig. 9. Un cercle dans le continuum espace-temps est un exemple de courbe qui ne peut pas représenter la ligne d'univers d'un corps matériel. Pour certains points du temps, par exemple en T, la même droite, décrivant l'ensemble des événements au temps T, couperait deux fois le cercle. Ce n'est pas possible, car le corps ne peut pas se trouver à deux endroits différents au même moment.

– Si ce que vous venez d'affirmer est vrai, s'il est vrai que la lumière se propage toujours à la vitesse de presque 300 000 km/s, alors les trajectoires des photons dans l'espace-temps sont toujours des droites, qui forment un angle bien déterminé avec l'axe des temps. Dans votre dessin, vous avez choisi les unités de telle sorte que cet angle soit d'environ 45 degrés. Cela n'est possible que si l'on prend la seconde comme unité de temps et comme unité de longueur non pas un mètre, un mile ou un kilomètre, mais la distance que la lumière parcourt en une seconde, à savoir 300 000 km.

HALLER – Puisque nous savons déjà que la vitesse de la lumière joue un rôle particulier, ce choix se recommande de lui-même. D'ailleurs, cette distance que la lumière parcourt en une seconde et qui correspond à peu près à la distance entre la Terre et la Lune, on l'appelle une « seconde-lumière ». Pour les astronomes, c'est une unité vraiment petite. Ils comptent

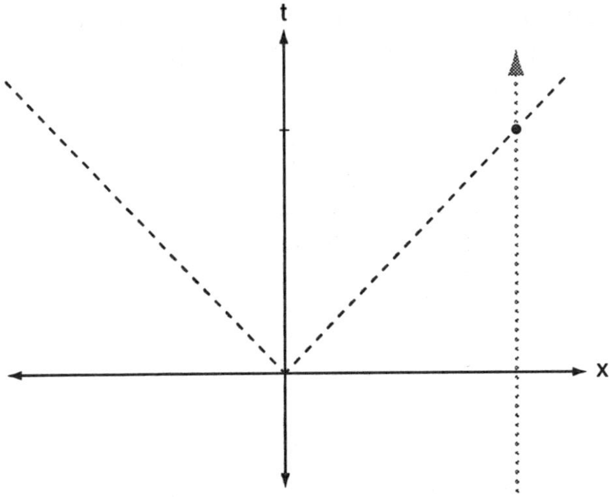

Fig. 10. Un signal lumineux se propage du point événement $t = 0, x = 0$. Il atteint le lieu d'observation à 300 000 km au point $t = 1$ s (point indiqué sur l'axe des temps). La ligne d'univers du signal lumineux (en tirets) et celle de l'observateur (en pointillé) se coupent au point événement correspondant.

volontiers en années-lumière. Une année-lumière est la distance que la lumière parcourt en une année. Sur son graphe, Einstein a toutefois choisi une seconde lumière comme unité de longueur.

EINSTEIN – Vous avez raison, Newton, les lignes d'univers de la lumière sont effectivement quelque chose de très particulier dans l'espace-temps. Par souci de simplicité, j'ai supposé que mon signal lumineux commençait au point zéro de mon système spatio-temporel. Les photons se déplacent alors sur les deux lignes d'univers, celle qui s'en va vers la droite et celle qui s'en va vers la gauche.

Supposons maintenant que nous ne laissions pas entièrement de côté les deux autres dimensions de l'espace, mais que nous ajoutions au moins une autre dimension, celle décrite par l'axe y par exemple. Je peux même le montrer non sans quelque difficulté sur le papier.

Il dessina alors un spatio-temporel avec deux dimensions spatiales et une temporelle, soit un espace-temps tridimensionnel de 2 + 1.

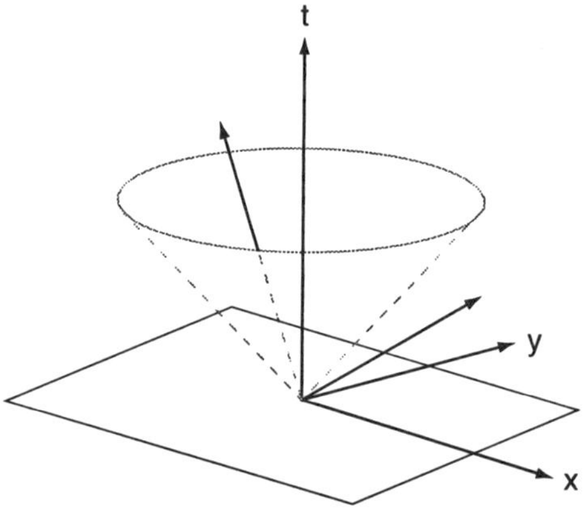

Fig. 11. Cône lumineux dans l'espace-temps à 2 + 1 dimensions. Les deux vecteurs représentent respectivement un événement à l'intérieur (vecteur gauche) et à l'extérieur (vecteur de droite) du cône de lumière.

EINSTEIN – De nouveau, je suppose que quelqu'un émet un signal lumineux au temps $t = 0$ à l'endroit $x = y = 0$, c'est-à-dire à l'origine de l'espace-temps. Maintenant, la lumière peut partir dans toutes les directions possibles de l'espace à deux dimensions, en l'occurrence d'un plan, donc plus comme avant dans deux, mais dans un nombre considérable de directions. C'est pourquoi on ne peut plus parler d'une ligne d'univers de la lumière, mais plutôt de toute une surface d'événements. Cette surface forme un cône dont la pointe se trouve évidemment à l'origine du système de coordonnées.

NEWTON – Je trouve intéressant que ce cône de lumière, comme je l'appellerai, partage tout l'espace des événements en deux. D'une part, nous avons les événements qui se trouvent à l'extérieur du cône, par exemple ceux qui se trouvent dans le plan *x*-*y* au moment $t = 0$. D'autre part, on a tous les événements qui se trouvent à l'intérieur du cône. À ce que je vois, ces derniers se laissent relier à l'origine au moyen de lignes d'univers, correspondant à celles des corps qui ont une vitesse inférieure à celle de la lumière. Il en va de même pour les événements situés à l'extérieur du cône de lumière, qui devraient avoir des vitesses supérieures à celle de la lumière.

EINSTEIN – Félicitations, Newton. Vous voilà presque expert en espace-temps. Attendez encore un peu et vous serez aussi expert en théorie de la relativité. Vous avez d'ailleurs parfaitement raison. Le cône de lumière possède, en raison de la portée universelle de la lumière, une importance capitale pour la structure de l'espace-temps. De même, votre partage des événements en deux classes à l'aide du cône lumineux est pour la physique d'une extraordinaire importance. Mais je ne peux pas entrer dans ces considérations pour le moment. Cependant, je dois dire que le cône de lumière n'est un véritable cône que dans notre exemple de l'espace-temps tridimensionnel. En réalité, dans l'espace-temps à 3 + 1 dimensions, l'équivalent du cône de lumière est une sorte de généralisation du cône, à savoir la totalité des événements, qui peuvent être atteints par le signal lumineux.

Puisque la lumière peut alors se propager dans les trois directions spatiales, il s'agit naturellement, avec cette totalité, d'un contour à trois dimensions, que je ne peux pas représenter sur le papier. Nous avons néanmoins pris l'habitude en physique d'appeler aussi ce contour tridimensionnel un « cône de lumière ».

NEWTON – Je crois, monsieur Einstein, que vous me complimentez plus qu'il ne sied. Tout ce dont nous avons discuté jusqu'à présent aurait presque pu figurer dans mes *Principia*. La seule chose vraiment nouvelle pour moi, c'est la constance de la vitesse de la lumière, ou, mieux, la prétendue constante de la lumière, car je ne parviens toujours pas à croire que la lumière se propage toujours à la même vitesse dans n'importe quel système.

Je crois être en mesure de vous le prouver à tous les deux. Hier soir déjà, j'ai eu une idée déterminante à ce sujet, et maintenant, après notre discussion sur l'espace-temps, les choses sont encore plus claires. Par conséquent, messieurs, je vous demande toute votre attention !

Einstein se tourna vers moi. Il souriait et donnait l'impression de savoir déjà où Newton voulait en venir.

« Sir Isaac, nous sommes impatients de vous entendre ; quel est votre argument ?

– En vérité, j'ai deux arguments. Commençons par le premier. Supposons que nous nous trouvions quelque part dans l'espace cosmique et que nous observions le passage d'un vaisseau spatial. Ce vaisseau dépasserait la vitesse de la lumière, c'est-à-dire à un peu moins de 300 000 km/s. J'admets qu'il sera difficile d'accélérer le vaisseau à la vitesse de la lumière, mais nous n'allons pas nous embarrasser de questions techniques. Seul importe le principe.

« Depuis ce vaisseau spatial, on émet un signal lumineux dans le sens du vol. Maintenant, *gentlemen*, voici mon argument contre la vitesse constante de la lumière. En effet, si cette dernière est constante dans les deux systèmes, il faut alors qu'elle soit de 300 000 km/s dans le système du vaisseau en mouvement, ce qui revient à dire qu'elle s'en s'éloigne avec la présumée vitesse constante.

« Or, que constate l'observateur immobile ? Puisque la lumière émise, ainsi que le vaisseau spatial, se déplace dans l'univers à la vitesse de la lumière, tous deux avancent parallèlement et à la même vitesse. Mais cela contredit ce que je viens de dire au sujet du vaisseau spatial. Il y a donc une contradiction, et par conséquent quelque chose de faux dans les prémisses. À mon avis, la seule chose qui peut être fausse, c'est l'hypothèse de la vitesse constante de la lumière. »

Einstein avait, comme moi, écouté Newton avec attention, il toussota et répondit après un moment de réflexion : « Monsieur Newton, je suis entièrement d'accord avec vous sur le fait qu'il y a une contradiction dans la situation telle que vous l'avez décrite. Mais je ne suis pas prêt à me rallier à la même conclusion que vous et à incriminer l'hypothèse d'une constance de la vitesse de la lumière. Car il y a encore une autre solution.

– Tiens donc ! répliqua Newton en fronçant le sourcil, et laquelle ? Vous n'allez pas objecter que le vaisseau spatial ne peut pas se mouvoir dans l'espace cosmique à la vitesse de la lumière ? »

Einstein me regarda sidéré, car Newton avait touché juste.

« Comment savez-vous où je veux en venir ? En effet, le vaisseau ne peut pas se déplacer à la vitesse de la lumière. »

J'avais l'impression que Newton s'était attendu à la réponse d'Einstein, ou plutôt qu'il l'avait crainte. La réponse de Newton renforça cette impression : « Je l'admets, mon argument n'a de valeur que s'il est possible, du moins en principe, d'accélérer un vaisseau, ou tout autre corps matériel en mesure d'émettre un signal lumineux, à la vitesse de la lumière. Si ce n'est pas possible, il n'y a naturellement pas de contradiction.

« Par conséquent, monsieur Einstein, si je vous ai bien compris, vous affirmez qu'il est en principe impossible d'accélérer la vitesse d'un corps matériel jusqu'à 300 000 km/s ?

– C'est juste, répliqua Einstein. Dans la théorie de la relativité, mais on pourrait aussi bien dire dans la nature, la vitesse de la lumière joue un rôle fondamental. Étant donné que l'expérience a prouvé que la vitesse de la lumière est identique dans tout système de référence, il ne reste que la solution que vous avez vous-même trouvée à votre paradoxe : il est exclu par principe qu'un corps matériel se meuve dans l'espace à la vitesse de la lumière ou même à une vitesse supérieure. C'est une chose impossible. La vitesse d'un corps est toujours inférieure à celle de la lumière. »

Newton avait l'air contrarié et n'était visiblement pas satisfait par la réponse d'Einstein. « Comment allez-vous empêcher qu'un vaisseau soit accéléré de telle manière qu'il file à travers le cosmos à la vitesse de la lumière ? J'admets que ce ne sera pas une mince affaire techniquement, mais, en principe, ce devrait être possible. D'ailleurs, je n'ai pas besoin de prendre l'exemple d'un vaisseau spatial. Il ne devrait pas être difficile d'accélérer un corps de petite dimension, par exemple un atome ou un noyau, à une vitesse très élevée. Vous soutenez donc sérieusement qu'une particule ne pourra jamais être accélérée, elle non plus, jusqu'à ce qu'elle atteigne ou même dépasse la vitesse de la lumière ? D'après les principes de ma mécanique, cela ne devrait pas poser de problème. »

Je m'immisçai alors dans la discussion : « Monsieur Newton, personne ne doute que ce soit possible selon vos lois. En dix secondes, une auto peut facilement passer à une vitesse de 100 km/h. On peut imaginer aisément que cette accélération soit répétée toutes les dix secondes et qu'elle atteigne en effet la vitesse de la lumière dans un intervalle assez court.

« Et pourtant, il s'est trouvé qu'on ne peut pas répéter ce processus. Pour de très grandes vitesses, de l'ordre de celle de la lumière, il s'avère justement que votre mécanique n'est plus valable, mais doit être remplacée par les lois de la théorie de la relativité. D'après celles-ci, il deviendrait de plus en plus difficile de continuer à accélérer un corps, disons notre auto. Plus la vitesse approche celle de la lumière, plus il faut dépenser d'énergie pour augmenter un peu plus cette vitesse. Quant à la vitesse de la lumière, on ne peut jamais l'atteindre, parce que la dépense d'énergie nécessaire serait démesurée.

– Exact, lança Einstein. On peut décrire cet état des choses ainsi : un corps matériel se déplaçant à la vitesse de la lumière devrait posséder une énergie infinie. C'est pourquoi un tel corps ne peut pas exister, car l'énergie de tout corps est naturellement limitée.

– Monsieur Newton, permettez-moi d'évoquer l'exemple suivant, continuai-je. Récemment, quand nous survolions Genève, je vous ai montré le site du CERN. Le grand accélérateur du CERN accélère des protons, donc les noyaux de l'atome d'hydrogène. Ces particules, chargées positivement, sont accélérées par de puissants champs de forces électromagnétiques dans l'un des nombreux anneaux à vide longs de plusieurs kilomètres. Si les lois de votre mécanique étaient valables pour de très grandes vitesses, les protons du CERN se déplaceraient à une vitesse dépassant de loin celle de la lumière. Mais ce n'est pas le cas, les protons se déplacent à une vitesse proche à plus de 99 % de celle de la lumière. »

Entre-temps, Newton, qui s'était levé d'un bond, arpentait nerveusement la pièce de long en large. Après un moment de silence, il finit par dire : « Mon Dieu, je n'aurais jamais cru que la vitesse de la lumière joue un rôle aussi fondamental dans la nature. Mais que veut dire ici " vitesse de la lumière " ? Les protons du CERN n'ont pas de rapport direct avec la lumière. Comment pouvez-vous donc savoir qu'ils ne pourront jamais dépasser sa vitesse ? Il me semble que la vitesse de la lumière est beaucoup plus que la seule de propagation de la lumière.

– Vous avez parfaitement raison, Newton, concéda Einstein. Au fond, la vitesse de la lumière est une constante universelle, une constante de la nature par excellence, comme nous l'avons souligné maintes fois, qui revêt la plus grande importance pour la structure de l'espace et du temps. On pourrait l'appeler sans crainte " vitesse universelle " ou " vitesse fondamentale ". Que cette vitesse soit en outre celle de propagation de la lumière est en vérité d'importance secondaire. La vitesse de la lumière concerne tout, jusqu'aux atomes qui composent nos corps et qui n'ont au premier abord rien à voir avec la lumière. »

Je me tournai vers Newton : « Il y a d'ailleurs très vraisemblablement dans la nature, mis à part les photons, les particules de lumière, d'autres particules qui se meuvent toujours à la vitesse de la lumière, les neutrinos. Ce sont des particules électriquement neutres, apparentées aux électrons. Ce sont en quelque sorte les frères neutres de l'électron, créés au cours de certaines réactions nucléaires.

– Pourquoi dites-vous " très vraisemblablement " ? Pourquoi ne le sait-on pas avec certitude ? demanda Newton.

– On n'en est pas sûr parce qu'on ne sait toujours pas, à ce jour, si ces neutrinos, comme les photons, n'ont pas de masse mais une énergie déterminée, ou s'ils en possèdent une, même très petite. Dans ce dernier cas, ils ne peuvent jamais se déplacer à la vitesse de la lumière, à l'instar des protons du CERN. Quoi qu'il en soit, je voulais seulement illustrer avec cet exemple que l'expression " vitesse de la lumière " peut prêter à confusion, comme Einstein l'a déjà laissé entendre. On pourrait tout aussi bien dire " vitesse des neutrinos ", mais ce serait bien sûr une désignation unilatérale. Il s'agit en fait d'une vitesse limite fondamentale, qui n'a pas de rapport direct avec la lumière ou avec les neutrinos, mais avec les secrets de la structure même de l'espace-temps. »

Il y eut un moment de silence. Peut-être avions-nous perdu le fil ?

EINSTEIN – Monsieur Newton, vous avez mentionné à l'instant un deuxième argument contre la constance de la vitesse de la lumière. Qu'en est-il ? Vous ne voulez plus nous le dire ?

NEWTON – Pas du tout. J'allais justement le faire. Mais je dois avouer que ce que vous venez de dire sur le rôle de la vitesse de la lumière dans l'espace-temps me donne à penser. Je ne suis plus aussi sûr, comme il y a une heure, que mon deuxième argument soit vraiment convaincant. Quoi qu'il en soit, voici mon argument, ou, plus précisément, mon expérience de pensée. Supposons que nous nous trouvions dans l'espace cosmique et que nous observions le passage de trois vaisseaux spatiaux. Cette petite flottille se déplace en ligne droite, à une vitesse constante quelconque. Les vitesses des vaisseaux spatiaux doivent être égales entre elles et, en outre, inférieures à celle de la lumière. Le vaisseau amiral se trouve être celui du milieu. Le premier et le dernier vaisseau se trouvent à une distance égale de lui.

À un moment donné, le vaisseau amiral émet un signal. Du point de vue d'un observateur, parcourant l'espace à la même vitesse que les vaisseaux, par exemple un passager dans le vaisseau amiral, l'affaire est très simple : le signal lumineux quitte le vaisseau central et parvient aux deux autres après un bref instant, et ce en même temps ; je le souligne, les signaux arrivent simultanément.

Einstein tourna la tête vers moi et me fit un clin d'œil en souriant, mimique que je compris aussitôt, car, lorsque Newton prononça le mot « simultanément », nous avions aussitôt compris où il voulait en venir.

NEWTON – Considérons les choses du point de vue d'un observateur extérieur que nous supposerons au repos. Maintenant, voici le point capital : vous affirmez que la vitesse de la lumière est la même dans chaque système de référence. Elle est donc de 300 000 km/s pour les vaisseaux aussi bien que dans le nôtre. À présent, vous allez tout de suite comprendre à quel point une telle affirmation est absurde.

De notre point de vue, le signal lumineux se propage vers l'avant, dans le sens du vol des vaisseaux, et vers l'arrière, c'est-à-dire dans la direction contraire, à la même vitesse constante et universelle.

Maintenant, la lumière a besoin d'un certain temps pour atteindre les vaisseaux spatiaux. Pendant cet intervalle, le vaisseau arrière se déplace en direction du vaisseau amiral. La lumière n'a donc pas besoin de parcourir toute la distance entre eux, avant de parvenir au vaisseau arrière.

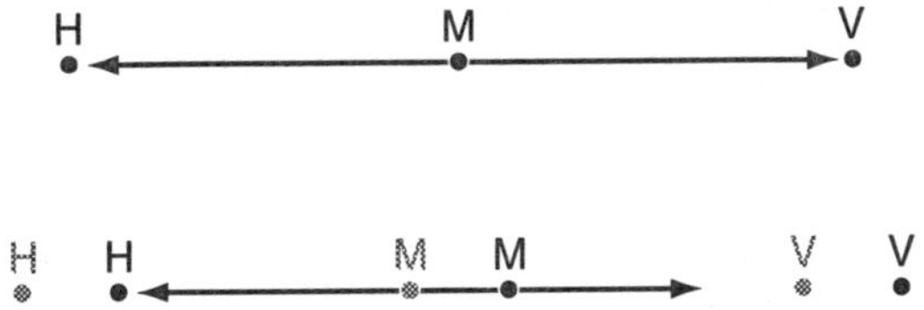

Fig. 12. Trois vaisseaux spatiaux se déplacent uniformément sur une droite, sachant que la distance du vaisseau central M au vaisseau V qui le précède et au vaisseau H qui le suit doit être la même. Du point M est envoyé simultanément un faisceau lumineux en direction de V et de H. Un observateur en mouvement constate que les signaux atteignent simultanément H et V. En revanche, un observateur au repos voit qu'à l'instant où le signal arrive au vaisseau H, l'autre signal n'aura pas encore atteint le vaisseau V en aval. Les signaux ne parviennent donc pas en même temps aux vaisseaux H et V.

Suivons maintenant le signal lumineux émis vers l'avant. Le vaisseau de tête se déplace pendant que le signal suit son chemin, dans la même direction. En conséquence, le signal lumineux doit parcourir une distance plus grande que dans le cas précédent.

Messieurs ! Vous avez vraisemblablement déjà remarqué que la situation est devenue critique dans l'intervalle. Le signal parvient d'abord au vaisseau arrière, puis au vaisseau avant.

Nous obtenons ainsi un résultat tout à fait absurde. Dans le système du vaisseau spatial, les deux événements se produisent simultanément, ce qui n'est pas le cas dans le système de l'observateur au repos.

Pourtant, le temps s'écoule uniformément et est identique dans chaque système. Si deux événements sont simultanés dans un système de référence, ils le sont aussi dans tout autre système. J'en conclus que quelque chose ne colle pas dans votre vitesse constante de la lumière, monsieur Einstein, car tout le problème disparaît sur-le-champ, si la vitesse de la lumière dépend, comme toute autre vitesse, de l'état de l'observateur. C'est pourquoi je suis d'avis que quelque chose doit être faux dans l'expérience de Michelson et Morley.

Newton s'était levé en prononçant ces derniers mots et il arpentait la pièce nerveusement sans quitter Einstein des yeux.

EINSTEIN – Monsieur Newton, je vous en prie, calmez-vous donc et asseyez-vous ! Nous allons chercher à analyser ensemble cette situation que vous trouvez « absurde ».

Je dois vous avouer que je me posais les mêmes questions que vous quand j'élaborais les fondements de la théorie de la relativité au Bureau des brevets.

Vous avez remarqué à juste titre que le principe de la vitesse universelle de la lumière n'est pas compatible avec l'hypothèse selon laquelle deux événements ayant lieu simultanément dans un système de référence – dans votre exemple dans le système des vaisseaux – se produisent également au même moment dans tout autre système.

Malheureusement, je ne peux pas être d'accord avec votre conclusion concernant l'expérience de Michelson et Morley. Le résultat de cette expérience, et de beaucoup d'autres, est aujourd'hui clair. La vitesse de la lumière est effectivement une vitesse universelle, comme nous l'avons souligné précédemment. C'est une constante de la nature. Si nous nous habituons à ce postulat – et il m'a fallu plusieurs semaines en 1905 avant de trouver naturel que la vitesse de la lumière soit universelle –, le reste en découle automatiquement. Par conséquent, nous sommes contraints d'accepter que deux événements simultanés dans un système quelconque peuvent ne pas l'être dans un autre. En d'autres termes, le temps change si l'on passe d'un système à l'autre.

Dans votre exemple, cela revient à dire qu'il y a un temps dans le système du vaisseau spatial et un autre temps dans le système de l'observateur au repos. Ces deux temps sont différents, et il nous faut nous demander quel est le rapport entre ces deux temps. C'est bien sûr en contradiction avec votre mécanique, car vous diriez que le temps s'écoule uniformément dans tous les systèmes. Moi, j'affirme qu'il n'y a pas de temps universel, mais en revanche une vitesse universelle de la lumière.

NEWTON – Êtes-vous sûr, monsieur Einstein, qu'il n'y a pas d'autre explication ? Si ce que vous dites est vrai, cela a des conséquences fondamentales pour la structure de l'espace et du temps. Certes, nous l'avons déjà établi ce matin, mais je ne l'avais pas pris vraiment au sérieux. Pourtant, votre réponse à ma question concernant la simultanéité m'ébranle.

HALLER – Je peux vous assurer, monsieur Newton, que hormis l'explication que vient de vous donner Einstein, à savoir l'abandon de la simultanéité universelle des événements, il n'y a aucune autre explication. Vous savez ce que cela signifie : nous sommes en train de nous faire une autre idée de l'espace et du temps, ou plutôt de l'espace-temps. Mais je voudrais aussi vous rassurer. La vitesse de la lumière est très grande. C'est pourquoi les déviations par rapport à ce qui se produirait dans un espace-temps, tel que vous le postulez, seront infimes.

Si nous supposons, par exemple, que la vitesse des vaisseaux spatiaux, dans votre démonstration, n'est que de quelques kilomètres par seconde, ce qui représente ailleurs la vitesse typique d'un vaisseau spatial, alors les deux signaux lumineux arrivent pratiquement en même temps aussi pour l'observateur au repos. La différence entre les temps de parcours est négligeable.

Vos conceptions de l'espace et du temps, que vous énoncez si bien dans vos *Principia* et qui pendant deux siècles furent considérées comme étant absolument valables, ne sont pas complètement périmées. Elles se révèlent tout à fait valables pour des phénomènes physiques dans lesquels les vitesses sont de beaucoup inférieures à celle de la lumière. Je pense ici à toutes les techniques actuelles. Mais, aussitôt que nous considérons des phénomènes où interviennent des vitesses à peine inférieures à celle de la lumière, votre structure de l'espace-temps ne convient plus. Nous connaissons aujourd'hui un grand nombre de phénomènes de ce genre, par exemple le mouvement des protons dans le tunnel de l'accélérateur du CERN.

Après m'avoir écouté attentivement, Newton se leva brusquement et déclara qu'il devait maintenant réfléchir, et avait donc besoin de calme. Nous mîmes fin à notre séance de la journée, d'autant que l'après-midi était fort avancé, et prîmes congé.

« Je comprends parfaitement, ajouta encore Einstein, qu'il vous coûte beaucoup d'abandonner vos anciennes conceptions de l'espace et du temps. Il en fut de même pour moi en 1905. Soir après soir, je parcourais les rues de Berne en proie à la plus vive agitation et je réfléchissais intensément. Je restais sans sommeil de longues nuits durant. Jamais je n'aurais pu imaginer, même en rêve, que, quelques décennies plus tard, le grand Newton vivrait cette même expérience. En tout cas, je vous souhaite bon courage et une bonne soirée. À demain. »

Newton le remercia et disparut à grands pas vers son hôtel, tandis qu'Einstein et moi, après avoir flâné à travers la ville, entrâmes dans un restaurant italien près de la place aux Ours pour dîner.

CHAPITRE VIII

La lumière dans l'espace et le temps

Le lendemain matin, je retrouvai Newton à l'hôtel pour le petit déjeuner. Il avait les yeux rougis et paraissait épuisé. Manifestement, Newton n'avait pas passé seulement la soirée, mais une grande partie de la nuit à tenter de réconcilier sa vision du monde avec les nouvelles données de la session de la veille dans le logement d'Einstein.

Après avoir parlé de choses et d'autres, je lui demandai s'il avait modifié son point de vue sur la vitesse de la lumière.

Newton sourit un peu crispé et répondit : « Je suppose que c'est une question purement rhétorique. Bien sûr, j'ai changé d'avis. Que me restait-il d'autre à faire, après avoir été bombardé par Einstein et par vous de tant d'arguments ? On ne peut pas argumenter contre des faits prouvés par l'expérience, et la physique est avant tout une science expérimentale.

« Soyez sans inquiétude, j'ai intégré la vitesse constante et universelle de la lumière dans ma conception du monde. Ou, pour être plus exact, je m'efforce de le faire, malgré maintes obscurités que nous pourrons, du moins je l'espère, éclaircir rapidement.

« Cependant, il est une chose que je ne comprends toujours pas. Avec leur expérience, Michelson et Morley voulaient initialement établir le mouvement de la Terre par rapport à l'éther et le mesurer avec le plus de précision possible, en prouvant que la vitesse de la lumière dépendait de la direction du signal lumineux. Nous en avons abondamment commenté le résultat hier. On n'a décelé aucun effet, et, de plus, il y a toute une série de faits expérimentaux qui prouvent que la lumière se propage toujours à la même vitesse.

– C'est juste, répondis-je, il faudrait seulement spécifier qu'il s'agit ici de la propagation de la vitesse dans le vide. Dans un milieu tel que l'eau ou le verre, la lumière se propage toujours avec une moindre vitesse que dans le vide. On peut le comprendre très simplement. Si la lumière doit se frayer un chemin à travers les atomes d'un milieu tel que l'eau, par exemple, sa vitesse de propagation s'en trouvera réduite.

– Je comprends, dit Newton, mais ce sont là des effets matériels, au fond sans importance. Je parle bien sûr ici de la vitesse de la lumière dans le vide. Il reste que le résultat de l'expérience de Michelson et Morley – résultat négatif – nous oblige à reconnaître que l'éther n'existe pas. Mais alors comment la lumière peut-elle se propager dans le vide, c'est-à-dire dans le “ néant ” ? Est-il concevable que les ondes lumineuses puissent se propager sans être véhiculées par un milieu ?

– Je m'attendais à cette question, dis-je. Mais vous ne pouvez pas dire que les ondes lumineuses se propagent dans le “ néant ”, en dehors de tout milieu, car la lumière se propage dans le temps et l'espace. »

Les yeux de Newton, qui au fil de la conversation avaient perdu toute trace de fatigue, brillèrent soudain.

« Voulez-vous dire que l'espace et le temps fusionnent d'une manière ou d'une autre pour former l'éther ?

– Pour être honnête, je dois dire que nous ignorons encore aujourd'hui ce que sont vraiment la lumière et la matière, et donc les atomes et les particules. Certains physiciens conçoivent la lumière au moins comme une propriété cachée de l'espace-temps. En d'autres termes, l'espace-temps ne possède pas seulement les trois dimensions de l'espace et celle du temps, mais d'autres dimensions encore, indirectement perceptibles, reconnaissables cependant à des effets indirects, par exemple le phénomène de la lumière.

« D'autres physiciens vont même jusqu'à dire que l'espace, le temps et la matière ne sont rien d'autre que les différentes manifestations d'une structure géométrique fondamentale. Selon eux, le monde entier serait géométrique. Tout serait géométrie.

« Quoi qu'il en soit de cette interprétation, nous considérons aujourd'hui la lumière comme une sorte d'état excité de l'espace ou de l'espace-temps. Une propriété spécifique de l'espace qu'on appelle un “ champ ” et plus exactement un “ champ électromagnétique ”. »

De profondes rides sillonnaient le front de Newton. Visiblement, j'avais dit quelque chose qui n'entrait pas dans son système de pensée.

« Entre-temps, j'ai compris ce qu'était un champ électromagnétique. On en connaît deux cas depuis longtemps et on les étudiait déjà à mon époque, les champs électriques et les champs magnétiques. La force d'attraction électrique entre deux corps de charges différente est considérée aujourd'hui comme une conséquence du champ de force électrique, entourant tout corps chargé électriquement.

« Il en va un peu de même pour les forces magnétiques. Ainsi, l'aiguille d'une boussole pointe dans la direction nord-sud, parce que le champ magnétique de la Terre agit sur elle. Il y a quelques jours, j'ai appris dans des livres de physique qu'il n'y a de champs électriques purs que s'ils ne changent pas dans le temps. Aussitôt que quelque chose se modifie, si par exemple je fais osciller une boule chargée électriquement, j'obtiens un champ magnétique, coexistant avec le champ électrique. Certaines parties de ce champ deviennent autonomes et quittent cette région de l'espace donné sous forme d'onde électromagnétique. »

HALLER – Tout à fait juste. D'ailleurs, les ondes radio sont produites de la même manière. Un émetteur radio est au fond un dispositif capable de produire des champs électriques modulables dans le temps, donc sous forme de pulsations. Les champs magnétiques ainsi induits forment, avec une partie

des pulsations des champs électriques, une onde électromagnétique et donc l'onde radio correspondante.
NEWTON – Puisque les ondes lumineuses sont aussi des ondes électromagnétiques, on peut se demander si la lumière peut être produite de la même manière qu'une onde radio.
HALLER – Absolument. Prenons, par exemple, une ampoule. La lumière de l'ampoule provient d'un filament, porté à incandescence par le courant électrique.
NEWTON – Mais pourquoi le filament émet-il de la lumière ? Pourquoi est-il incandescent ?
HALLER – Le courant électrique passant à l'intérieur du fil est composé d'électrons, qui parcourent le métal du fil, ou plus exactement qui sont compressés par la tension électrique et entrent en interaction continue avec les atomes du métal, plus précisément avec les électrons dans les couches atomiques, si bien que le métal « s'échauffe », ce qui signifie que les particules oscillent rapidement. Les électrons du métal étant naturellement chargés électriquement, ils commencent à émettre des ondes électromagnétiques ; dans ce cas, de la lumière.

Nous parlâmes encore un certain temps des différentes manières de produire de la lumière. Au détour de la conversation, Newton raconta qu'il avait le matin même dévissé la lampe de sa salle de bains pour vérifier que la lumière provenait bien d'un long tube. Il s'agissait évidemment d'un néon, et j'eus par conséquent l'occasion d'expliquer à Newton non seulement le principe de l'ampoule, mais aussi celui d'un néon, ce qui nous fit revenir à la physique atomique. Mais le temps avait passé, et il nous fallait nous interrompre pour arriver à temps au logement d'Einstein.

Nous traversâmes la vieille ville de Berne pour rejoindre la Kramgasse. Au moment de quitter l'hôtel, mon compagnon aborda un autre problème, qui l'avait tourmenté pendant la nuit.
NEWTON – Si j'ai bien compris ce que vous avez dit à l'instant, dans un champ magnétique ou plus simplement dans un champ électrique qui entoure par exemple une sphère chargée,

on a affaire à une figure autonome, donc à une propriété de l'espace ou de l'espace-temps qui a son existence propre et la mène à sa guise, et qui n'est qu'indirectement liée à la charge électrique. On peut rendre visible un tel champ grâce à certains artifices, comme je l'ai vu dans un livre à Cambridge.

Qu'advient-il du champ si j'éloigne très rapidement la charge ? Il devrait disparaître d'une manière ou d'une autre, car, sans charge électrique, il ne saurait y avoir de champ électrique.

HALLER – Vous avez entièrement raison, le champ doit effectivement disparaître. D'ailleurs, on peut effectuer une expérience de cette sorte au laboratoire. Il suffit de charger électriquement une sphère métallique qu'on éloigne ensuite rapidement. Le champ est aussitôt annihilé, et ce à la vitesse de la lumière, car tous les phénomènes électromagnétiques, et pas seulement la lumière, se propagent à la vitesse de la lumière.

NEWTON – Supposons que nous fassions l'expérience, telle que vous venez de la décrire. Vous chargez donc votre sphère, et je mesure le champ électrique, c'est-à-dire la force d'attraction électrique à une certaine distance, disons à une distance de dix mètres. Maintenant, vous éloignez la charge. Si je vous ai bien compris, dans un premier temps je ne remarque rien de particulier, car le champ est annulé à la vitesse de la lumière. Mais pour parcourir une distance de dix mètres, la lumière a besoin de 33 milliardièmes de seconde. Cela veut dire que c'est seulement après ce temps extrêmement court que je m'aperçois que vous avez éloigné la charge.

HALLER – En principe, vous avez raison, mais pratiquement l'expérience n'est pas facile à réaliser, car, dans un laps de temps aussi court, je ne pourrais pas éloigner suffisamment la charge.

NEWTON – Bien sûr. Mais c'est surtout le principe qui m'intéresse. Venons-en à la question qui me préoccupe et qui ne concerne pas les phénomènes électromagnétiques, mais la gravitation. Comme vous le savez, j'ai formulé dans mes *Principia* la loi de l'attraction universelle des masses. Deux masses s'attirent, tandis que la grandeur de la force dépend autant des masses que de la distance entre elles. Plus les masses sont grandes, plus la force l'est aussi, et plus la distance est grande, plus la force est faible.

J'ai d'abord cru qu'il s'agissait d'une action à distance des corps les uns sur les autres. Autrement dit, le Soleil attire la Terre parce que sa force de gravitation agit directement sur elle par-delà la distance Soleil-Terre. Je dois cependant avouer que cette idée d'une action à distance ne m'a jamais paru suspecte. Mais maintenant que j'en sais un peu plus sur les forces électriques et magnétiques, je ne suis plus sûr de rien. Peut-il y avoir réellement une action à distance, qui soit la cause de la force de gravitation ?

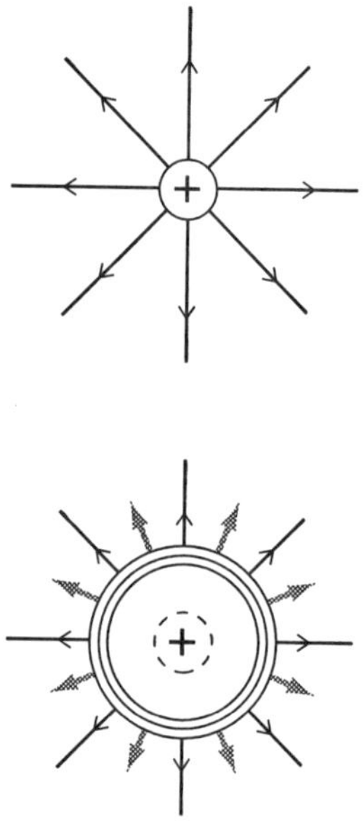

Fig. 13. Le champ électrique autour d'une particule chargée disparaît soudain. Il s'ensuit qu'une onde de choc électromagnétique est émise depuis la sphère à la vitesse de la lumière. Peu à peu le champ s'annule.

HALLER – Vos doutes sont justifiés. D'après les connaissances actuelles, il ne peut effectivement pas y avoir d'action à dis-

tance. À l'instar de la force électrique, on considère la force de gravitation comme une conséquence de l'existence d'un champ, en l'occurrence du champ gravitationnel. Toute masse est entourée d'un tel champ. La masse du corps influence pour ainsi dire l'espace alentour.
NEWTON – Y a-t-il alors un phénomène analogue aux ondes électromagnétiques, c'est-à-dire aux ondes gravitationnelles ?
HALLER – Il devrait y en avoir. Mais jusqu'à présent nous n'en avons pas la preuve certaine. Cependant, l'expérience de pensée suivante atteste l'existence d'ondes gravitationnelles : supposons qu'on fasse sortir le Soleil de l'espace cosmique, ce qui est bien sûr irréalisable. Mais nous pouvons nous poser la question, d'autant qu'on observe de temps à autre d'énormes explosions de planètes dans l'univers, au cours desquelles des masses de matière de la grandeur de celle du Soleil sont projetées au loin. On pourrait tout à fait comparer une telle explosion à notre exemple hypothétique de la disparition subite du Soleil.
NEWTON – Vous pensez sans doute aux explosions de supernovae, comme celle qui a pu être observée en février 1987 dans le grand nuage de Magellan ?
HALLER – Je vois que vous êtes bien informé sur les événements astronomiques les plus récents. En effet, je pensais aux supernovae. À votre avis, que constaterait un observateur terrestre, si le Soleil venait soudain à disparaître ?
NEWTON – Pour un habitant de la Terre, le Soleil est important avant tout pour deux raisons. D'abord il nous donne la lumière et la chaleur, ensuite sa force gravitationnelle oblige la Terre à tourner autour de lui sur une orbite presque circulaire. Sans le Soleil, la Terre serait plongée dans les ténèbres et se déplacerait à travers l'espace cosmique sur une trajectoire quasi rectiligne.

La lumière a besoin d'environ huit minutes pour parcourir la distance entre le Soleil et la Terre. Cela signifie qu'après la disparition du Soleil un habitant de la Terre pourrait encore jouir de sa lumière pendant huit bonnes minutes encore.
HALLER – Huit minutes, en effet. Mais qu'en serait-il du mouvement de la Terre autour du Soleil ?

NEWTON – Vous posez une question épineuse. Autrefois, j'aurais affirmé qu'aussitôt après la disparition du Soleil la Terre cesserait de décrire une orbite circulaire, pour s'éloigner sur une trajectoire rectiligne. Mais s'il n'y a pas d'action à distance, et j'en suis convaincu maintenant, c'est naturellement impossible.
HALLER – C'est effectivement impossible. Nous pouvons certes faire disparaître le Soleil, tout au moins en pensée, mais le champ gravitationnel engendré par le Soleil n'en disparaîtra pas aussitôt pour autant.
NEWTON – En d'autres termes, tout cela ressemble beaucoup à notre exemple précédent, à la disparition soudaine de la sphère chargée électriquement ?
HALLER – Vous avez raison, c'est la même chose.
NEWTON – Alors tout est clair. Le champ gravitationnel est annulé comme le champ électrique, et ce à la vitesse de la lumière.
HALLER – Vous avez entièrement raison. La suppression du champ s'accomplit sous forme d'une onde de choc, semblable à la vague produite quand on jette une pierre dans un étang. Seulement, il s'agirait ici d'une onde gravitationnelle qui se propagerait à la vitesse de la lumière à partir de l'endroit où se trouvait le Soleil. Huit minutes après la disparition de celuici, cette onde parviendrait à la Terre et, à partir de cet instant, suivrait une trajectoire rectiligne. Quelques heures plus tard, l'onde atteindrait les frontières du système solaire, quelques années plus tard les étoiles les plus proches, et trente mille ans plus tard le centre de la galaxie.

L'explosion de cette supernova que nous avons observée en février 1987 a dû laisser échapper des ondes gravitationnelles, qui ont atteint la Terre en même temps que le signal lumineux de l'explosion. Seulement, personne n'a pu les enregistrer parce qu'on ne disposait pas des instruments de mesure adéquats. Si, dans les années à venir, une explosion de supernova devait avoir lieu, on sera sans doute mieux équipé.

Nous avons marché en silence, longeant le beffroi. Newton était plongé dans ses pensées. Soudain, je l'entendis murmurer : « C'était donc juste. Électricité, magnétisme et gravitation – tous sont des phénomènes de champ, des propriétés de l'espace-temps. Une idée simple et géniale. J'en avais eu l'intuition autrefois à Woolsthorpe. Si seulement j'avais su que la vitesse de la lumière avait une si grande importance ! »

Je ne parvins pas à comprendre les autres mots prononcés par Newton. Visiblement, il avait pensé à haute voix, si bien que je ne lui posai pas de questions, d'autant plus que nous étions arrivés devant la maison d'Einstein.

Dix heures sonnaient au beffroi. Nous avions une demi-heure de retard. Einstein nous ouvrit la porte, sans s'arrêter à nous en faire le reproche.

CHAPITRE IX

La dilatation du temps

En nous attendant, Einstein avait préparé le thé que nous bûmes avec un grand plaisir. Le père de la théorie de la relativité se tourna alors vers moi : « Monsieur Haller, commença-t-il, vous avez mentionné la précision saisissante avec laquelle on peut aujourd'hui mesurer la vitesse de la lumière. J'ai bien noté la valeur que vous avez donnée. La voici : la lumière parcourt en une seconde la distance de 299 792 458 mètres. La vitesse de la lumière étant une constante universelle, on pourrait l'utiliser pour mettre en relation les unités de longueur, à savoir le mètre, et de temps, en l'occurrence la seconde. Autrement dit, on pourrait abandonner ces étalons arbitraires et standardisés, par exemple le mètre conservé à Paris et en d'autres lieux, et prendre simplement comme unité de longueur la distance que la lumière parcourt en un temps donné. En un certain sens, c'est ce que font déjà les astronomes lorsqu'ils évaluent les distances non pas en kilomètres mais en secondes-lumière, en minutes-lumière ou années-lumière. Mais cela présuppose que nous disposions d'une mesure très précise du temps. D'où ma question : avec quelle exactitude peut-on mesurer le temps aujourd'hui ?

– Votre proposition est bien naturelle, répondis-je. D'ailleurs, on l'applique déjà depuis plusieurs années. Un accord international a stipulé qu'un mètre était la distance parcourue par la lumière en $\frac{1}{299\,792\,458}$ fractions de seconde exactement. On détermine ainsi la vitesse de la lumière. À l'avenir, cela n'aura pas de sens de la donner à plus d'un mètre près par seconde, voire un centimètre ou un millimètre par seconde. Cette vitesse est déterminée par la valeur mentionnée une fois pour toutes.

« Une mesure précise de la vitesse de la lumière n'apportera pas plus d'informations additionnelles concernant cette dernière, mais permettra de déterminer plus exactement l'unité de longueur, le mètre. On l'a entreprise de telle sorte que l'unité de longueur à redéterminer soit aussi identique que possible à l'unité en usage jusqu'alors. L'intérêt de cette nouvelle détermination, c'est qu'on obtient un étalon extrêmement facile à reproduire, à l'abri des innombrables sources d'erreurs, forcément présentes lorsqu'on s'en remet à une barre de métal. Même les fines rainures qu'on observe au microscope n'apparaissent plus comme des marques précises, mais comme autant de dénivellations montagneuses. On évite ces sources d'inexactitude en déterminant indirectement la longueur d'un mètre par la mesure du temps, grâce à la constance de la vitesse de la lumière.

« Vous voyez donc que la nouvelle définition de l'unité de longueur, le mètre, est une application directe du caractère universel de la vitesse de la lumière, et par conséquent de la théorie de la relativité. Venons-en maintenant à la mesure du temps. À votre époque, monsieur Newton, on mesurait encore le temps en unités astronomiques. Une seconde était définie comme une fraction déterminée d'une année, à savoir le temps que met la Terre à tourner autour du Soleil. Mais si l'on veut obtenir une mesure très exacte du temps, ce procédé n'est pas suffisamment précis. C'est l'un des vos compatriotes célèbres, James Clerk Maxwell, qui, il y a plus de cent ans, dans son *Traité d'électricité et de magnétisme*, a suggéré que l'on prenne les dimensions et les propriétés oscillatoires des atomes pour déterminer très exactement les unités d'espace et de temps.

– Très astucieux, interrompit Newton, les atomes ayant la même structure dans tout l'univers, on n'aurait certainement aucun problème à reproduire partout les unités de longueur et de temps.

– En effet, la physique atomique permet de mesurer très précisément le temps, beaucoup plus précisément qu'une distance par exemple. On se sert déjà depuis les années 1930 des oscillations des cristaux de quartz pour mesurer le temps. C'est le principe des montres à quartz, largement répandues aujourd'hui.

« Les horloges atomiques sont encore plus précises. Tout se passe comme si l'on avait remplacé le pendule par un faisceau d'atomes. On utilise aujourd'hui le plus souvent des atomes de césium. Leurs oscillations sont partout identiques, et l'intervalle d'une seconde est déterminé par un certain nombre d'oscillations, d'ailleurs très grand : 9 192 631 770. On calcule facilement que la lumière parcourt une distance de 3,26 cm au cours d'une période d'oscillation.

– Quelle est la précision atteinte aujourd'hui dans la mesure du temps ? s'enquit Einstein.

– L'inexactitude relative est aujourd'hui d'environ 10^{-14}. Cela signifie que l'horloge atomique est si précise qu'elle fait une erreur d'une seconde seulement sur un intervalle de 10^{14} secondes, donc environ trois millions d'années. Le temps est par conséquent la grandeur physique que l'on peut mesurer avec la plus grande précision. L'astuce de la détermination de la vitesse de la lumière nous permet de transférer cette exactitude à la mesure des longueurs.

– Quelle exactitude, c'est à peine croyable ! s'exclama Newton. Et tout ça fonctionne grâce au caractère universel de la vitesse de la lumière. Nous supposerons qu'à l'avenir l'étalonnage des unités de longueur dans l'espace permettra de mesurer les temps de parcours des signaux lumineux. Monsieur Einstein, vous voyez ainsi que votre principe de la constance de la vitesse de la lumière trouve aujourd'hui des applications concrètes.

– Une découverte effectuée aujourd'hui servira à l'étalonnage de demain, lançai-je. Cette devise des physiciens actuels s'avère toujours juste, ici aussi. Voilà comment progressent les sciences de la nature, bâtissant sur les découvertes du passé, indispensables pour toute nouvelle recherche. »

Newton revint sur notre discussion de la veille : « La conclusion à laquelle nous sommes arrivés hier soir était qu'on ne pouvait comprendre l'universalité de la vitesse de la lumière qu'en redéfinissant les notions d'espace et de temps. Nous avions déjà vu qu'il dépendait entièrement de l'état de mouvement que deux événements se produisent simultanément ou non, en contradiction flagrante avec les notions d'espace et de temps que j'ai définies dans les *Principia*.

« La nuit dernière, j'ai repensé à ces conséquences époustouflantes et j'en suis arrivé à cette conclusion que, pour chaque système de coordonnées, donc pour chaque système inertiel, il fallait d'abord introduire une description appropriée de l'espace et du temps. Le passager d'un train en marche, par exemple, a sa propre perception du temps et de l'espace, qui certes dépend de la façon qu'a de les décrire un observateur au repos, mais qui ne peut pas lui être identique.

« Cela ne veut évidemment pas dire que le train et l'observateur évoluent dans des mondes totalement différents, ils existent bel et bien dans le même monde et dans un seul et même espace-temps. Seulement, il y a différentes manières de décrire l'espace-temps. Autrement dit, l'espace et le temps sont relatifs, et les diverses manières de les décrire dépendent de l'état de mouvement. Je suppose que c'est la raison pour laquelle vous avez nommé votre théorie " Théorie de la relativité ".

– Bon sang ! s'exclama Einstein admiratif. Vous avez dû réfléchir intensément cette nuit. Il n'y a rien à redire à vos conclusions. Quand j'ai construit ma théorie, j'ai procédé exactement comme vous, mais bien plus lentement. Vous avez trouvé en une nuit ce que j'ai cherché pendant des jours, voire des semaines.

« En ce qui concerne la dénomination, vous n'avez pas tout à fait raison. L'expression " théorie de la relativité " ne vient pas de moi, elle a été proposée par d'autres. Au début, cette appellation m'avait plutôt déplu, elle me semblait trop compliquée pour une chose somme toute assez simple. En outre, elle est inexacte, car ma théorie prend justement très au sérieux la notion de vitesse universelle de la lumière. Dans votre mécanique classique, la vitesse de la lumière serait relative et donc dépendante de l'état de l'observateur. Chez moi, elle est absolue. Pour cette raison, on aurait tout aussi bien pu appeler ma théorie " théorie de l'absoluité ". Vous voyez que tout est relatif, même la dénomination des choses.

– Mais, répondit Newton, si la description de l'espace et du temps dépend réellement de l'état de mouvement de l'observateur, alors on devrait pouvoir indiquer avec précision le changement de description par rapport à l'état de mouvement, donc par rapport à la vitesse de l'observateur. C'est ce que j'ai essayé de faire la nuit passée, mais je dois avouer que je ne suis pas arrivé bien loin. C'est pourquoi je propose que nous examinions maintenant ces questions. Le mieux serait que vous, monsieur Einstein, acceptiez de nous faire un petit exposé sur votre conception relativiste de l'espace-temps.

EINSTEIN – Cher monsieur Newton, je dois vous dire que c'est un grand honneur pour moi de présenter au fondateur de la physique classique et au créateur de la mécanique classique le fil de mes idées sur la théorie de la relativité. Permettez-moi d'abord de reformuler brièvement mon principe fondamental de la relativité, qui est pour ainsi dire le pilier de la théorie. Il s'énonce ainsi : les mêmes lois s'appliquent à deux observateurs en mouvement rectiligne uniforme l'un par rapport à l'autre. En particulier, la valeur de la vitesse de la lumière est la même pour les deux observateurs.

HALLER – Vous voyez, monsieur Newton, le principe d'Einstein est un prolongement direct de vos idées. Dans votre mécanique aussi, les mêmes lois s'appliquent à deux observateurs en mouvement rectiligne uniforme l'un par rapport à l'autre. C'est pourquoi nous parlons de « principe newtonien de la relativité ». Peu importe que les expériences soient effectuées dans un laboratoire sur Terre, dans un train en marche ou dans un avion très rapide. La seule chose nouvelle dans le principe d'Einstein, c'est qu'il s'applique non seulement à la mécanique, mais à la physique tout entière, y compris aux phénomènes électromagnétiques. Mais il faut alors que la vitesse de la lumière soit universelle.

NEWTON (*ironique*) – Bien, j'accepte ce principe que vous venez d'énoncer comme étant le prolongement du « principe newtonien de la relativité ». Si ça continue, il va bientôt s'avérer que la théorie de la relativité était déjà contenue dans mes *Principia.*

EINSTEIN – Vous n'en étiez pas loin, en effet. Si l'on vous avait dit autrefois que la vitesse de la lumière était la même dans tout système de référence, c'est vraisemblablement vous qui auriez élaboré la théorie de la relativité.

Abordons maintenant la notion de temps dans ma théorie de la relativité. Je ne vais pas essayer de répondre à la vénérable question concernant sa véritable nature. Mais ce qui m'importe, c'est de savoir comment on mesure le temps. Dans vos *Principia,* monsieur Newton, vous avez déjà stipulé qu'on pouvait admettre simplement que, dans un système de référence donné, on pouvait placer une horloge en chaque point de l'espace indiquant le même temps que les autres horloges placées à tous les autres points de l'espace. Autrement dit, les montres sont synchronisées.

Si l'on accepte mon principe de la vitesse constante de la lumière, on peut réaliser cette synchronisation. Si les deux horloges se trouvent proches l'une de l'autre, il n'y a bien sûr aucun problème. Si nous voulons accorder l'heure de notre montre à celle d'une horloge, il nous suffit de lire l'heure indiquée sur le cadran et de mettre nos aiguilles dans la même position.

Si les deux horloges se trouvent éloignées l'une de l'autre, les choses ne sont pas aussi simples. Je considère, par exemple, deux observateurs disposant chacun d'une horloge. L'un d'eux se trouve sur Terre et l'autre sur Mars. La lumière a besoin d'un certain temps pour atteindre la Terre depuis

Mars, disons cinq minutes, le temps exact dépendant de la position respective des deux planètes.

Supposons que l'observateur sur Mars veuille mettre sa montre à l'heure de son homologue sur Terre. Il envoie un signal radio pour demander l'heure. L'observateur sur Terre émet aussitôt la réponse que l'homme sur Mars enregistre quelques minutes plus tard. Mais ce dernier n'est pas en mesure de mettre sa montre à l'heure exacte, car il doit tenir compte du temps que le signal met à parcourir la distance qui le sépare de la Terre.

NEWTON – On peut tout de suite calculer cette différence de temps si l'on connaît la distance séparant les deux planètes au moment convenu. Mais c'est évidemment difficile.

EINSTEIN – Pas du tout, il n'est pas nécessaire de connaître la distance exacte. On peut avoir recours à une astuce. Supposons que l'observateur terrestre émette un signal radio vers Mars, qui sera réfléchi par la surface de la planète et capté sur Terre après un certain temps. J'ai lu récemment qu'il était possible aujourd'hui de réaliser une telle expérience. Est-ce bien vrai, Haller ?

HALLER – Tout à fait, aujourd'hui il est même possible d'envoyer sur Mars des faisceaux de rayons lumineux, qu'on appelle des « rayons laser », et de capter ensuite sur Terre le signal réfléchi.

EINSTEIN – C'est extraordinaire, il suffit alors de diviser par deux le temps aller-retour du signal pour obtenir la différence de temps souhaitée. Supposons qu'elle soit de cinq minutes exactement. À un moment donné – disons à 8 heures précises, heure de Londres –, le signal sera émis depuis un émetteur terrestre. Au moment de l'arrivée du signal sur la planète Mars, l'observateur met sa montre à 8 heures 5 minutes. Les deux horloges indiquent alors la même heure.

NEWTON – C'est parfait. Je vois que cette synchronisation s'effectue aisément au moyen d'un signal lumineux ou radio. Puisqu'on peut faire de même avec toute horloge se trouvant à n'importe quel endroit de l'univers, j'en conclus qu'on peut synchroniser ainsi l'univers tout entier ou du moins en grande partie. Toutes les horloges sont alors à la même heure et indiquent le même temps, situation qui rappelle beaucoup le temps absolu dont je parlais dans mes *Principia*.

EINSTEIN – Pour l'instant, Newton, laissons votre temps absolu de côté. Il était facile de synchroniser les deux horloges sur Terre et sur Mars parce que toutes deux étaient au repos l'une par rapport à l'autre. Certes, l'horloge se trouvant sur Terre se déplace dans l'univers à la vitesse de la Terre, et il en va de même pour l'horloge sur Mars. Pourtant, la différence entre les deux vitesses est minime par rapport à celle de la lumière. Elle est, je crois, seulement de l'ordre de 10 km/s, ce qui est vraiment peu par rapport à la vitesse de la lumière et donc négligeable ici.

La synchronisation des horloges en tous points de l'espace, que vous venez d'évoquer, peut se faire de façon analogue si ces dernières ne se déplacent pas ou très peu par rapport à celle qui est sur Terre. Aussitôt que l'une de ces horloges va à une vitesse plus grande à travers le cosmos, tout change. C'est pourquoi je voudrais laisser votre temps absolu de côté.

NEWTON – Sans rancune, monsieur Einstein. Mais dites-moi ce qui se passe si les horloges se déplacent les unes par rapport aux autres.

Pensif, Einstein tira un cigare de son étui et l'alluma à la flamme d'un antique briquet. Newton, qui était résolument non-fumeur et ignorait qu'Einstein était amateur de cigares, sans être précisément un fin connaisseur, observa les préparatifs d'Einstein non sans une certaine désapprobation, mais garda le silence. Einstein reprit son exposé. Il en vint à parler de la fameuse dilatation du temps qui est sans doute une des conséquences les plus surprenantes de la théorie de la relativité. « Messieurs, ce que je voudrais vous expliquer maintenant peut être expérimenté avec n'importe quel type d'instrument de mesure du temps. Mais pour simplifier, je propose de concevoir une horloge qui présente les faits en toute clarté.

« Imaginons un satellite spatial situé à une distance de

150 000 km de la Terre. Il serait muni d'un miroir capable de renvoyer vers la Terre un signal lumineux émis depuis celle-ci. Les rayons laser dont nous avons parlé plus haut conviendraient au mieux à cette expérience.

« Je choisis une distance entre la Terre et le satellite telle que la lumière puisse la parcourir en une demi-seconde, l'aller-retour s'effectuant donc en une seconde exactement.

– Il faut dire aussi, avançai-je alors, qu'il existe aujourd'hui des satellites tout à fait identiques à celui que vous venez de décrire. On les utilise, par exemple, pour les communications entre l'Europe et la Californie. Le signal téléphonique est transmis depuis une station émettrice sur Terre vers un satellite qui le transmet à une station réceptrice se trouvant également sur Terre. Au cours d'une conversation avec Los Angeles par exemple, le signal téléphonique parcourt environ 150 000 km en une demi-seconde. On perçoit nettement ce décalage quand on s'entretient avec quelqu'un en Californie. À cause de la distance particulièrement grande parcourue par le signal téléphonique, des pauses non prévues, pouvant dérouter les interlocuteurs, décalent fréquemment les phrases. »

Newton et Einstein n'avaient encore jamais téléphoné en Californie. Newton voulut absolument en faire l'expérience. Nous décidâmes d'un petit jeu utilisant, aux frais de la Société Albert Einstein, le téléphone qui se trouvait dans l'appartement. Il était minuit passé en Californie, et, sachant que j'obtiendrais toujours un correspondant à cette heure, je choisis le numéro du poste de sécurité du California Institute of Technology à Pasadena (où j'avais autrefois exercé diverses activités). L'employée de service décrocha aussitôt. Je passai le combiné à Newton qui se lança dans un bavardage futile et put ainsi constater que ce décalage existait réellement.

Newton était visiblement impressionné. Pour la première fois, il avait testé lui-même un effet de la vitesse finie de propagation des signaux électromagnétiques.

EINSTEIN – Revenons à mon horloge (*le maître des lieux avait suivi avec intérêt l'expérience du téléphone*). Le signal lumineux parcourt donc en une seconde la distance aller-retour de la

Terre au satellite. En réalité, j'ai conçu ici un instrument certes peu ordinaire, qui n'indique pas le temps grâce à un pendule, à un balancier ou aux vibrations d'un cristal de quartz, mais grâce aux oscillations d'un signal lumineux entre le satellite et la station sur Terre. Si vous voulez, vous pouvez l'appeler « horloge-lumière ».

Imaginons maintenant qu'on observe ce dispositif depuis un vaisseau spatial se déplaçant à très grande vitesse autour de la Terre. Que verra alors le passager de son hublot ? Il apercevra la Terre, ainsi que le satellite se trouvant au-dessus d'elle, dépasser à très grande vitesse son engin, puisque lui-même se considère comme étant au repos. Cet observateur doit être en mesure de suivre des yeux le mouvement oscillatoire du signal lumineux.

NEWTON – Est-ce vraiment réalisable ? J'imagine qu'il ne sera pas si facile de suivre les signaux lumineux. En effet, les photons ne cessent de voyager entre la Terre et le satellite.

EINSTEIN – En principe du moins, ce n'est pas un problème, et pour l'instant seul le principe m'intéresse. On pourrait imaginer, par exemple, que notre horloge-lumière émette un signal radio particulier. Ainsi, l'observateur se trouvant à l'intérieur du vaisseau spatial serait informé de manière suffisamment précise sur la marche de l'horloge. Il pourrait au moins indirectement observer le signal lumineux.

Einstein prit une feuille de papier sur laquelle il dessina la trajectoire du signal lumineux.

EINSTEIN – Étant donné que, pendant le parcours du signal en une seconde, la Terre et le satellite se déplacent dans l'espace, l'observateur aperçoit une ligne en zigzag depuis son vaisseau spatial. Examinons la trajectoire du signal pendant la période de temps nécessaire à ce dernier pour faire un aller-retour entre le satellite et la Terre.

NEWTON – Pendant une seconde, n'est-ce pas ?

EINSTEIN – Ce n'est pas ce que j'ai dit, monsieur Newton. Je parle seulement du temps nécessaire au signal pour effectuer une fois un mouvement périodique aller-retour entre la Terre et le satellite. Nous allons vérifier sur-le-champ que ce temps ainsi mesurable par l'observateur à l'intérieur du vaisseau spatial sera rarement égal à une seconde.

a)

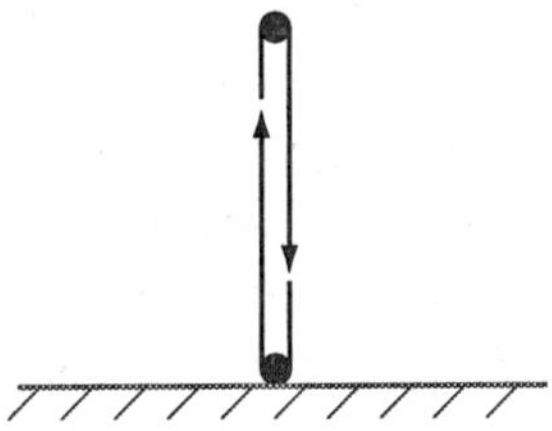

b)

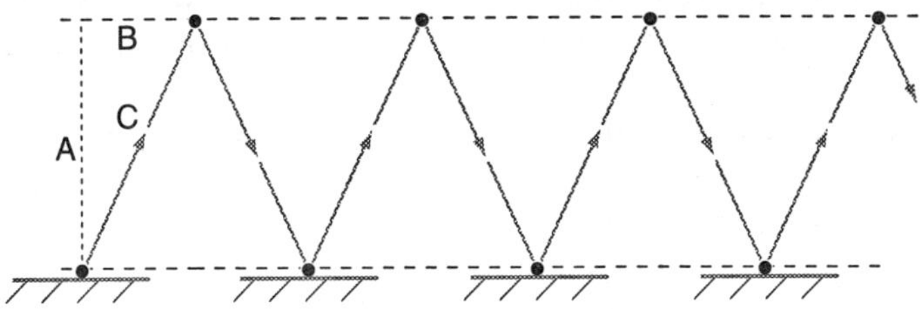

Fig. 14. Horloge-lumière au repos et en mouvement.
a) Un signal laser est émis depuis une source se trouvant sur Terre jusqu'à un satellite, d'où il est réfléchi vers la Terre et de nouveau renvoyé vers le satellite, etc.
b) Le trajet du signal lumineux, vu d'un vaisseau spatial en mouvement, est une ligne en zigzag. Les lignes en tirets caractérisent la trajectoire du satellite et celle de la station terrestre.

Stupéfait, Newton regardait Einstein qui, impassible, poursuivait son discours, attirant l'attention sur son croquis.

EINSTEIN – On voit tout de suite que, dans le système du vaisseau spatial, le signal lumineux parcourt une distance plus grande que dans celui de la Terre. Nous savons déjà que la longueur de la trajectoire dans ce système est rigoureusement égale à une seconde-lumière, c'est-à-dire environ 300 000 km. Dans le système du vaisseau spatial, la trajectoire sera plus longue, la longueur exacte dépendant, bien entendu, de la

vitesse relative du vaisseau par rapport à la Terre. Si cette dernière s'avère faible, si elle n'est pas supérieure à quelques kilomètres par seconde, on ne remarquera pratiquement pas de modification de la longueur. Mais si le vaisseau se déplace en direction de la Terre à une vitesse – disons – de 100 000 km/s, le phénomène sera clairement perceptible.
HALLER – Il n'est pas étonnant que le parcours soit plus long dans le système du vaisseau spatial. Nous avons le même phénomène, par exemple, quand un passager court de bâbord à tribord sur un bateau qui descend une rivière. Pour un observateur sur la rive, la distance parcourue par le passager est de loin supérieure à la largeur du bateau, car, pendant que le passager court sur le bateau, ce dernier continue à avancer.

Dans le système de l'observateur au bord du fleuve, ce trajet est une ligne en zigzag analogue à celle du signal lumineux que vient de tracer Einstein.
NEWTON (*pesant chacun de ses mots*) – Je comprends. Seulement, il y a une petite différence entre l'horloge d'Einstein et le passager du bateau. La vitesse du passager se déplaçant sur le pont dépend de la vitesse de ses pas, tout autant que de celle du bateau. Plus les deux vitesses sont grandes, plus est grande la vitesse totale du mouvement du passager.

Pour la lumière, il en va tout autrement. La vitesse de la lumière est identique dans chaque système. Par conséquent, la lumière sur la ligne en zigzag d'Einstein se propage à la vitesse habituelle de la lumière et pas plus vite. Mais cela signifie...

Newton s'interrompit soudain. On pouvait voir, à l'expression tendue de son visage, qu'il réfléchissait intensément.

Einstein se leva d'un bond et dit, poursuivant en quelque sorte l'exposé de Newton : « Exactement ! Cela signifie que, dans le système du vaisseau, le temps s'écoule autrement que dans le système de la Terre. Étant donné que la distance parcourue par le signal lumineux est plus grande dans le premier que dans le second, mais que la vitesse dans les deux systèmes est identique, l'intervalle de temps correspondant doit être supérieur à une seconde. Autrement dit, le temps est dilaté. Une seconde dans le système de la Terre, donc une seconde sur notre horloge-lumière, se révèle être un intervalle de temps supérieur à une seconde. Dans ce contexte, les spécialistes parlent volontiers de " dilatation du temps ", mais on pourrait tout aussi bien dire " extension ". »

Newton avait écouté en blêmissant. Visiblement, les déclarations d'Einstein commençaient à ébranler son monde. Je pouvais imaginer ce qu'il éprouvait en cet instant. Pour la première fois, il était confronté à l'un des phénomènes les plus surprenants de notre monde. Il n'y avait pas de temps universel, mais le temps, lui aussi, dépendait de l'état de mouvement.

Einstein, qui était le mieux placé pour comprendre tout cela, restait sans rien dire. Un étrange silence emplit soudain son logement, chacun étant absorbé par ses pensées.

Après un long moment, Newton prit la parole : « Il est clair, monsieur Einstein, que la découverte de la dilatation du temps est pour moi un phénomène inouï, qui sonne la fin de mon hypothèse de l'espace absolu. Je crois avoir compris maintenant cette nouvelle solution, époustouflante pour moi, au problème de la vitesse universelle de la lumière. Certains aspects cependant demeurent encore obscurs, mais je suis sûr que vous pourrez m'éclairer rapidement.

– Dites ! Newton, suggéra Einstein, je ferai de mon mieux.

– Je comprends pourquoi vous avez employé ce dispositif fort complexe pour mesurer la lumière, à savoir la Terre et le satellite. Êtes-vous sûr que la dilatation du temps qui, dans le cas de votre horloge-lumière, semble très plausible en regard de la constance de la vitesse de la lumière implique vraiment une extension universelle du temps ? Autrement dit, la dilatation du temps convient-elle aussi pour des montres tout à fait ordinaires, comme celle que vous avez au poignet, ou pour n'importe quel processus périodique, comme le battement de notre pouls par exemple ?

– Cela va de soi, répliqua Einstein. J'ai déduit l'effet de la dilatation du temps au moyen de l'horloge-lumière, parce que ce phénomène est ainsi plus compréhensible. Je pourrais tout aussi bien prendre une horloge ordinaire, mais alors les choses seraient moins évidentes. Le phénomène de dilatation du temps est valable pour toutes les horloges, ce qui revient à dire qu'il ne dépend pas de l'instrument de mesure du temps, mais de l'écoulement même du temps. Qu'ils soient chimiques ou biologiques, tous les phénomènes subissent la même influence. Il en va de même pour le vieillissement.

« Saint Augustin a écrit autrefois : " Le temps est comme un fleuve charriant plein d'événements. Son courant est rapide. À peine une chose a-t-elle lieu qu'elle est aussitôt engloutie. " En cela il avait sûrement raison. Il ignorait toutefois que le temps ne s'écoule pas de façon régulière, mais dépend de l'état de mouvement de l'observateur. Pour garder l'exemple du fleuve, il faudrait, plutôt qu'évoquer son débit régulier, l'imaginer très large, au cours changeant, avec des tourbillons, des courants rapides et des bras latéraux s'écoulant plus lentement.

« Pour le passager du vaisseau spatial, les événements temporels se produisant sur Terre se déroulent plus lentement. Si au moyen d'un signal radio il était informé de la pulsation cardiaque de l'un de ses collègues sur Terre, il constaterait que le cœur de ce dernier ne bat pas à la fréquence normale, disons de soixante-dix pulsations par minute, mais de seulement trente pulsations. Le degré de ralentissement dépend évidemment de la vitesse respective. Mais cela ne pose aucun problème, car tout événement semble ralenti à l'observateur qui se déplace à grande vitesse.

– À première vue, c'est une chose insensée, rétorqua Newton. Mais il est encore un point qui demeure obscur pour moi. Vous dites que, pour l'observateur à l'intérieur du vaisseau, tous les phénomènes se produisant sur Terre paraissent ralentis. Maintenant, je vous renvoie la balle, je place sur Terre un observateur qui scrute le mouvement du vaisseau. Du fait que ce dernier passe à folle allure devant les yeux de l'observateur, celui-ci devrait constater une dilatation du temps pour tous les phénomènes ayant lieu à bord du vaisseau spatial.

« Pour l'observateur terrestre, le temps à l'intérieur du

vaisseau semble s'écouler plus lentement que sur Terre. N'est-ce pas en contradiction avec ce que vous venez de dire ? En effet, l'observateur à l'intérieur du vaisseau constatait exactement l'inverse : il avait l'impression que tout ce qui se passait sur Terre subissait un ralentissement. N'est-ce pas contradictoire ?

– Pas du tout, répondis-je. Oublions momentanément la Terre, le satellite et notre vaisseau spatial, et considérons deux vaisseaux se croisant quelque part dans l'univers. Tous deux sont l'un par rapport à l'autre en mouvement rectiligne uniforme. Aucun des deux ne se distingue de l'autre. L'observateur à bord de l'un des vaisseaux constatera alors que la marche des horloges de l'autre vaisseau est plus lente que le mouvement de sa propre horloge.

« Un observateur se trouvant à bord de l'autre vaisseau fera la même expérience. Les montres de l'autre vaisseau lui paraîtront subir aussi un ralentissement. Pour nos deux observateurs, la dilatation du temps est de même importance. Loin d'être contradictoire, cela signifie que le flux du temps est un phénomène relatif au système de référence dans lequel il se déroule. Plus généralement, on peut dire que l'écoulement du temps à l'intérieur des systèmes en mouvement semble toujours ralenti quand il est observé depuis un système considéré au repos. »

Einstein avait hoché la tête en signe d'approbation, tandis que Newton avait écouté ma réponse en fronçant les sourcils. « Laissons pour l'instant ce sujet, dit-il après une courte pause. Je voudrais savoir maintenant quel ordre de grandeur cette dilatation du temps peut atteindre. Il doit être possible de la calculer par rapport à la vitesse relative.

« Je crois savoir comment la calculer, ajouta-t-il en prenant un crayon et en se penchant sur le dessin d'Einstein. Je nomme A la distance entre la Terre et le satellite, que nous avons supposée de 150 000 km. Il s'agit de la distance parcourue par la lumière quand Terre et satellite sont au repos.

« Considérés depuis le vaisseau spatial en mouvement, la Terre et le satellite se déplacent dans l'espace à une vitesse donnée que j'appellerai *v*. Pendant que le rayon laser se dirige de la Terre vers le satellite, parcourant ainsi une distance C, la station sur Terre ainsi que le satellite décrivent dans l'espace une trajectoire que je nommerai B.

[Cher lecteur, si tu es fatigué, ou si les opérations de calcul te rebutent, saute les pages suivantes !]

– Tout à fait juste, dis-je, constatant que Newton perdait de son assurance. Il nous faut tenir compte précisément de ces trois distances pour calculer la dilatation du temps. Le rapport C/A décrit effectivement la dilatation du temps. Tandis que, dans le système de la Terre, le signal lumineux parcourt en une demi-seconde la distance A, dans le système du vaisseau spatial il lui faut exactement C/A fois plus. Puisque C en tant qu'hypoténuse du triangle rectangle est toujours plus grande que le côté A de l'angle droit, le facteur de dilatation du temps C/A est toujours supérieur à un.

« Étant donné que ce facteur joue visiblement un rôle important, on lui a donné un nom particulier. On le nomme " facteur gamma " et on dénote le plus souvent le rapport C/A par la lettre grecque γ : $\gamma = \frac{C}{A} = \frac{\Delta t'}{\Delta t}$

« Dans cette équation j'ai défini par Δt un intervalle de temps à l'intérieur du système de l'observateur au repos et par $\Delta t'$ l'intervalle de temps dilaté correspondant à une différence de temps dans le système en mouvement par rapport à l'observateur.

– Naturellement, lança Newton soulagé. Il nous faut seulement calculer le rapport C/A, et donc votre facteur gamma, et ce par rapport à la vitesse *v*.

– C'est facile, dit Einstein. Les trois distances A, B et C ne sont pas indépendantes les unes des autres puisqu'elles représentent les trois côtés d'un triangle rectangle. Nous pouvons appliquer ici le théorème de Pythagore. La somme des carrés de A et B est donc égale au carré de C. »

Newton nota sur son papier l'équation mentionnée par Einstein, que nous transcrivons ici : $A^2 + B^2 = C^2$

Là-dessus, Newton modifia l'équation afin d'obtenir le facteur gamma C/A :

$$\left(\frac{A}{C}\right)^2 + \left(\frac{B}{C}\right)^2 = 1$$

$$\left(\frac{A}{C}\right)^2 = 1 - \left(\frac{B}{C}\right)^2$$

$$\left(\frac{A}{C}\right) = \sqrt{1 - \left(\frac{B}{C}\right)^2}$$

« Du côté gauche de cette équation, expliqua Newton, se trouve maintenant l'inverse du facteur gamma, exprimé ici en fonction du rapport du côté B de l'angle droit et de l'hypoténuse C. Les distances B et C sont parcourues dans le même temps par le satellite aussi bien que par la lumière. Par conséquent, les deux distances doivent être proportionnelles aux vitesses, *v* caractérisant, comme nous l'avons déjà dit, la vitesse du satellite et *c* la vitesse de la lumière :

$$\frac{B}{C} = \frac{v}{c}$$

$$\frac{A}{C} = \frac{\Delta t}{\Delta t'} = \frac{1}{\gamma} = \sqrt{1 - \left(\frac{v}{c}\right)^2}$$

« De cette manière, j'obtiens le facteur gamma en fonction de la vitesse *v*, en l'occurrence du rapport *v*/*c* :

$$\gamma = \frac{\Delta t'}{\Delta t} = \frac{1}{\sqrt{1 - \left(\frac{v}{c}\right)^2}}$$

quod erat... »

Newton examina quelques instants l'équation qu'il venait d'établir et qui représente une des formules fondamentales de la théorie de la relativité. « Maintenant je comprends mieux, dit-il alors. Il ressort de toutes ces considérations que le rapport entre les différentes vitesses qui interviennent et celle de la lumière est visiblement essentiel. Monsieur Einstein, vous avez souligné à plusieurs reprises que la théorie de la relativité ne s'applique que si le rapport d'une vitesse donnée à celle de la lumière est relativement élevé. Mais il ne m'était pas venu à l'idée que le carré du rapport *v/c* était de la première importance. Ce rapport est évidemment infime pour toutes les vitesses auxquelles on est habituellement confronté, par exemple dans les techniques courantes. Et le carré de ce rapport l'est encore davantage. Ainsi est-il clair que les conséquences de la relativité sont pratiquement insignifiantes pour tous les phénomènes ordinaires, où les vitesses ne sont en rien comparables à celle de la lumière.

– Monsieur Newton, dis-je alors, Einstein et moi, nous avons souligné à plusieurs reprises déjà que vos lois de la mécanique n'étaient pas impropres à la théorie de la relativité. Pour de faibles vitesses, les écarts, comme vous le voyez clairement ici, sont extrêmement petits et par conséquent négligeables. Et même pour des vitesses considérables telles que 100 000 km/s par exemple, l'écart par rapport au facteur gamma est fort modeste. Dans ce cas précis, il est d'une valeur de 1,06, et l'écart par rapport à 1 est seulement de 6 %. »

Dans l'intervalle, Einstein avait sorti sa calculatrice de poche, calculé le facteur gamma pour quelques vitesses et il avait inscrit les différentes valeurs sur une feuille de papier. « Regardez, Newton. Sur ce petit tableau, j'ai noté le facteur gamma pour des valeurs intéressantes de la vitesse. »

Tableau d'Einstein

Objet	*v* (km/s)	*v/c*	Facteur gamma
Automobile	0,03	0,000 000 1	1
Avion	0,5	0,000 002	1
Balle de fusil	1	0,000 003	1
10 % de *c*	30 000	0,1	1,05
50 % de *c*	150 000	0,5	1,155
90 % de *c*	270 000	0,9	2,294
99 % de *c*	297 000	0,99	7,09
99,9 % de *c*	299 000	0,999	22,4

« Vous voyez que pour des vitesses ordinaires, dont nous pouvons encore imaginer la valeur avec notre modeste faculté de compréhension, le facteur gamma est pratiquement égal à un. Ce n'est que lorsque la vitesse se rapproche de celle de la lumière qu'il s'en écarte sensiblement. »

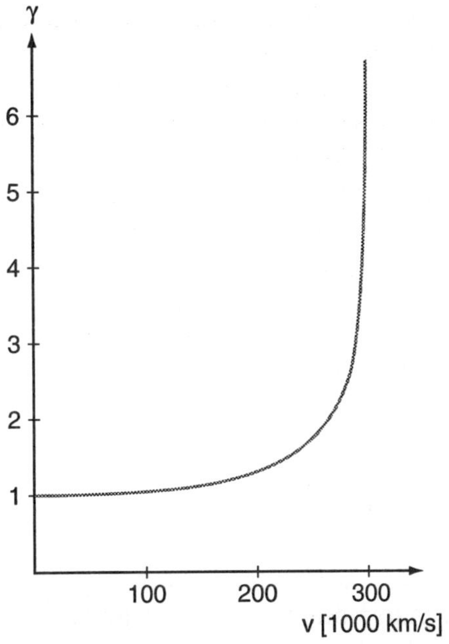

Fig. 15. Facteur gamma en fonction de la vitesse. Tant que cette dernière est inférieure à celle de la lumière, les effets de la dilatation du temps sont pratiquement négligeables. Ils ne deviennent sensibles que pour des vitesses supérieures à 100 000 km/s, et d'autant plus qu'on approche la vitesse de la lumière. Pourtant, on ne peut jamais atteindre cette dernière, le facteur gamma devenant infiniment grand.

Entre-temps, j'avais dessiné une courbe décrivant le facteur gamma en fonction de la vitesse. Je dessinai cette courbe de mémoire, comme je l'avais fait souvent pour mes étudiants et je la montrai à Newton qui l'observa avec attention. « Quand on considère l'expression mathématique du facteur gamma, observa-t-il en pesant chacun de ses mots, on comprend aussitôt que la valeur de ce facteur augmente au fur et à mesure qu'on approche pas à pas de la vitesse de la lumière. Pourtant, cette dernière ne peut pas être atteinte, en tout cas pas par un corps matériel, puisque, dans ce cas limite, le facteur gamma serait infiniment grand.

« Monsieur Einstein, dit-il après avoir fait les cent pas, jamais je n'aurais cru qu'on accorderait une importance aussi capitale à la vitesse de la lumière. En effet, ce n'est pas une constante ordinaire, mais une grandeur définissant la structure de l'espace et du temps ou, mieux, de l'espace-temps. Comparés à elle, même les concepts en apparence aussi fondamentaux que le temps ne sont rien. Qu'est-ce donc que le temps ? On croyait qu'il n'y avait rien de plus constant et de plus stable que le flux du temps. Mais on s'aperçoit que le temps peut se dilater à loisir comme un élastique. Toujours est-il que le temps s'écoule presque quatre fois moins vite à l'intérieur d'un engin spatial se déplaçant à la vitesse de 290 000 km/s.

« Nous n'avons pas encore assez parlé de l'espace. Mais après tout ce que j'ai entendu aujourd'hui, je ne serais pas surpris d'apprendre que c'est, à l'instar du temps, un phénomène instable, dépendant de l'observateur.

– En effet, s'écria Einstein, votre hypothèse sur l'espace paraît fondée. Mais nous en parlerons une autre fois. Car nous avons beau parler de la dilatation du temps, notre temps à nous a passé bien vite. Il est déjà 13 heures passées. Il est grand temps d'aller déjeuner. Je propose que nous levions la séance pour nous tourner vers un problème plus concret. Allons reprendre des forces. Nous l'avons bien mérité. »

Nous fûmes aussitôt d'accord et, comme à l'accoutumée, nous nous rendîmes à l'Aarbergerhof. Puis nous décidâmes de profiter de ce temps magnifique pour faire l'excursion projetée quelques jours plus tôt. J'invitai mes deux compagnons à faire une promenade en voiture au bord du lac de Thoune et de Brienz. Après un trajet agréable et une longue promenade sur les rives du lac de Brienz, nous rentrâmes à Berne dans la soirée, détendus et reposés.

J'avais discrètement observé Newton au cours de l'après-midi. Il était resté étonnamment silencieux. Il avait bien sûr admiré le paysage sous ce ciel splendide, mais il était clair qu'il était encore sous le choc de la discussion de la matinée. Toute sa perception du monde avait été ébranlée et menaçait de s'effondrer. Nous avions eu raison de faire une pause pendant laquelle il pût faire face à la nouvelle situation.

Je ne pouvais pas m'empêcher de penser à l'époque où moi-même, lycéen de seize ans, j'avais été confronté aux concepts fondamentaux de la théorie de la relativité. J'avais eu alors l'impression d'être un marcheur dans la montagne qui, le cœur joyeux, se met en route par temps clair et qui soudain se trouve environné de nuages et perd tous ses repères dans le brouillard. Seulement quelques heures plus tard, il parvient au bout de ses peines, retrouve son chemin, grimpe encore un peu et se trouve soudain au-dessus des nuages, pouvant ainsi admirer autour de lui un magnifique panorama. De nouveau, il se sent à l'aise dans le monde de la montagne et peut poursuivre son chemin.

Visiblement, Newton était en train de monter dans le brouillard. Mais j'étais persuadé que dans peu de temps il aurait laissé les nuages derrière lui et que devant lui s'ouvrirait le nouveau paysage de l'espace et du temps, tel qu'Einstein l'avait découvert en 1905.

CHAPITRE X

Les muons rapides vivent plus longtemps

Le lendemain matin, je me rendis immédiatement à la Kramgasse. Einstein s'y trouvait déjà, et, au bout de quelques minutes, le pas de Newton se fit entendre dans l'escalier en colimaçon. Contre toute attente, sir Isaac était d'excellente humeur.

NEWTON – Monsieur Einstein, vous avez devant vous un homme qui, certes, a mal dormi, mais qui peut affirmer avoir compris au moins quelques-unes des thèses fondamentales de votre théorie de la relativité. Entrons vite dans le vif du sujet, car je dois avouer qu'une foule de choses demeurent obscures pour moi.

Nous nous mîmes à l'aise autant que le permettait l'installation rudimentaire de l'appartement.

NEWTON – Pour moi, la séance d'hier fut la plus intéressante à laquelle il m'ait jamais été donné d'assister. Je trouve vraiment étonnant, monsieur Einstein, la manière dont vous avez conçu la théorie de la relativité, en partant du simple principe de l'universalité de la vitesse de la lumière, qui avait entretemps été prouvée par l'expérience. Et la dilatation du temps qui fut au cœur de notre entretien d'hier est sans nul doute l'un des points les plus importants, voire l'essentiel de votre système.

Nous savons bien que la physique est une science expérimentale. Il suffit d'une expérience ne pouvant confirmer une hypothèse pour que l'édifice le plus élaboré s'effondre aussitôt. C'est pourquoi je vous demande à tous les deux : quelles expériences prouvent aujourd'hui cette théorie ? Peut-on dire que la théorie de la relativité – qui n'est, somme toute, pas absolument en contradiction avec ma mécanique, mais en est pour ainsi dire le prolongement, au cas où l'on considère des objets ou des systèmes en mouvement – est réellement confirmée par l'expérience ? Je m'empresse d'ajouter, monsieur Einstein, que je le souhaite de tout cœur, car sincèrement je ne vois pas comment aborder autrement l'épineuse question de la vitesse constante de la lumière.

EINSTEIN (*avec sérénité*) – Ma première approche de la théorie de la relativité était certes purement spéculative. Mais il m'est apparu très vite qu'on pouvait aller plus loin et élaborer une nouvelle mécanique, la mécanique relativiste, grâce à laquelle on peut se faire une image parfaite de la dynamique des corps se déplaçant à très grande vitesse.

Je ne saurais dire où en sont les recherches actuelles. Certes, depuis que je suis à Berne, j'ai essayé de me mettre à jour, mais – je serai franc –, par manque de temps, je ne suis pas encore allé bien loin. Quoi qu'il en soit, je peux vous assurer qu'aucune expérience jusqu'à ce jour ne dément les hypothèses de la théorie de la relativité. Cher collègue, en tant que membre de l'académie Olympia, vous allez sûrement nous éclairer sur ce point.

HALLER – Monsieur Newton, jusqu'à présent nous n'avons évoqué que certains points de la théorie, intéressants il est vrai, comme celui de la dilatation du temps. Toutefois, nous n'avons pas abordé d'autres conséquences plus importantes encore, selon moi. Nous y viendrons plus tard. Auparavant, j'aimerais faire quelques remarques au sujet des expériences effectuées sur la dilatation du temps.

Comment pourrait-on mesurer la dilatation du temps ? En principe, il suffit d'observer le mouvement d'une horloge dans un véhicule se déplaçant à très grande vitesse, une fusée par exemple. Notre objectif est de parvenir à une vitesse suffisamment grande. Pour mesurer un effet significatif, la vitesse du véhicule devrait approcher celle de la lumière. Or, avec les moyens techniques dont nous disposons actuellement, il est impossible de porter un corps macroscopique à une telle vitesse.

EINSTEIN – La dilatation du temps agit toujours sur des horloges en mouvement, mais elle s'avère dérisoire quand on a affaire à des vitesses relativement petites. En revanche, si l'on possède des horloges d'une très grande précision, on pourrait la mesurer pour des vitesses infimes par rapport à celle de la lumière. Je pense ici à la vitesse atteinte aujourd'hui par les fusées. Qu'en est-il à ce sujet ?

HALLER – Mesurer la dilatation du temps pour des vitesses moyennes – disons d'environ 10 ou 100 km par seconde – dépend en effet de l'exactitude des horloges utilisées. Mais laissons ces questions de côté, pour l'instant. Je vous promets d'y revenir plus tard.

Voyons d'abord comment on mesure le temps quand on a affaire à des corps se déplaçant à une très grande vitesse, une vitesse à peine inférieure à celle de la lumière.

Dans un laboratoire ordinaire de physique, il est évidemment impossible de projeter des corps macroscopiques à une vitesse proche de celle de la lumière, mais on peut le faire avec des corps de très petite dimension, comme les protons ou les électrons. Au demeurant, il n'est pas nécessaire pour cela d'aller dans un laboratoire, car dans la nature aussi on trouve à profusion des particules se déplaçant à de telles vitesses.

NEWTON – Bien. Considérons une telle particule, votre électron par exemple. Comment allez-vous mesurer le temps dans le système de cet électron très rapide ? Car, enfin, vous ne pouvez pas munir l'électron d'une horloge.

HALLER – Ce n'est pas nécessaire. Nous contournons la difficulté en utilisant non pas un électron, mais une particule possédant une horloge intérieure. Prenons une particule dont nous savons qu'elle est désintégrée peu après sa génération, au cours d'un processus nucléaire quelconque, et ce au bout d'une seconde exactement.

EINSTEIN (*sceptique*) – De telles particules existent-elles dans notre univers ?

HALLER – Dans la nature, il y a beaucoup de particules instables se désintégrant peu après avoir vu le jour. Certes, la durée de vie d'une particule n'est jamais exactement d'une seconde, mais ce qui m'importe ici, c'est le principe. Plus tard, nous verrons qu'il existe des particules pouvant être utilisées de manière adéquate.

Prenons une particule en repos par rapport à nous. Nous pouvons prévoir ce qui va se produire : la particule est désintégrée une seconde exactement après avoir été créée, tandis que beaucoup d'autres particules voient le jour. Peu importent ici les détails du processus de désintégration.

Examinons maintenant une autre particule de la même catégorie se déplaçant par rapport à nous à une vitesse v, qu'on choisira petite d'abord, puis de plus en plus élevée. Tant que la vitesse est faible par rapport à celle de la lumière, nous observerons que la particule est détruite une seconde exactement après avoir vu le jour.

C'est facilement mesurable, car il suffit de suivre la trajectoire de la particule depuis le lieu de sa génération jusqu'à l'endroit où elle est détruite. La longueur de ce trajet est tout simplement la vitesse v multipliée par la durée de vie de la particule, à savoir une seconde. Si cette dernière atteint la vitesse d'un kilomètre par seconde, par exemple, elle parcourt alors un kilomètre avant de disparaître.

NEWTON – Pardonnez-moi de vous interrompre, monsieur Haller, mais je crois avoir saisi où vous voulez en venir. Si maintenant nous augmentons la vitesse de la particule – disons à 100 km/s ou davantage –, la dilatation du temps entre en lice, ou plus exactement le facteur gamma. Il apparaît alors que la particule ne vit pas seulement une seconde, mais plus longtemps, car, pour nous qui l'observons, sa durée de vie est d'une seconde multipliée par le facteur gamma.

HALLER – Exactement. La longueur de la trajectoire parcourue par la particule, depuis le lieu où elle est produite jusqu'à celui où elle est détruite, n'est pas déterminée seulement par la vitesse, mais par celle-ci multipliée par le facteur gamma. Prenons un exemple : supposons qu'une particule file à la vitesse très élevée de 99 % de la vitesse de la lumière, donc à 297 000 km/s. S'il n'y avait pas de dilatation du temps, alors la particule se déplacerait dans l'espace à 297 000 km/s puis serait détruite. Or le facteur gamma est déjà relativement élevé par rapport à la vitesse mentionnée, il est presque de 7. Cela signifie que notre particule parcourt dans l'espace une distance sept fois supérieure à 297 000 km, c'est-à-dire de plus de deux millions de kilomètres. Cette différence considérable saute aux yeux pour ainsi dire. Elle est donc facilement vérifiable par l'expérience.

EINSTEIN – C'est effectivement un test fort intéressant qui cependant ne peut pas être vérifié puisque, comme vous le disiez vous-même, cette particule n'existe pas dans la nature. Mais qu'en est-il en réalité ?

HALLER – Les choses sont un peu différentes, mais pas tellement. Aujourd'hui, il existe beaucoup de particules avec lesquelles on peut réaliser des expériences de ce genre. Je ne mentionnerai ici que la plus célèbre et la plus intéressante, pour laquelle on utilise les muons. Il s'agit de particules ayant une certaine parenté avec les électrons, ce sont en quelque sorte les partenaires lourds des électrons. Leur masse est environ deux cents fois supérieure à celle des électrons.

EINSTEIN – Ces particules sont vraiment peu ordinaires. Savez-vous pourquoi elles existent ?

HALLER – Nul ne le sait. On pourrait presque dire que les muons sont tout aussi inutiles que la mauvaise herbe dans un jardin, car ils sont instables et, par conséquent, ils ne jouent pas un rôle capital en ce qui concerne la structure de la matière stable de l'univers.

NEWTON – Sans doute Einstein a-t-il commandé ces muons au Maître de l'univers pour pouvoir justifier d'une manière irréfutable sa théorie de la relativité. Toujours est-il qu'ils ne sont pas totalement inutiles, s'ils nous permettent de mesurer la dilatation du temps.

EINSTEIN – Monsieur Newton, si j'avais pu commander

quelque chose au Maître de l'univers, j'aurais plutôt demandé, par souci de simplicité, cette particule d'une seconde dont parle monsieur Haller. Mais trêve de plaisanterie ! Racontez-nous, s'il vous plaît, comment les muons se désintègrent.

Je représentai la désintégration du muon sous forme de graphique.

HALLER – Les muons ont été découverts en 1937 lors d'une expérience consacrée à l'exploration du rayonnement cosmique.

NEWTON – Il faut que vous m'expliquiez ce qu'est le rayonnement cosmique.

HALLER – L'espace cosmique est constamment traversé par des particules très rapides. La plupart du temps, il s'agit de protons, qui sont les noyaux de l'atome d'hydrogène, mais il peut s'agir aussi de noyaux d'autres éléments, comme l'hélium ou des éléments plus lourds tels que le carbone ou le fer.

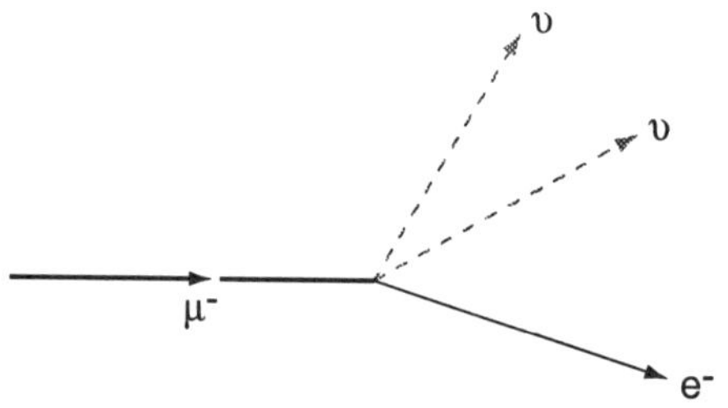

Fig. 16. Désintégration du muon. Un muon chargé négativement se désintègre en formant un électron et deux neutrinos. Ces derniers sont les partenaires électriquement neutres des électrons et des muons. De même que les photons, ils sont dépourvus de masse.

Ces particules se déplacent généralement à la vitesse de la lumière. Quand elles heurtent des noyaux d'atomes dans la couche supérieure de l'atmosphère, il se produit de véritables petites explosions, réactions de particules parfois fort compliquées sur lesquelles je ne vais pas m'attarder ici. Au demeurant, c'est au cours de telles réactions que les muons voient le jour. Ils sont projetés à la vitesse de la lumière depuis le lieu de la collision, et la plupart parviennent à la surface de la Terre. Nos corps sont continuellement bombardés par ces particules, et il arrive souvent qu'un noyau atomique de notre corps soit touché et détruit.

EINSTEIN (*après avoir étudié mon dessin*) – J'en conclus que trois particules survivent à la désintégration.

HALLER – Oui, un électron qui, pour ainsi dire, prend sur lui la charge électrique du muon et des deux autres particules électriquement neutres, qu'on appelle « neutrinos ». Par ailleurs, il est difficile d'observer ces muons, car ils n'ont pratiquement aucune interaction avec la matière composée d'atomes, dont sont également constitués tous les instruments de mesure. C'est pourquoi il a fallu attendre longtemps – le début des années 1960 – avant de pouvoir expliquer en détail la désintégration du muon. Mais, comme je l'ai déjà dit, ce n'est pas ce qui nous intéresse ici. L'essentiel, c'est qu'on puisse observer la désintégration du muon et ce en prouvant l'existence de l'électron émis.

Quant à la durée de vie d'un muon, il s'est avéré impossible de la déterminer avec une certitude absolue. On ne peut qu'indiquer la probabilité de survie pour un ou, mieux encore, pour une grande quantité de muons. Supposons que nous observions l'évolution de mille muons supposés au repos au moment même où ils sont produits. On constate qu'au bout d'un temps très court, 1,5 millionième de seconde – on dit aussi 1,5 microseconde –, presque la moitié des particules, soit cinq cents, sont détruites. Après un autre intervalle de 1,5 microseconde, de nouveau la moitié des particules restantes, soit deux cent cinquante, sont désintégrées. On appelle ce temps « la demi-durée de vie » de la désintégration du muon.

Quand on connaît avec exactitude la demi-durée de vie de la désintégration du muon, il est facile d'indiquer la probabilité de survie d'un muon en rapport avec le temps écoulé depuis sa création. Plus ce temps est long, plus la probabilité est petite.

Je pris une feuille de papier où j'écrivis approximativement ce rapport.

HALLER – Toujours est-il qu'on ne peut jamais dire avec une absolue certitude que tous les muons seront désintégrés au bout d'un certain temps. Une heure plus tard – ce qui, somme toute, est un temps assez long comparativement à la demi-durée de vie –, il est possible que subsiste une probabilité de survie, certes minime, d'un seul de ces muons, véritable Mathusalem.

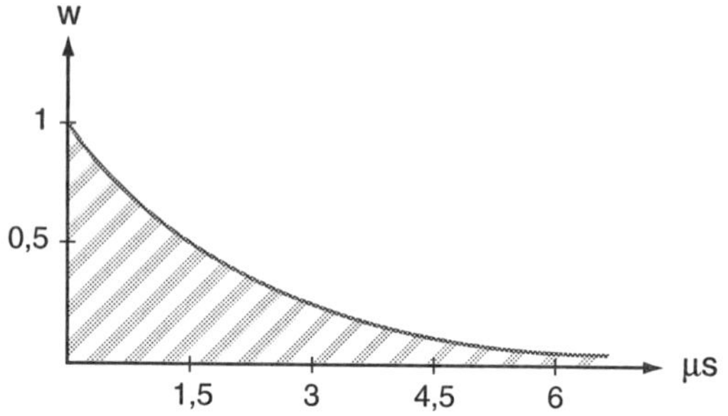

Fig. 17. Probabilité de désintégration d'un muon en fonction du temps. 1,5 microseconde après la production du muon, sa probabilité d'existence est réduite à 50 %. C'est pourquoi on nomme ce temps « demi-durée de vie » du muon. Au bout de 1,5 microseconde additionnelle, la probabilité de survie est de nouveau réduite de moitié, elle est donc de 25 %. Après 10 microsecondes, la probabilité de survie devient très faible, de l'ordre de 1 % seulement.

EINSTEIN (*impatient*) – C'est bon, c'est bon, monsieur Haller, Newton et moi, nous savons déjà ce qu'implique cette probabilité dont vous faites mention. Cependant, je ne vois pas en quoi elle est nécessaire. Pourquoi les muons n'ont ils pas tous la même durée de vie ? C'est un réel problème. Pourquoi les muons se mettent-ils soudain à jouer aux dés au moment de leur disparition ? Pourquoi ne se désintègrent-ils pas tout simplement après avoir vécu leur temps, disons 1,5 microseconde, et puis terminé, comme nous venons de le voir pour ces particules hypothétiques d'une seconde ?

NEWTON (*que les derniers mots d'Einstein avaient fait sourire*)

– Certes, monsieur Einstein, jusqu'à ces derniers jours, je ne comprenais rien à la théorie de la relativité, mais, pendant mon séjour à Cambridge, je me suis un peu penché sur la physique atomique. Et j'ai cru comprendre que, dans tous les phénomènes nucléaires, on ne pouvait qu'émettre des probabilités. C'est un principe fondamental de la théorie atomique ou plutôt, si vous voulez, de la théorie quantique, découverte dans les années 20 de ce siècle, et vraisemblablement tout aussi fondamentale et irrévocable que votre principe de la vitesse universelle de la lumière. Dans un des ouvrages, j'ai pu lire aussi qu'à l'époque vous aviez entretenu une polémique au sujet de la théorie des quanta et que vous l'aviez rejetée en affirmant que Dieu ne jouait pas aux dés. N'était-ce pas le même Einstein qui en 1905 contribua largement à élaborer la théorie quantique en introduisant les photons en physique ?

EINSTEIN – Ce que vous dites l'un et l'autre au sujet de la probabilité, je ne peux pas l'accepter. Monsieur Newton, puisque vous citez cette phrase sur Dieu que je suis censé avoir dite et que je ne renie pas, alors je vais vous dire ici ma pensée. Le muon a beau se désintégrer quand il veut et comme il l'entend, jamais il ne joue aux dés. Les lois de la nature sont claires et nettes, elles ne supportent pas le flou. Il se peut que dans l'état actuel de nos connaissances nous puissions seulement faire des hypothèses sur la probabilité de la désintégration des muons, mais cela ne saurait être que provisoire. Un beau jour, nous serons en mesure de donner des informations plus précises sur la désintégration de chacune de ces particules.

Après ces dernières remarques d'Einstein, je commençais à me sentir mal à l'aise. La conversation ne pouvait pas continuer, sinon nous risquions de nous engager dans un conflit violent sur les fondements de la théorie quantique. En effet, pendant des décennies, Einstein avait engagé une polémique à propos de l'interprétation, aujourd'hui généralement acceptée, de la théorie quantique. Sa querelle à ce sujet avec l'un des fondateurs de la théorie atomique, Niels Bohr, est entrée dans les annales de la physique.

« Messieurs, dis-je alors, je n'ai mentionné la désintégration des muons que pour vous donner un exemple de la dilatation du temps. Nous n'allons pas nous lancer dans une controverse sur la théorie quantique. Je propose que nous laissions de côté la physique nucléaire et la théorie quantique, et que nous revenions à notre point de départ. Les muons nous intéressent seulement à cause de leur demi-durée de vie. Que cette probabilité de désintégration reflète une propriété profonde des phénomènes quantiques ou seulement notre ignorance sur les détails des phénomènes qui se déroulent à l'intérieur des muons, la question reste entière.

– C'est d'accord, répliqua Newton [et Einstein aussi, bien qu'un peu résigné, fit un signe approbatif de la tête]. Mais j'espère que nous reviendrons une autre fois sur le problème des probabilités dans la théorie quantique. Pour dire la vérité, ça m'intéresse beaucoup plus que les questions d'espace et de temps dans la théorie de la relativité.

– Revenons aux muons, continuai-je. Si l'on observe la désintégration de plusieurs muons, il est facile de déterminer la demi-durée de vie, ce bref intervalle déjà mentionné de 1,5 microseconde exactement. Ainsi le muon est-il une particule qui peut servir d'horloge. Il permet en tout cas de mesurer des périodes très courtes de 1,5 microseconde, ce qui, pour un physicien des particules élémentaires, est d'ailleurs un temps plutôt long. En effet, dans cet intervalle, la lumière parcourt une distance d'environ un demi-kilomètre. Mais, aujourd'hui, on peut mesurer des temps infiniment inférieurs à la demi-durée de vie du muon.

– Attendez, m'interrompit Newton. Vous disiez à l'instant qu'ici, sur Terre, on pouvait détecter les nombreux muons se formant à l'arrivée du rayonnement cosmique sur notre globe, et plus précisément dans les plus hautes couches de l'atmosphère. Vous disiez aussi que ces muons se déplaçaient à une vitesse presque égale à celle de la lumière. On pourrait donc s'attendre à ce qu'ils parcourent environ un demi-kilomètre après leur création. Peut-être certains d'entre eux parcourent-ils deux ou trois kilomètres avant de se désintégrer. Mais, en moyenne, le trajet de désintégration ne devrait pas dépasser un kilomètre. Pourtant, l'atmosphère de la Terre est bien supérieure à un kilomètre, elle est – disons – de trente kilomètres. Comment les muons parviennent-ils à la surface de la Terre ? On pourrait penser que presque tous les muons se désintègrent bien avant, entre les hautes couches de l'atmosphère et la Terre. »

Newton se leva d'un bond, arpenta la pièce, puis tapa sur l'épaule d'Einstein. « Monsieur Einstein, dit-il alors, je crois que vous avez gagné. Les muons, ici sur Terre... en sont la preuve. Évidemment, les muons atteignent la Terre sans problème. Du fait de la dilatation du temps, ils vont beaucoup plus loin qu'on pourrait le penser naïvement, au même titre que ces particules hypothétiques dont vient de nous parler monsieur Haller.

– Qu'en est-il de la vérification quantitative de la dilatation du temps ? La seule observation de quelques muons ici sur Terre ne nous permet pas de dire que la théorie de la relativité est juste, même si, comme je dois l'admettre, les choses se présentent plutôt bien pour moi, ou plutôt pour la théorie de la relativité, dit Einstein.

– La conclusion de Newton n'en est pas moins justifiée, répondis-je. Sans la dilatation du temps, la conjoncture serait difficile pour les muons. Ils n'auraient pratiquement aucune chance de se frayer un chemin jusqu'à la Terre. On sait que la plupart des muons voient le jour à environ 15 km au-dessus de la surface de la mer. Sans la dilatation du temps, la moitié des muons auraient déjà disparu au bout d'un demi-kilomètre. Une infime partie des muons, environ un milliardième, arriveraient sur Terre. Il serait donc très peu probable de trouver un muon à proximité de notre planète. Et pourtant, on en détecte un très grand nombre. La seule explication à ce phénomène est l'hypothèse selon laquelle les muons très rapides, observés par un expérimentateur sur Terre, vieillissent en apparence moins vite que les muons au repos ou ceux dont la vitesse est faible. La dilatation du temps est la seule explication universellement acceptée de ce phénomène.

– Tout cela est bien joli, dit Einstein qui n'était pas encore satisfait. Pourtant, dans la théorie de la relativité, on ne prévoit pas seulement de façon générale une extension du temps au sein des systèmes en mouvement. On peut aussi en calculer l'effet en fonction de la vitesse, à savoir le facteur gamma. Pourrait-on imaginer un test quantitatif, en observant par exemple les muons au moment de leur désintégration ? Je crains cependant que les muons produits par le rayonnement cosmique ne soient pas ceux qui conviennent ici.

– Je suis bien d'accord avec vous, répondis-je. Mais, heureusement, nous disposons d'autres muons. Dans de nombreux laboratoires de physique nucléaire ou de physique des particules, on peut aujourd'hui fabriquer des faisceaux très intenses de muons. Seulement, on ne produit pas ces rayons pour tester la théorie de la relativité. En effet, aucun physicien sérieux ne doute aujourd'hui de la validité de la théorie. On utilise les muons dans des buts tout à fait différents, par exemple pour observer la structure des noyaux atomiques.

« En 1976, on a réalisé au CERN une expérience pour vérifier par le menu les hypothèses de la théorie de la relativité. Les muons, produits grâce à la collision des particules, furent projetés à l'intérieur d'un anneau de vide aussitôt après leur création. Les muons se déplaçaient relativement vite, à savoir à 99,94 % de la vitesse de la lumière.

« L'avantage de ces muons, par rapport aux muons cosmiques, résidait dans le fait qu'on connaissait exactement l'endroit où ils étaient produits ainsi que leur vitesse. Les conditions étaient ainsi réunies pour soumettre la dilatation du temps et la théorie de la relativité à un test quantitatif précis. Un champ magnétique veillait à ce que les muons se déplacent toujours à la même vitesse à l'intérieur de cet anneau. Ils sont donc en quelque sorte stockés dans cet anneau, d'où le nom “ anneau de stockage ” d'un tel dispositif.

– Mais alors, me demanda Newton, comment pourra-t-on savoir, au cours de cette expérience, à quel moment le muon se désintègre à l'intérieur de l'anneau ?

– C'est facile. Tout autour de l'anneau, on place des

compteurs de particules, susceptibles d'enregistrer les électrons nécessairement générés pendant la désintégration des muons. Tous ces électrons sont projetés vers le côté. Ils s'échappent ainsi de l'anneau et traversent immanquablement l'un des compteurs.

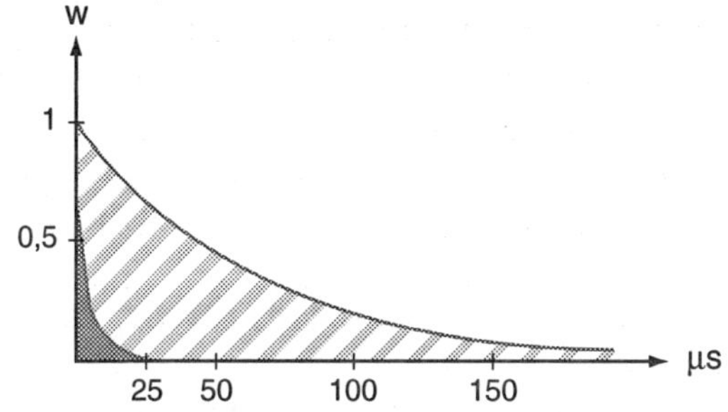

Fig. 18. Distribution des probabilités de désintégration des particules mesurée au CERN (surface pointillée). Elle correspond à une demi-vie de 44 microsecondes. En comparaison est indiquée la distribution des muons au repos (partie pleine). On aurait pu les observer s'il n'y avait pas de dilatation de temps. Les expériences du CERN ont donné un facteur γ de l'ordre de 29, en parfait accord avec la théorie de la relativité.

– C'est une manière intéressante de mesurer le temps, concéda Einstein. Il nous suffit d'enregistrer les électrons par rapport au temps, et on trouve automatiquement combien de muons se désintègrent par unité de temps. Avec un nombre suffisant de muons, on pourrait aussi mesurer très précisément la dilatation du temps. Haller, vous nous mettez au supplice. Qu'a-t-on découvert au CERN ?

– J'ai déjà anticipé le résultat lorsque j'ai dit qu'il n'y avait aucune raison d'avoir des doutes sur la théorie de la relativité. Mais je voudrais arriver aux faits. On a pu constater au CERN que la demi-durée de vie des muons était de 44 microsecondes. On a donc trouvé un temps presque trente fois aussi long que la demi-durée de vie d'un muon au repos.

– Attendez, interrompit Newton. Ce facteur d'environ trente serait donc le facteur gamma... Vérifions si cela est juste. Vous disiez que la vitesse des muons dans l'anneau était

0,999 4 fois celle de la lumière ? On aura donc un facteur gamma de

$$\gamma = \frac{1}{\sqrt{1-\left(\frac{v}{c}\right)^2}} = \frac{1}{\sqrt{1-0{,}9994^2}} = 28{,}9$$

Gentlemen, qu'en dites-vous ? »

Newton n'avait eu besoin que de très peu de temps pour calculer ce résultat.

« Les résultats obtenus sont tout à fait en accord avec les prédictions de la théorie de la relativité, dis-je, avec une précision d'environ 0,2 %. »

Newton observait Einstein, qui, rêveur, regardait par la fenêtre.

« Que feriez-vous, monsieur Einstein, si on avait observé une déviation des prédictions de la théorie de la relativité ?

– Je préfère ne pas répondre à votre question, monsieur Newton. Vous disiez vous-même que vous non plus n'aviez pas trouvé d'autre solution au problème de la vitesse constante et universelle de la lumière. La théorie de la relativité doit par conséquent être juste. Cela m'aurait fait bien de la peine pour le bon Dieu s'il n'avait pas trouvé cette solution. »

Venant de la bouche d'Einstein, cette remarque quelque peu présomptueuse était si drôle qu'elle fit éclater d'un rire sonore les trois membres de l'académie Olympia. Le passant attentif aura sûrement remarqué dans la Kramgasse trois personnages gesticulant joyeusement sortir du numéro 49 et se diriger vers un restaurant près de la place aux Ours un peu avant midi.

CHAPITRE XI

Le paradoxe des jumeaux

Tôt dans l'après-midi, vers 14 heures, nous reprîmes le chemin de l'appartement d'Einstein. Pendant la pause de midi, j'avais délibérément détourné la conversation de la théorie de la relativité. Nous avons évoqué les différentes manières de mettre en évidence les particules. Ainsi, pendant le repas et la promenade qui suivit sur les bords de l'Aar, avons-nous parlé des compteurs Geiger, des chambres à brouillard, des chambres à bulles, des chambres à plasma et autres instruments de ce type, avec lesquels on visualise les traces laissées par les particules élémentaires en mouvement, autant de détails techniques de moindre intérêt pour les profanes.

Dès notre arrivée dans l'appartement, Newton relança la conversation sur la dilatation du temps : « Puisque nous savons, dit-il alors, qu'il y a dilatation du temps dans tout système en mouvement, nous devrions pouvoir mesurer cette dilatation dans un avion ou dans une automobile par exemple, au moyen d'horloges d'une grande précision. Qu'en est-il dans ce domaine ?

– Faisons une expérience mentale, répondit Einstein. Prenons une montre très précise. À une vitesse plus ou moins constante de 120 km/h, nous faisons le trajet aller-retour Berne-Zurich, ce qui nous prendra environ deux heures. »

Einstein sortit son crayon et fit une petite opération. Très vite, il inscrivit le résultat sur le papier.

« Dans notre cas précis, le rapport *v/c* est infime, de l'ordre de 10^{-7}. Ainsi, le facteur gamma s'écarte très peu de 1, à savoir de 6×10^{-15}. Comme nous roulons deux heures en auto, donc 7 200 secondes, l'effet de la dilatation du temps entraîne une extension du temps de 6×10^{-15}, multiplié par 7 200 secondes, donc inférieure à 10^{-10} seconde. Quand de retour à Berne nous comparons notre montre à une autre restée au repos à Bâle, nous constaterons une différence de temps d'environ 6×10^{-11} secondes.

– Malheureusement, continuai-je, je vais maintenant vous décevoir. Les horloges dont nous disposons aujourd'hui ne nous permettent pas de mesurer une différence de temps si petite. Comme je l'ai déjà mentionné, on atteint aujourd'hui avec les meilleures horloges atomiques une précision de 1 sur 10^{14}, c'est-à-dire un peu inférieure à la précision requise ici d'environ 1 sur 10^{15}, que mentionnait Einstein.

« Pour observer le phénomène, il faudrait augmenter la vitesse de l'automobile d'un facteur 10 et aller à Zurich à une vitesse de 1 200 km/h. Sans parler de l'amende colossale que devrait payer le conducteur à la police, étant donné qu'en Suisse la vitesse est limitée à 120 km/h, nous n'avons pas de voiture capable de rouler à cette allure.

– Mais qu'en est-il pour les avions qui eux, n'est-ce pas, volent aisément à plus de 100 km/h ?

– On a utilisé en effet des avions à réaction pour des expériences de ce genre. Supposons que nous volions dans un jet à la vitesse de 1 000 km/h et que nous fassions une fois le tour de la Terre, le vol durera par conséquent trente-six heures. La distance parcourue est de 1 000 km. L'écart par rapport à 1 du facteur gamma sera toujours de $0{,}5 \times 10^{-12}$. L'effet de la dilatation du temps, pour tout le temps de vol, est représenté par cette valeur multipliée par $36 \times 3\,600$ secondes, donc de 10^{-7} secondes, une différence de temps facilement mesurable.

« Au début des années 1970, des scientifiques de l'US Naval Observatory à Washington ont réalisé une expérience simple, au cours de laquelle un physicien a fait une fois le tour de la Terre dans un avion de ligne avec plusieurs montres posées sur le siège à côté de lui. À la fin de son périple, il compara ces montres à d'autres restées à Washington. Le résultat corroborait parfaitement l'hypothèse d'Einstein. De plus, cet essai s'avéra intéressant du point de vue financier ; il est beaucoup moins onéreux que l'expérience sur les muons effectuée au CERN. Il a fallu payer seulement deux billets : la place du physicien et celle des montres.

– Formidable ! monsieur Einstein, dit Newton qui avait écouté avec attention. Ces preuves suffisent. Pour ma part, je suis convaincu qu'il n'y a pas de temps absolu, indépendamment de l'observateur. Quoi qu'il en soit, quel phénomène inouï, le temps ! Les horloges avancent moins vite quand on les déplace... »

Secouant la tête, Newton se leva et se dirigea vers un angle de la pièce où se trouvait une vieille pendule dont les aiguilles étaient arrêtées depuis longtemps. Il contempla un instant le cadran et souleva le poids. On entendit alors le tic-tac de la pendule dans le silence de la pièce.

NEWTON – Néanmoins, nous ne savons toujours pas ce qu'est réellement le temps. Si j'emporte la pendule hors de cette pièce, ainsi que tous les instruments de mesure, y compris tous les atomes qui sont autant de petites montres, y aura-t-il encore un temps, un flux du temps ? Et, dans l'affirmative, qu'est-ce donc qui s'écoule ? Y a-t-il un temps sans matière ? Qui pourra donner une réponse à cette question ?

Perdu dans ses pensées, Newton se dirigea vers la fenêtre. Je proposai de faire une pause et de préparer un thé. Newton et moi restions silencieux tandis qu'Einstein, dont c'était le tour, se hâta d'aller mettre de l'eau à chauffer.

NEWTON – Hier soir, pendant ma petite promenade avant d'aller dormir, j'ai pensé soudain, en contemplant la voûte céleste, qu'on pourrait utiliser l'effet de dilatation du temps pour nous propulser vers les étoiles au moyen de fusées rapides, afin d'explorer notre galaxie, et peut-être d'atteindre d'autres galaxies.

À Cambridge, j'ai lu récemment que la lumière mettait trente mille années pour aller de la Terre aux étoiles se trouvant au centre de notre galaxie. Dans une première réflexion simpliste, il semblerait exclu qu'un être humain, dont la vie dépasse rarement cent ans, puisse entreprendre un tel voyage. Il en va évidemment tout autrement pour un muon. La dilatation du temps peut ou plutôt pourrait procurer la solution, si l'on parvenait à construire des vaisseaux spatiaux avec lesquels on ne pourrait certes pas atteindre la vitesse de la lumière, mais du moins l'approcher. Quelles possibilités incroyables aurions-nous alors ! L'Homme, créature de cette Terre, pourrait explorer les vastes espaces de l'univers, et peut-être même d'autres galaxies. Qu'en pensez-vous ? Y a-t-il quelque chance ?

HALLER – En principe vous avez raison, monsieur Newton, mais malheureusement en principe seulement. Il faut vous dire que l'effet considérable de la dilatation du temps n'a pu être atteint pour les muons – car nous avons obtenu un facteur gamma, soit un facteur de dilatation du temps, de 30 – seulement parce que les muons voyagent dans l'espace à plus de 99 % de la vitesse de la lumière. Au niveau actuel de la technique, il est impossible d'accélérer un objet macroscopique, que ce soit une balle de fusil ou une fusée, à une vitesse ne faisant qu'approcher la vitesse de la lumière. Mais laissons de côté ce problème technique.

Pour qu'un homme parvienne en une période de, disons, trente ans de la Terre au centre de la galaxie, il faudrait que le facteur gamma corresponde au rapport 30 000/30, soit 1 000. Sans ce facteur gamma, sans dilatation du temps, la chose serait sans espoir, car alors l'astronaute parcourrait, pendant les trente années de son voyage à une vitesse presque égale à celle de la lumière, une distance légèrement inférieure à celle de la lumière en trente ans, à savoir une distance à peine supérieure à celle qui sépare la Terre des étoiles fixes se trouvant à proximité de notre Soleil.

EINSTEIN (*rapportant le plateau avec le thé de la pièce voisine, d'où visiblement il avait suivi notre conversation*) – Vous n'avez pas changé, sir Isaac, toujours les yeux dans les étoiles ! Moi, je suis très à l'aise sur notre bonne vieille petite planète. Toujours est-il qu'elle accompagne le Soleil, dans sa course à travers l'espace, à une vitesse considérable. Qu'y a-t-il de mieux que notre vaisseau spatial Terre, avec ses lacs, ses forêts émeraude, ses jolies villes comme Berne ?... Allez, Newton, calculons quand même à quelle vitesse, par rapport à celle de la lumière, vous voyagerez pendant trente ans jusqu'au centre de la galaxie !

J'avais rapidement effectué mon petit calcul. Puisque le facteur gamma est donné par

$$\gamma = \frac{1}{\sqrt{1-\left(\frac{v}{c}\right)^2}},$$

on peut facilement calculer le rapport de la vitesse à celle de la lumière, en procédant à une légère modification :

$$\frac{v}{c} = \sqrt{1-\frac{1}{\gamma^2}}$$

et pour le cas où $\gamma = 1\,000$, on obtient alors

$$\frac{v}{c} = \sqrt{1-(10^{-6})} = 0{,}999\,999\,5$$

HALLER – Vous voyez, monsieur Newton, l'astronaute doit se déplacer à une vitesse presque égale à celle de la lumière. Nous verrons bientôt qu'on ne peut accélérer un vaisseau spatial à une telle vitesse qu'en déployant une immense énergie. Quoi qu'il en soit, cela n'est pas possible dans l'état actuel de la technique, et ne le sera pas de sitôt.

NEWTON – C'est bien, monsieur Haller, je vois que ce voyage au centre de notre galaxie, ou seulement en direction des étoiles fixes voisines, appartient pour l'instant au monde de l'imaginaire. Néanmoins, si nous ne pouvons pas y aller nous-mêmes, personne ne nous empêche de nous y rendre par la pensée et de faire, comme aime à dire monsieur Einstein, une expérience de pensée.

Ainsi, j'ai imaginé hier soir un voyage à bord d'un vaisseau rapide jusqu'à une étoile quelconque, de telle sorte qu'au retour on constaterait que le temps s'est écoulé plus vite sur Terre que dans le vaisseau.

EINSTEIN – Je n'y vois pas d'inconvénient. Supposons qu'un astronaute s'éloigne de la Terre à une vitesse d'environ 260 000 km/s, correspondant à un facteur gamma presque égal à 2. Supposons que cet astronaute laisse sur Terre son frère jumeau, âgé d'environ trente ans, et voyage pendant dix ans. Au bout de ce temps, il freine son vaisseau le plus vite possible, fait demi-tour et rejoint la Terre en ligne droite. Il y arrive dix ans plus tard, âgé de cinquante ans... pour constater que son jumeau a vieilli de quarante ans, qu'il vient de fêter son soixante-dixième anniversaire et qu'il est à la retraite depuis quelques années.

NEWTON – Ce que vous nous décrivez là, monsieur Einstein, est une application fascinante de la théorie de la relativité. Je dois avouer que je n'ai pas encore réfléchi aux aspects biologiques et au vieillissement de l'être humain en fonction de la dilatation du temps. Mais il est clair que, si des horloges en mouvement avancent plus lentement, si le temps se dilate avec le mouvement, alors ces phénomènes doivent également être ralentis.

HALLER – Attention, sir Isaac ! À vous entendre, on serait enclin à penser que la dilatation du temps est une fontaine de jouvence nous permettant de faire un pied de nez au vieillissement. Il en va tout autrement, bien sûr, la dilatation n'étant qu'un effet apparent perçu par l'observateur resté sur Terre. Dans le vaisseau spatial, plus exactement dans le système en mouvement, tous les phénomènes, y compris les processus chimiques et biologiques inscrits dans le corps de l'astronaute, se produisent à leur vitesse normale, comme ici sur Terre. Pour un observateur ici-bas, ces phénomènes sembleraient ralentis, s'il avait l'occasion de les observer depuis une très grande distance qui se modifie d'ailleurs constamment. Par exemple, le cœur de l'astronaute bat – disons – à soixante pulsations par minute. Si le frère jumeau sur Terre pouvait enregistrer le battement du cœur de son frère à bord du vaisseau, au moyen par exemple de signaux radio appropriés, il s'apercevrait qu'il ne bat qu'à trente pulsations par minute. De même, son flux cérébral et donc ses facultés intellectuelles lui sembleraient ralentis en proportion.

Au moyen de la dilatation, on ne peut gagner un temps supplémentaire au sens d'un temps vécu. Quand l'astronaute revient sur Terre et qu'il constate qu'il a vingt ans de moins que son frère jumeau, il n'a vécu, depuis le début de son voyage, que la moitié de ce que son frère a vécu, pensé, mangé, bu et dormi.

EINSTEIN – Peut-être moins encore, car il doit être horrible d'être enfermé pendant vingt ans dans un petit vaisseau spatial. Je préfère de loin notre séjour bien plus intéressant sur Terre. Moi, c'est plutôt mon frère jumeau que j'expédierais là-haut si j'en avais un.

NEWTON – Bien sûr, la dilatation du temps ne peut pas être érigée en fontaine de jouvence. Mais autre chose me préoccupe. Revenons à nos deux jumeaux. L'un demeure sur Terre, tandis que l'autre s'en éloigne à une vitesse constante, puis après avoir fait demi-tour regagne la Terre à la même vitesse. Les deux jumeaux se trouvent donc dans un système inertiel.

Vous venez de dire, monsieur Haller, que le jumeau resté sur Terre constaterait aussitôt la dilatation du temps chez son frère voyageant dans l'univers s'il pouvait examiner les fonctions vitales de ce dernier. Mais, entre les deux jumeaux, il n'y a pas de différence fondamentale. Si le voyageur de l'espace regardait son frère sur Terre, il observerait chez ce dernier une dilatation aussi grande, car par rapport à lui son frère tourne avec la Terre dans l'univers. On pourrait s'attendre qu'à l'arrivée de l'astronaute ce ne soit pas le jumeau resté ici-bas, mais celui qui a voyagé, qui est le plus vieux. Tout cela me paraît un peu suspect, un vrai paradoxe des jumeaux.

EINSTEIN (*finissant tranquillement sa tasse de thé*) – Votre objection ne me surprend pas. En un sens, vous avez entièrement raison. Si les deux jumeaux se dirigent uniformément l'un vers l'autre, s'ils se trouvent tous deux dans un système d'inertie, il n'y a pas de raison de privilégier l'un plutôt que l'autre. Chacun des deux jumeaux constate alors la dilatation du temps chez le frère voyageur... Mais tout ne se déroule pas de manière aussi égalitaire. Il y a une grande différence entre le jumeau sur Terre et celui qui parcourt l'espace : ce dernier s'éloigne après le démarrage de son engin et revient au bout d'un certain temps. Il ne peut donc pas continuellement parcourir l'espace de façon rectiligne uniforme. À un certain moment, il doit freiner son vaisseau, puis l'accélérer de nouveau proportionnellement dans le sens inverse. Pendant qu'il fait demi-tour, il ne se trouve pas dans un système d'inertie. Nos remarques concernant la dilatation du temps, essentiellement le calcul du facteur gamma, ne sont pas valables pour l'astronaute, mais seulement pour le frère demeurant au repos sur Terre.

Il ne s'agit absolument pas d'une situation symétrique. Le voyageur de l'espace est désavantagé car il doit effectuer diverses manœuvres pour freiner ou accélérer, ce qui s'avère inutile pour l'habitant terrestre. C'est donc ce dernier qui aura vingt ans de plus après le voyage du frère.

NEWTON – Je veux bien admettre la différence que vous venez de décrire entre les deux jumeaux, mais clarifions les choses en représentant les voyages des deux jumeaux dans l'espace et le temps au moyen des lignes d'univers adéquates.

Il prit du papier et un crayon, traça un diagramme espace-temps et dessina les trajectoires des deux jumeaux.

NEWTON – La différence entre les deux jumeaux saute aux yeux quand on observe vos lignes d'univers. Celle du jumeau en état de repos est une droite, tandis que celle du voyageur est une courbe, plus ou moins complexe selon les accélérations, qui croise la trajectoire du jumeau resté sur Terre.

EINSTEIN – À juste titre, vous avez représenté le retour du voyageur au moyen d'une ligne incurvée et non pas de façon brusque. Il ne faut pas oublier en tout cas que le voyageur ne peut pas démarrer à une grande vitesse. Il n'atteindra sa vitesse de croisière qu'au bout d'un certain temps, après avoir accéléré en conséquence. Mais, pour l'instant, laissons de côté de telles subtilités.

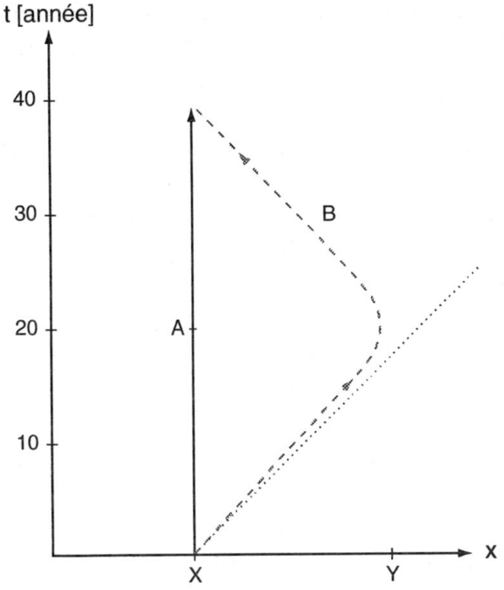

Fig. 19. Diagramme espace-temps illustrant le paradoxe des jumeaux. La ligne d'univers du jumeau au repos en X se déploie parallèlement à l'axe des temps, tandis que son frère voyage du point X à un point éloigné Y. La ligne en pointillé représente la ligne d'univers d'un signal lumineux émis depuis X au moment du départ. La ligne d'univers du jumeau en mouvement est quasiment parallèle au cône lumineux, puisqu'il se déplace à une vitesse proche de celle de la lumière (dans notre exemple, à 260 000 km/s).

NEWTON – Dans le fond, peu importe si, pendant une grande partie de son voyage, l'un des jumeaux se déplace à une vitesse constante ou pas, car la dilatation du temps est toujours perceptible, donc au cours d'une accélération ou d'un ralentissement aussi bien. L'utilisation éventuelle de la dilatation du temps pour explorer l'univers dépend essentiellement de l'importance de l'accélération, car un engin complexe, comme un vaisseau spatial par exemple, ne sortirait sûrement pas indemne si cette accélération était trop grande.

Imaginons autre chose encore. Supposons que le vaisseau du jumeau s'éloigne de Terre avec une accélération constante, égale à celle d'une pierre en chute libre sur Terre. Pendant la première seconde, sa vitesse augmente de 0 à environ 9,8 m par seconde. Au cours de la deuxième seconde, la vitesse augmente encore autant, etc. Si nous poursuivons assez longtemps cette accélération, nous obtenons des vitesses assez élevées pour percevoir l'effet de la dilatation du temps.

HALLER – Vous avez raison, les effets de la dilatation du temps sont très vite perceptibles. C'est ainsi que, dans mon cours, récemment, j'ai donné un exemple identique en exercice. Supposons que le jumeau se mette en route lorsqu'il est encore jeune, en direction de la galaxie d'Andromède qui se trouve à environ deux millions d'années-lumière de la Terre. Après avoir parcouru la moitié du chemin jusqu'à cette galaxie, il interrompt l'accélération du vaisseau. On peut calculer qu'à ce moment-là, quinze années se sont écoulées à l'intérieur du vaisseau.

Maintenant, il diminue sa vitesse dans les mêmes proportions qu'il l'avait augmentée, si bien que quinze ans plus tard il atteint la galaxie d'Andromède à la vitesse zéro.

À son arrivée, il accélère de nouveau le vaisseau et reprend la direction de la Terre sur laquelle il arrivera trente ans plus tard. Il devra constater à son retour que personne sur Terre ne se souvient de son frère. Dans l'intervalle, quatre millions d'années se sont écoulées sur notre planète.

EINSTEIN – Au demeurant, l'accélération régulière du vaisseau ou son ralentissement aura été fort utile à l'astronaute, puisqu'il n'a pas été soumis aux inconvénients de l'apesanteur. L'accélération ayant été aussi grande que celle d'un corps en chute libre sur Terre, l'astronaute aura pu se sentir exactement comme sur Terre, car l'accélération remplace à beaucoup d'égards, et peut-être même à tous les égards, le champ de gravité que nous connaissons sur Terre.

NEWTON – L'exemple de monsieur Haller nous montre bien que les effets de la dilatation du temps sont importants quand des accélérations relativement moindres, comme celle observée sur Terre par exemple, agissent sur des périodes plus longues. Construire une fusée supportant pendant plusieurs années une telle accélération est en tout cas impossible avec les moyens dont nous disposons aujourd'hui. Qu'en dites-vous ?

HALLER – C'est justement là le problème. On ignore encore si cela sera possible un jour. Il faudra de toute façon plusieurs siècles avant d'être en mesure de vérifier directement si les deux jumeaux vieillissent différemment en raison de la dilatation du temps.

Einstein s'éclaircit la gorge et dit : « Messieurs, il est déjà 6 heures passées à ma montre. Puisque nous voici tous trois dans un état de repos relatif les uns par rapport aux autres, je suppose que nous pouvons oublier dans notre cas la dilatation du temps et que vos montres indiquent la même heure. Levons la séance pour aujourd'hui. Allons dîner. Qu'en pensez-vous ? »

Sa proposition fut acceptée à l'unanimité. Nous prîmes la direction de la vieille ville en passant par des rues encore fort animées et nous nous installâmes à l'Aarbergerhof comme nous en avions pris l'habitude.

CHAPITRE XII

La contraction de l'espace

Le lendemain matin, les membres de notre petite académie bernoise siégèrent de nouveau dans l'appartement d'Einstein. À mon arrivée, Newton et le maître du logis étaient déjà présents. Einstein, tirant les premières bouffées de son cigare, me fit un signe en direction de la pièce voisine où Newton préparait le thé du matin : « Sir Isaac vient de me proposer le thème du jour. Hier, nous avons abondamment parlé du temps, aujourd'hui, nous pourrions examiner l'espace. Newton croit avoir découvert une contradiction dans le principe de la dilatation du temps. Attendons-le. Il vous le dira lui-même.

– Ah ! vous voilà, monsieur Haller, dit Newton apparaissant avec la théière, nous allons enfin pouvoir commencer. J'aimerais que nous abordions un problème auquel j'ai beaucoup réfléchi hier soir, en rapport avec la dilatation du temps. Monsieur Einstein est déjà au courant.

– Pourquoi pas ? Trouver la réponse à une bonne question est toujours plus passionnant que d'écouter un exposé, fût-il d'Einstein, dis-je de façon un peu irrespectueuse, sachant bien que notre vénérable ami ne m'en voudrait pas.

– Le mieux, commença Newton, serait que je dise ce qui me tient à cœur, en revenant aux muons dont nous avons déjà parlé. Faisons l'expérience de pensée suivante : la plupart des muons produits par le rayonnement cosmique, dans l'atmosphère terrestre supérieure, parcourent l'espace à une vitesse proche de celle de la lumière. Comme nous le savons, du fait de la dilatation du temps, ils atteignent la Terre avant de se désintégrer et ce malgré leur très courte durée de vie. Prenons un muon se déplaçant à une vitesse telle que le facteur gamma correspondant est de 20. Du point de vue de l'observateur, ce muon vit vingt fois plus longtemps qu'un muon au repos. Ce dernier se forme à une altitude de, disons, 9 km, au cours de la collision d'une particule cosmique et d'un noyau atomique. Ensuite, il tombe perpendiculairement sur Terre avant de se désintégrer. Supposons, comme cela est très probable, qu'il se désintègre juste au moment où il parvient sur Terre. »

En prononçant cette dernière phrase, Newton m'avait lancé un regard interrogateur, comme s'il n'était plus tout à fait sûr de son hypothèse.

« En effet, dis-je alors, nous pouvons très bien imaginer des muons se désintégrant au moment où ils atteignent la surface de la Terre. Certes, seulement un petit pourcentage de muons sont détruits à ce moment précis. Beaucoup se désintègrent déjà avant leur arrivée sur notre planète, d'autres pénètrent le sol de quelques mètres ou plus et y sont annihilés. D'autres encore sont freinés par des collisions avec des noyaux atomiques et se désintègrent plus ou moins au repos. Quoi qu'il en soit, votre hypothèse ne me pose aucun problème.

– Voilà, reprit Newton, j'ai choisi l'altitude de 9 km, parce qu'un muon d'une durée de vie de 1,5 microseconde exactement et d'une vitesse telle que le facteur gamma soit de 20 parcourra exactement 9 km dans l'espace avant de se désintégrer, car 1,5 microseconde, multiplié par 20 et par la vitesse de la lumière de 300 000 km/s, cela donne 9 km : $1{,}5 \times 10^{-6} \times 20 \times 300\,000 = 9$.

« Mais mon problème est le suivant : j'imagine un observateur voyageant dans l'espace à la vitesse d'un muon, à peu près celle de la lumière. Supposons que monsieur Einstein soit cet observateur.

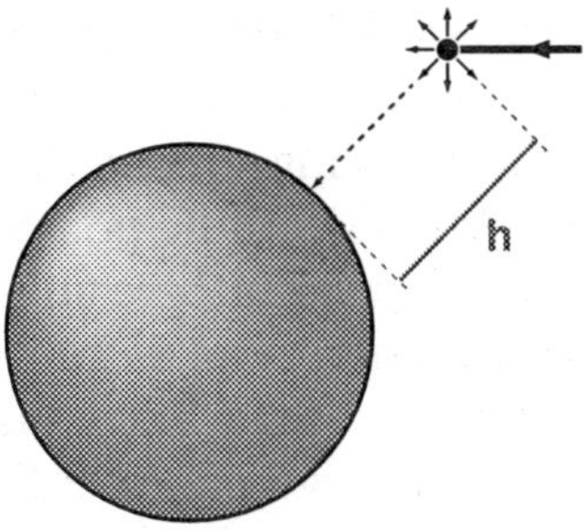

Fig. 20. Un muon est produit à une altitude de 9 km et tombe perpendiculairement à la surface de la Terre, à une vitesse correspondant à un facteur gamma de 20, soit pratiquement la vitesse de la lumière. Un observateur terrestre mesure un temps de vol de 30 microsecondes avant que le muon ne se désintègre à son arrivée sur Terre. Dans son propre référentiel, le muon a une durée de vie de 30 µs divisée par 20, donc de 1,5 µs. Un observateur en mouvement enregistrerait un temps de vie de seulement 1,5 µs, mais serait aussi témoin de la désintégration du muon à son arrivée sur Terre.

– Bien ! dit Einstein en souriant, si cela peut servir à découvrir la vérité, je suis prêt à parcourir l'univers à une vitesse presque égale à celle de la lumière.

– Vous volez donc avec le muon en direction de la surface terrestre, continua Newton, ou plus précisément le muon est au repos par rapport à vous, et la Terre s'approche de vous deux à une vitesse presque égale à celle de la lumière, et qui correspond au facteur gamma 20. Étant donné que le muon est au repos par rapport à monsieur Einstein, il se désintègre avec une demi-durée de vie de 1,5 microseconde. Pendant ce temps, le muon ne peut pas aller bien loin, car 1,5 multiplié par la vitesse de la lumière, cela fait exactement un vingtième de 9 km, c'est-à-dire 0,45 km. Le muon n'aurait donc aucune chance d'atteindre la surface de la Terre. Nous nous heurtons ici à une contradiction, puisque dans le premier cas le muon parcourt 9 km et dans le second seulement 0,45. Par conséquent, il y a sûrement une erreur quelque part, ces deux résultats ne pouvant pas être justes simultanément.

– Cher Newton, dit Einstein en toussotant, je ne suis pas d'accord avec vous quand vous parlez d'erreur. Voyons la chose de plus près. Il est clair depuis le début que la désintégration du muon se produit à un endroit précis de l'espace – disons à l'endroit où le muon touche la surface de la Terre. Cet événement est un fait objectif ne pouvant pas dépendre de l'observateur. Si le muon se désintègre au moment précis où il arrive sur Terre, je m'en apercevrai alors indépendamment du fait que je me trouve au repos sur Terre ou que je me déplace dans l'espace à une vitesse légèrement inférieure à celle de la lumière. Il s'ensuit nécessairement que le muon se désintègre exactement à son arrivée sur Terre, aussi bien pour l'observateur au repos que pour celui qui est en mouvement.

– Excusez-moi de vous interrompre, monsieur Einstein. Je ne me suis pas exprimé assez clairement. Je voulais souligner le fait qu'en tant qu'observateur en mouvement vous ne pouviez pas constater la désintégration du muon seulement à son arrivée sur Terre, mais aussitôt après 0,45 km de vol, soit à une altitude de plus de 8 km.

– J'ai bien compris votre argument, mais il est faux de dire que la désintégration s'effectue à une altitude supérieure à 8 km. Considérons les choses du point de vue de l'observateur en mouvement, en l'occurrence ma modeste personne. À l'instar de l'observateur au repos, je dois pouvoir enregistrer la désintégration du muon au moment précis où il arrive sur Terre. Mais nous savons qu'à ce moment-là il ne peut avoir parcouru que 0,45 km. Ici, je suis encore d'accord avec vous. Mais il nous faut aller plus loin : la dilatation du temps implique que le temps écoulé dépend de l'état de mouvement de l'observateur. Or, jusqu'à présent, nous n'avons pas encore parlé de l'espace. J'affirme en effet que la modification de l'état de mouvement s'effectue simultanément à celle de la structure de l'espace. Pour le dire plus exactement, l'espace se contracte dans la direction du mouvement correspondant, et ce du même facteur gamma décrivant la dilatation du temps.

« Dans notre exemple, cela signifie que, si j'accompagne le muon dans l'espace, l'altitude du lieu où il se forme ne sera pas de 9 km, mais de 9 km divisé par 20, soit 0,45 km. Quand le muon descend, il ne doit parcourir que 0,45 km, donc exactement la distance qu'il peut parcourir à sa vitesse légèrement inférieure à 300 000 km/s et un temps de vie de 1,5 microseconde.

– La théorie de la relativité, lançai-je, n'implique pas seulement une dilatation de temps du facteur gamma correspondant, mais aussi une contraction de l'espace du même facteur. Ce n'est que si ces deux conditions sont réunies que la vitesse de la lumière est une donnée universelle dans tous les systèmes de référence. Et les événements ayant lieu en même temps et au même endroit – dans votre exemple, l'arrivée du muon sur Terre – se produisent de façon analogue dans tous les référentiels. »

À ces mots, Newton s'était levé d'un bond pour se diriger vers la fenêtre, d'où il apercevait la rue animée.

NEWTON – Qu'avez-vous fait de l'espace et du temps, monsieur Einstein ? D'abord vous modifiez le cours du temps, dont la mesure dépend de l'observateur, et maintenant c'est l'espace que vous mettez en pièces. Il ne reste plus rien de l'espace-temps absolu qui était le thème central de mes *Principia*. Selon vous, le temps et l'espace seraient relatifs et dépendraient du bon vouloir de l'observateur ?

HALLER – Je peux comprendre que certaines conclusions d'Einstein vous déplaisent, monsieur Newton. Mais il n'est en rien responsable. Il n'a modifié ni le temps ni l'espace, mais il en a découvert des propriétés nouvelles, ignorées jusque-là. La dilatation du temps et la contraction de l'espace sont des faits qui ont été confirmés dans l'intervalle par l'expérience et qui, comme nous l'avons vu, sont des conséquences directes de la vitesse constante de la lumière.

NEWTON – Je comprends bien. De plus, nous ne sommes pas un comité de philosophes discutant de points de vue et d'opinions, mais des hommes de science. La seule chose qui compte, c'est l'expérience, et là tout parle en votre faveur, monsieur Einstein. Néanmoins, une chose m'échappe encore. La longueur d'une distance est mesurée à l'aide d'unités de grandeurs, avec cette règle par exemple. Comment la longueur de cette règle qui, comme vous le voyez, est de 30 cm, peut-elle dépendre de l'état de l'observateur ? Si je vous ai bien compris, cette règle n'a pas une longueur de 30 cm, mais de seulement 30 cm divisé par le facteur gamma 20, soit de 1,5 cm, si vous l'observez dans un état de mouvement aussi rapide que celui du muon.

EINSTEIN – Oui, à condition que vous dirigiez la règle vers le haut, donc dans ma direction de vol. Je suppose que je viens d'en haut, comme le muon, car la contraction de l'espace n'apparaît que dans la direction de mouvement de l'observateur. J'espère toutefois que cette expérience demeure spéculative, autrement je ne serais plus votre serviteur à la fin de l'expérience.

NEWTON – En étudiant la physique atomique il y a quelques jours à Cambridge, j'ai appris que la stabilité de la matière, par exemple de cette règle, dépendait en fin de compte de la stabilité de l'atome. Supposons que j'aligne un milliard d'atomes, j'obtiens une longueur de 10 cm. Si cette longueur ne varie pas au cours du temps, c'est que la dimension des atomes est universelle. Peu importe que nous observions un atome d'hydrogène ici sur Terre ou dans un système d'étoiles lointaines. Il a partout même structure et même rayon. Cette universalité me semble d'ailleurs tout à fait analogue à celle de la vitesse de la lumière. Si monsieur Einstein constate dans son mouvement rapide que la longueur de notre règle n'est plus de 30 cm, mais de seulement 1,5 cm, alors je n'y comprends plus rien en tant que physicien atomiste. La longueur d'une règle est déterminée par le nombre d'atomes qui la composent, n'est-ce pas ? Pour obtenir une longueur de 30 cm, je dois aligner environ trois milliards d'atomes. Comment la règle peut-elle se contracter, puisque le nombre d'atomes qui la composent ne peut absolument pas dépendre de l'état de l'observateur ?

EINSTEIN (*me faisant signe*) – Je vous en supplie, expliquez-lui, cher collègue !

HALLER – Sir Isaac, il va de soi que le nombre d'atomes ne varie pas. Sinon la matière pourrait être créée ou détruite *ad libitum*. Il y a une solution simple à votre problème, sir Isaac.

Il est tout simplement faux que le diamètre d'un atome – celui de l'hydrogène par exemple, dont le rayon est normalement de 10^{-8} cm – est universel et, partant, indépendant de l'état de mouvement de l'observateur. La contraction de l'espace vaut également pour les atomes. Ils semblent comprimés dans la direction du mouvement.

Si nous revenons maintenant à notre exemple, tous les atomes de la règle se déplaçant à grande vitesse, leur dimension diminue de la valeur 20 du facteur gamma dans la direction du mouvement. Les atomes ne ressemblent plus à des sphères minuscules, mais à des ellipsoïdes plats, presque à des disques.

Un observateur inexpérimenté se demandera alors si les atomes sont des sphères ou des petits disques. La réponse est simple. Les atomes sont simultanément sphères et disques selon l'état de mouvement de l'observateur. La structure de l'espace, donc l'aspect des atomes, et par conséquent l'aspect de toute chose dépendent de l'observateur.

NEWTON – Vous venez de dire que les atomes constituant une unité de longueur sont également réduits. Mais comment détecter cette réduction ? La contraction d'un objet ne peut s'accomplir qu'en fonction d'une échelle donnée. Si objet et unité de mesure se contractent tous deux, alors l'effet est nul.

HALLER – Je serais de votre avis si on calculait toujours les longueurs au moyen d'unités de mesure identiques. Or c'est impossible pour des systèmes se déplaçant à grande vitesse. J'attire votre attention sur le fait que les distances sont évaluées en mesurant le temps nécessaire à un signal pour parcourir la distance donnée et que ce temps est multiplié par la vitesse de la lumière. Quand on parle de contraction du temps, on sous-entend toujours que toutes les distances entre les différents points de l'espace sont mesurées de cette manière.

NEWTON – Parfait, monsieur Haller, je comprends mieux maintenant. J'avais oublié que nous mesurons les distances en évaluant les parcours des trajets lumineux.

EINSTEIN – Monsieur Haller, nous avons mentionné les nombreux tests déjà effectués pour évaluer la dilatation du temps. Aucun physicien digne de ce nom ne contesterait cet effet.

Mais qu'en est-il de la vérification expérimentale de la contraction de l'espace ? Cet effet a-t-il été vérifié expérimentalement ? Je ne remets pas en question mes hypothèses. Mais vous savez bien que seule importe l'expérience, quelles que soient la beauté et la clarté de la théorie.

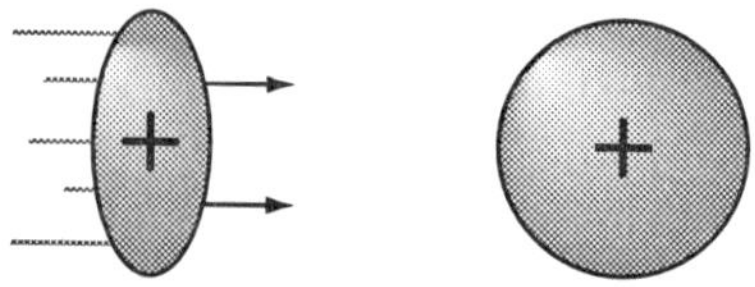

Fig. 21. Un proton rapide en percute un autre au repos. Du point de vue de l'observateur associé au proton au repos, le proton incident apparaît comme un ellipsoïde aplati. La matière composant le proton en mouvement semble compressée dans la direction du mouvement.

HALLER – Comme pour la dilatation du temps, nous ne pouvons soumettre la contraction de l'espace à un test expérimental qu'en examinant des corps qui se déplacent à une vitesse proche de celle de la lumière. Les seuls objets de ce type que nous ayons à notre disposition sont les noyaux des atomes ou les particules se mouvant à très grande vitesse, les électrons ou les protons par exemple. Nous savons que les protons sont des objets dilatés, qui à maints égards se comportent comme de petites sphères. Quoi qu'il en soit, le rayon d'un proton est minuscule en comparaison du rayon de l'atome simple, l'atome d'hydrogène. Le proton est dix mille fois inférieur à l'atome d'hydrogène. Supposons que nous projetions un proton dont la vitesse est presque égale à celle de la lumière contre un autre proton ou contre le noyau d'un atome. En général, il se produit un phénomène très complexe que je n'aborderai pas ici. Nous savons en tout cas que les caractéristiques spécifiques de ce processus de collision dépendent du fait que le proton heurtant le noyau de l'atome revêt l'aspect d'une petite sphère ou d'un disque aplati.

De telles expériences ont déjà été effectuées, au CERN

principalement. Les résultats étaient clairs. Les protons se comportent effectivement comme des disques aplatis. Et plus ces disques sont minces, plus le mouvement des protons est rapide, exactement comme le prévoit la théorie. Au demeurant, à lui seul le fait que l'accélérateur du CERN est en service et peut accélérer des protons à une vitesse proche de celle de la lumière suffit à prouver l'existence de la dilatation du temps et de la contraction de l'espace. Sans ces dernières, l'accélérateur ne pourrait absolument pas fonctionner. C'est pourquoi on a tenu compte des résultats d'Einstein pour construire la machine. Vous voyez, la théorie de la relativité est devenue une science pour les ingénieurs, ne serait-ce que pour la construction de l'accélérateur.

À ces mots, Einstein parut soulagé. Il se dirigea vers un angle de la pièce d'où il revint avec une bouteille de vin blanc de Neuchâtel et trois verres à vin. « N'allez pas croire que j'ai eu vraiment des doutes sur ma théorie, dit-il alors, mais y a-t-il plus belle chose au monde, pour nous physiciens, que de constater la justesse de nos hypothèses ? C'est tout de même inouï. En 1904, le petit Albert est assis à son bureau. Pendant des heures et des heures, il réfléchit aux notions de temps et d'espace, et soixante-dix ans plus tard, ces idées s'avèrent indispensables pour construire des accélérateurs de particules, longs de plusieurs kilomètres. Portons un toast. Vive nous, monsieur Newton, vive la science que vous avez fondée ! »

Il n'était que 11 heures passées quand nous levâmes la séance. Mais comment résister à ce beau temps estival qui s'attardait sur la Suisse et ne pas aller marcher sur les bords de l'Aar jusqu'à un bon restaurant de la vallée ?

CHAPITRE XIII

Le miracle de l'espace-temps

Après le repas, nous restâmes silencieux autour de la table. Pensif, Einstein jouait avec sa petite cuiller, fasciné par la ronde légère des feuilles se déposant au fond du verre de thé.

« Comme c'est étrange ! dit bientôt Newton. Pour la dilatation du temps, le facteur gamma tient lieu de facteur de dilatation, l'intervalle de temps s'accroissant alors en conséquence, tandis que, pour la contraction de l'espace, ce même facteur réduit l'intervalle d'espace correspondant. Il me faut donc diviser par le facteur gamma. Si je multiplie le facteur de dilatation par le facteur de contraction, j'obtiens simplement le facteur gamma divisé par le facteur gamma, donc 1.

– Il n'y a rien d'étrange à cela, bougonna Einstein, ce n'est qu'une conséquence de l'universalité de la vitesse de la lumière. Sinon la vitesse de la lumière dépendrait d'une manière ou d'une autre de l'observateur.

– Je comprends bien, monsieur Einstein. Mais j'ai le sentiment qu'il y a anguille sous roche. Si le produit des deux facteurs est toujours égal à 1, cela pourrait signifier que, lorsque l'état de mouvement de l'observateur change, ce n'est ni l'espace ni le temps qui demeurent invariables, mais autre chose encore. Voyez-vous, quand je m'interrogeais sur l'espace, en écrivant les *Principia*, j'ai toujours été frappé par le fait que la définition de la position d'un objet dans l'espace dépendait certes nécessairement du système des coordonnées, mais non la longueur d'une distance. La longueur ℓ d'une distance entre deux points A et B dont le carré est donné mathématiquement par

$$\ell^2 = (x_A - x_B)^2 + (y_A - y_B)^2 + (z_A - z_B)^2$$

où x_A désigne la coordonnée x du point A, etc., est effectivement indépendante du système de coordonnées. J'ai beau tourner mon système dans tous les sens et constater alors une modification des coordonnées, la longueur ℓ ou le carré de la longueur ne changent pas : ils sont invariables. De même, la longueur d'une distance est indépendante du fait que l'observateur se déplace ou demeure au repos.

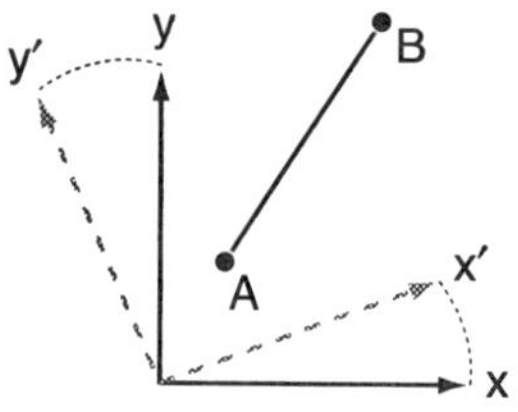

Fig. 22. La distance entre deux points A et B est indépendante du système de coordonnées utilisé. On peut calculer sa longueur en utilisant les coordonnées *x-y* ou les coordonnées *x'-y'*, en rotation d'un certain angle par rapport aux premières.

« Or, dans la théorie de la relativité, tout est soudain différent. La longueur ℓ entre deux points de l'espace n'est pas une grandeur absolue, comme nous le savons désormais, mais elle dépend de l'état de mouvement de l'observateur. Il en va de même pour la différence de temps entre deux événements différents. Et pourtant, je crois que, dans votre théorie, il doit y avoir quelque chose, une grandeur quelconque, qui demeure invariable, même si l'état de l'observateur, et donc le système de coordonnées, se modifie.

– Sir Isaac, s'exclama Einstein admiratif, vous êtes sur la bonne voie. En effet, dans la théorie de la relativité, il y a une chose qui ne varie pas quand on change de système de référence, qui demeure identique pour tout observateur. Faisons encore une petite expérience de pensée. Observons de nouveau ces particules hypothétiques d'une seconde, dont nous avons parlé au cours de nos premières réflexions sur la dilatation du temps. Supposons que je dispose de telles particules que je propulse dans l'univers depuis une station spatiale, à une vitesse quelconque, pourvu qu'elle soit inférieure à celle de la lumière, mais cela va de soi maintenant.

« Les particules se désintègrent une seconde exactement après avoir été émises ; leur durée de vie est par conséquent de une seconde. Cette indication de durée ne vaut toutefois que pour le système dans lequel la particule émise est au repos, c'est-à-dire dans le système de coordonnées associé au mouvement. Du fait de la dilatation du temps, les particules émises à l'intérieur du système au repos du vaisseau spatial vivent plus longtemps, une seconde exactement multipliée par le facteur gamma. »

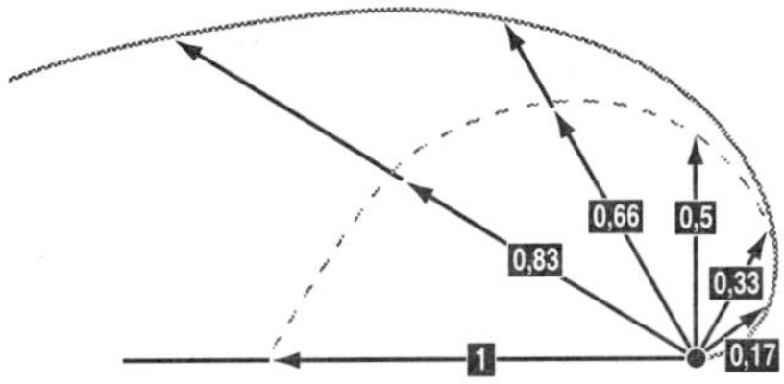

Fig. 23. Depuis un vaisseau spatial, des particules sont émises dans toutes les directions de l'espace. Leurs vitesses augmentent de manière continue en fonction de la direction d'émission. Les valeurs numériques associées aux différents vecteurs indiquent les vitesses correspondantes en unités de vitesse de la lumière. Ainsi la valeur 0,5 indique que la particule se déplace à la moitié de la vitesse de la lumière et donc à 150 000 km/s. S'il n'y avait pas de dilatation du temps, les distances parcourues entre le centre d'émission et le lieu de désintégration seraient exactement le produit de la vitesse par le temps de vie. Ces distances sont indiquées par des flèches épaisses. La ligne enveloppant ces vecteurs est la spirale en pointillé. Dans le cas où les particules seraient émises à la vitesse de la lumière, le trajet parcouru jusqu'à la désintégration serait exactement d'une seconde-lumière (désigné ici par 1). À cause de l'effet de la dilatation du temps, les trajets parcourus augmentent jusqu'à la désintégration, ils sont dilatés du facteur γ. L'effet est indiqué par le prolongement des vecteurs. La ligne enveloppant les vecteurs prolongés est décrite par la courbe extérieure. Le cas limite représenté par la vitesse de la lumière ne peut être atteint car dans cette situation, la distance parcourue serait infiniment grande.

Einstein prit une feuille de papier et dessina les lignes d'univers des différentes particules émises [voir fig. 23].

« Il est clair, poursuivit-il après avoir commenté son dessin, que les longueurs des distances parcourues par les particules dépendent de la vitesse de départ. Si cette dernière est nulle, la particule demeure en son lieu d'origine, se désintégrant une seconde plus tard sans parcourir la moindre distance. Examinons maintenant les différents cas de figure dans un diagramme espace-temps en conférant comme précédemment une seule dimension à l'espace, l'axe des x. Nous laissons de côté pour l'instant les autres dimensions. »

Einstein prit de nouveau une feuille de papier sur laquelle il traça un système d'axes spatio-temporels [voir fig. 24].

« Dans ce système, j'inscris maintenant les deux événements importants du parcours de nos particules de une seconde, à savoir la naissance et la mort, la désintégration. Étant donné que pendant leur courte durée de vie les particules se déplacent de façon rectiligne uniforme, les lignes d'univers correspondantes sont des droites dans le système espace-temps. »

Newton prit le crayon de la main d'Einstein et traça quelques lignes d'univers sur le papier : « Supposons que j'interprète le point origine de votre système espace-temps comme étant le point événement décrivant la naissance de la particule. Si la vitesse de la particule émise est nulle et qu'elle demeure à l'endroit où elle est, au point spatial $x = 0$, la ligne d'univers est tout simplement la droite commençant au point 0 et se terminant au point $t = 1$s. Mais considérons d'autres cas de figure. Monsieur Haller, vous avez une petite machine à calculer, n'est-ce pas ? S'il vous plaît, calculez-nous les distances pour quelques valeurs. »

Je sortis ma Hewlett Packard programmable et notai sous forme de tableau les valeurs suivantes :

Vitesse v	0,25	0,50	0,75	0,9
Facteur gamma γ	1,03	1,16	1,51	2,29
Distance x	0,26	0,58	1,13	2,07

Dans ce tableau, les vitesses sont indiquées en unités de vitesse de la lumière, ainsi le facteur gamma correspondant et la distance parcourue par chaque particule jusqu'à sa désintégration. Cette dernière est obtenue par le produit de la vitesse et du facteur gamma, puisque le temps de vie des particules est de une seconde exactement. La distance est donc mesurée en seconde-lumière. La donnée 0,26 signifie par conséquent 0,26 secondes-lumière = 0,26 × 300 000 km = 78 000 km.

Newton inscrivit les lignes d'univers des différentes particules dans le diagramme espace-temps [voir fig. 24]. Il obtint quelques points qu'il réunit en une courbe tracée de sa main. Il fixa le papier quelques instants, puis se tourna vers moi, comme fasciné : « Puisque dans un système au repos la durée de vie des particules est de une seconde exactement, le temps réel de vie t dans le système de l'observateur est donné par le facteur gamma γ, donc $t = \gamma$. Monsieur Haller, s'il vous plaît, faites donc l'opération $(t^2 - x^2)$ pour toutes les valeurs figurant dans votre tableau. »

Dans l'intervalle, j'avais compris où Newton voulait en venir et je calculai donc ce qu'il m'avait demandé :

$$(1{,}032)^2 - (0{,}262)^2 = 0{,}99$$
$$(1{,}162)^2 - (0{,}582)^2 = 1{,}01$$
$$(1{,}512)^2 - (1{,}133)^2 = 1{,}00$$

« Monsieur Newton, interrompit Einstein, il est inutile que Haller poursuive ses calculs. Le résultat coule de source. Votre soustraction, $t^2 - x^2$, donc le carré de la durée de l'événement désintégration moins le carré des coordonnées spatiales de cette dernière, est une constante égale à 1 dans tous les cas que nous avons considérés. La calculatrice de Haller n'a pas donné exactement ce résultat, mais il nous suffit d'arrondir à 1.

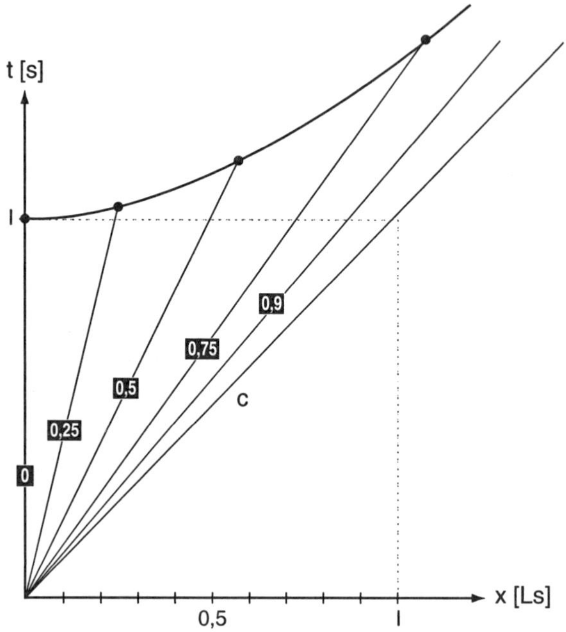

Fig. 24. Système de coordonnées spatio-temporel dans lequel Newton a tracé les lignes d'univers représentant les différentes particules d'une durée de vie d'une seconde. Si la particule est au repos, sa ligne d'univers suit l'axe des temps, du point origine de création (point zéro) jusqu'au point où intervient la désintégration (au point $x = 0$, $t = 1$s). S'il n'y avait pas de dilatation du temps, les points où s'effectue la désintégration se trouveraient tous sur la droite en pointillé $t = 1$s. Du fait de la dilatation du temps, ces points événements se trouvent sur la courbe indiquée ci-dessus (pour les mathématiciens, c'est une hyperbole). Les cas particuliers mentionnés sur le tableau sont reportés sur la courbe.

– Je l'avais déjà compris en examinant la courbe dans le système espace-temps, dit Newton. Car je connais bien ces courbes pour avoir étudié le mouvement des planètes. Mais calculons la différence avec précision :

$$t^2 - x^2 = \gamma^2 - (v\gamma)^2 = \gamma^2 (1 - v^2) = 1,$$

donc le carré du facteur gamma n'est rien d'autre que $1/(1 - v^2)$, sachant bien que v représente la vitesse de la particule en unités de vitesse de la lumière, donc un nombre pur.

– Monsieur Einstein, continua Newton rayonnant, visiblement soulagé, vous auriez pu me dire tout de suite combien tout était plus simple quand on considère les événements dans l'espace-temps. Je crois que nous devrions changer le nom de votre théorie de la relativité et l'appeler “ théorie de l'absoluité ”. Ce qui compte vraiment en physique, c'est ce qui garde une valeur absolue, indépendamment de la position fortuite de l'observateur. Et nous l'avons trouvé maintenant, c'est le carré du temps moins le carré de l'espace. Ce nombre demeure identique pour tout observateur. Il est donc absolu. C'est un invariant de l'espace-temps. Rien d'étonnant à ce qu'existent ces étranges phénomènes de la dilatation du temps et de la contraction de l'espace. Tout cela sert un seul et même but : maintenir cette différence à n'importe quel prix. Au diable la relativité, vive l'absolu ! Au diable l'espace et le temps ! À l'avenir, il sera seulement question de l'association des deux, de l'espace-temps et de ce qui est indépendant de l'observateur, à savoir la différence des carrés du temps et de l'espace. »

Ni Einstein ni moi n'avions encore jamais vu Newton dans un tel état d'exaltation. Voici qu'il s'était métamorphosé en un disciple convaincu de la théorie de la relativité.

EINSTEIN – Objectivement, je n'ai rien contre votre proposition de débaptiser la théorie de la relativité. Cette appellation m'avait également déplu au début. Il est trop tard maintenant pour procéder à un changement de nom, si bien qu'il vaut mieux garder l'ancien. Par ailleurs, je suis entièrement d'accord avec vous : à l'avenir, nous ne pourrons plus séparer l'espace et le temps, et nous parlerons d'espace-temps. Au demeurant, cette proposition n'a pas été faite par moi, mais par le mathématicien Hermann Minkowski, mon ancien professeur à Zurich qui enseigna aussi à l'université de Tübingen.

Mais revenons à notre sujet. Pour ce qui est de la différence $t^2 - x^2$, il faudrait plutôt écrire $(ct)^2 - x^2$ et y introduire explicitement la vitesse de la lumière, quand on ne mesure pas l'espace en secondes-lumière mais avec les unités habituelles, comme le mètre ou le kilomètre. Nous pourrions maintenant envisager l'espace avec ses trois coordonnées. Et la différence ci-dessus devient alors :

$(ct)^2 - (x^2 + y^2 + z^2)$.

Nous voyons maintenant ce qui se produit quand nous passons d'un système de référence à un autre système qui se déplace par rapport au premier. Comme nous le savons déjà, le flux du temps se modifie au même titre que la longueur d'une distance. Espace et temps sont pour ainsi dire « déformés » l'un par l'autre. Mais ce qui demeure inchangé, c'est la différence des carrés de l'espace et du temps.

Cela nous rappelle la rotation d'un axe de coordonnées dans l'espace. Bien qu'au cours d'une telle rotation les coordonnées des différents points se modifient totalement, la longueur d'une distance reliant deux points demeure inchangée. Vous avez déjà évoqué vous-même cette qualité de l'espace, monsieur Newton.

Si maintenant nous remplaçons la longueur d'une distance, ou plus exactement le carré de la longueur d'une distance par le « carré du temps moins le carré de la longueur », nous sommes dans la théorie de la relativité. Passer d'un système de référence au repos à un système en mouvement rapide est par conséquent une « déformation » de l'espace-temps, de telle manière que la différence reste identique.

D'ailleurs, il n'est pas si surprenant que cette différence des carrés du temps et de l'espace de deux événements soit précisément absolue et invariable lors d'un changement de l'état de l'observateur. Considérons de nouveau un diagramme espace-temps.

Einstein commenta ce diagramme [voir fig. 25] et parla d'événements de type lumière, de type temps ou de type espace par rapport à un autre événement dans l'espace-temps.

EINSTEIN – Vous voyez donc que la différence des carrés du temps et de l'espace s'annule pour tous les points événements accessibles depuis le point zéro à l'aide d'un signal lumineux. Ils sont donc de type lumière l'un par rapport à l'autre. Si, depuis la Terre, j'émets un rayon laser vers la Lune, les deux événements « envoyer de la lumière » et « arrivée du signal sur la Lune » sont de type lumière. Cette propriété est indépendante de l'état de l'observateur, car nous savons que la différence des carrés du temps et de l'espace ne se modifie pas quand on passe d'un système d'observation à un autre. Une personne observant le parcours de notre signal lumineux entre la Terre et la Lune depuis un vaisseau spatial dépassant la première à grande vitesse considérera nos deux événements comme étant de type lumière, comme nous le faisons nous-mêmes sur Terre. C'est une conséquence immédiate de l'universalité de la vitesse de la lumière.

NEWTON – Je comprends. Si une telle universalité n'existait pas, il serait absurde de qualifier ces événements de lumineux, temporels ou spatiaux.

EINSTEIN – Voici un autre exemple. Considérons un événement ici sur Terre, par exemple le début de l'ère chrétienne en l'an 0 et un autre événement, l'éruption d'un volcan sur une planète de l'étoile Véga (située à vingt-six années-lumière de la Terre) en l'année 30 après Jésus-Christ. La différence $(ct)^2 - \ell^2$ est donnée par $30^2 - 26^2 = 15^2$, elle est donc temporelle et indépendante du système de référence. Si un astronaute avait enregistré les deux résultats à bord d'un vaisseau voyageant à grande vitesse, il aurait trouvé la même solution dans son système.

Imaginons un astronaute à bord de son vaisseau longeant la Terre à toute vitesse en l'an 0 exactement, et faisant route pour Véga où il arrive au moment de l'éruption du volcan. Le trajet étant de vingt-six années-lumière, l'astronaute doit voyager à une vitesse proche de celle de la lumière pour arriver à temps. Nous pouvons indiquer dès maintenant le nombre d'années dont l'astronaute aura besoin pour accomplir le trajet entre la Terre et la planète Véga. Dans son système, la distance spatiale entre les deux événements est nulle, car, à la naissance du Christ, il est à proximité de la Terre et, au moment de l'éruption du volcan, il se trouve dans le voisinage de Véga. Toujours est-il que la distance temporelle entre les deux événements n'est pas nulle, mais donnée avec précision par la différence mentionnée ci-dessus, à savoir environ quinze années. L'astronaute a donc quinze ans de plus quand il passe au large de la planète Véga.

NEWTON (*avec un signe de tête approbatif*) – Depuis que nous avons vu, monsieur Einstein, que tout n'est pas relatif dans votre théorie, mais qu'il existe une grandeur absolue, à savoir la différence des carrés du temps et de l'espace, je suis totalement convaincu de la justesse de votre théorie. Mais c'est époustouflant. Qui de mon temps aurait pu penser que cette différence pourrait jouer un tel rôle ? Pas moi en tout cas, ni Leibniz, sans parler des autres.

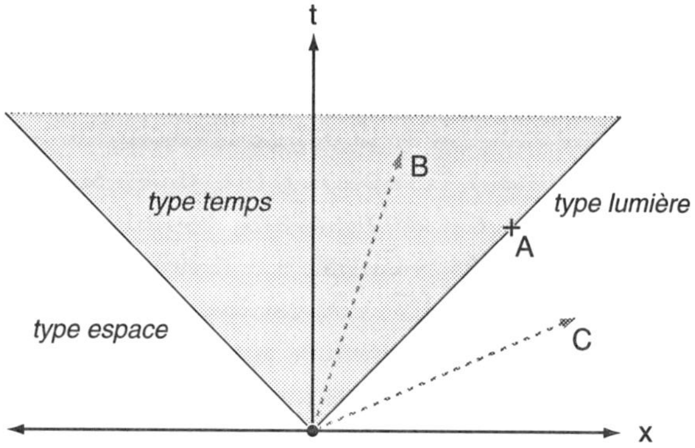

Fig. 25. Diagramme espace-temps. Chaque point du plan *t-x* désigne un événement. Seule une dimension de l'espace est représentée ici. On peut classer en trois groupes l'ensemble de ces événements à l'aide d'un signal lumineux émis depuis leur point origine. La trajectoire de ce signal lumineux est composée de deux droites partant du point zéro. Ces droites forment un angle de 45° car les longueurs dans l'espace sont mesurées en secondes-lumière.

Les deux droites formant le signal lumineux, appelées aussi « cône de lumière », décrivent tous les événements pour lesquels la différence $(ct)^2 - x^2$ disparaît. C'est pourquoi on les appelle événements « de type lumière » relatifs au point 0. Un tel événement est défini par le point A. Un événement dont le point est situé à l'intérieur du cône de lumière (zone pointillée) se caractérise par le fait que la différence considérée est positive. C'est le cas par exemple pour le point B, mais aussi pour tout point se trouvant sur l'axe des temps. Pour cette raison on dit que ces événements sont « de type temps » par rapport au point origine. Pour les autres événements se trouvant à l'extérieur du cône lumineux, par exemple le point C, la différence des carrés du temps et de l'espace est négative. C'est également valable pour les points se trouvant sur l'axe spatial. C'est pourquoi on les appelle points « de type espace » par rapport au point zéro.

HALLER – Par ailleurs, dans la différence des carrés de l'espace et du temps, on découvre non seulement l'union de l'espace et du temps, mais aussi leur différence considérable entre le temps et l'espace. En effet, il s'agit d'une soustraction et non d'une addition. Si nous avions affaire à une addition des carrés, on pourrait alors parler d'une réelle fusion de l'espace et du temps. Mais il ne peut en être question ici. Bien que, dans le cas d'une modification de l'état de mouvement de l'observateur, l'espace et le temps soient mis sens dessus dessous, bouleversés comme le prouvent les phénomènes de dilatation de l'un et de contraction de l'autre, il existe dans tous les systèmes de référence une distinction considérable entre eux, que la différence des carrés rend manifeste. Nous l'avons déjà souligné à une autre occasion, quand nous avons affirmé que l'espace-temps n'avait pas quatre axes de coordonnées, mais trois plus un, trois pour l'espace et un pour le temps.
NEWTON – Comme c'est étrange ! Comprenez-vous, monsieur Einstein, pourquoi les choses sont ainsi ? Pourquoi la structure interne de l'espace-temps est-elle déterminée par cette étrange soustraction ? Comprenez-vous cela, monsieur Haller ?
HALLER – Vous m'en demandez beaucoup, sir Isaac. Personne jusqu'à présent ne comprend pourquoi l'espace a trois dimensions et le temps seulement une. On ne comprend pas davantage pourquoi l'espace et le temps sont unis dans la théorie de la relativité. Voilà, nous pouvons faire dériver les propriétés fondamentales de l'espace et du temps à partir de faits fondamentaux, par exemple la constante universelle de la vitesse de la lumière. Mais c'est tout.

Et la science est loin d'avoir trouvé une réponse. Je m'étonne même parfois que nous puissions formuler ces questions sur la structure fondamentale de l'espace et du temps. Il me semble que notre monde est construit de façon beaucoup plus simple que notre vécu nous permet de l'appréhender. On dirait que la structure fondamentale de l'espace et du temps laisse transparaître une ébauche de la création, un projet à la fois simple et symétrique, d'une simplicité qui reste difficile à décrypter. John Wheeler, un collègue de physique théorique de l'université du Texas, a dit un jour à juste titre que, si nous découvrons jamais les lois ultimes de l'univers, y compris celles régissant l'espace et le temps, nous serons étonnés de ne pas les avoir comprises dès le début, car les choses simples sont souvent les plus énigmatiques.

EINSTEIN (*qui venait d'allumer un cigare*) – Newton, je vous ai toujours considéré comme un pragmatique. Et pourtant jamais, en tout cas dans votre livre, vous ne vous êtes demandé d'où provenait cette étonnante loi universelle de l'attraction des masses, que vous avez vous-même découverte. Vous souvenez-vous de votre devise *Hypotheses non fingo* (« Je ne feins pas d'hypothèse ») ?

Je propose que nous en restions à votre principe, sans chercher à expliquer l'origine des faits à la base de la structure espace-temps. Considérons que ce sont des données et essayons seulement d'en examiner les conséquences. Il en existe beaucoup que nous n'avons pas encore abordées, comme celles qui concernent les qualités dynamiques de la matière et qui, selon moi, sont les plus intéressantes.

HALLER – Je partage votre avis. Nous sommes arrivés à un point de la discussion où il nous faut aborder la matière. Mettons un terme à nos séances de l'Académie ici à Berne. Allons à Genève où, comme je l'ai envisagé depuis le début, nous pourrons poursuivre notre conversation au Centre de recherche du CERN. J'ai fait des préparatifs dans ce sens, et il nous reste à décider de quelques détails du voyage.

Il était déjà tard dans l'après-midi, et nous décidâmes de ne partir que le lendemain matin avec ma voiture. À Genève, trois chambres étaient réservées pour nous au centre d'hébergement du CERN.

CHAPITRE XIV

La masse dans l'espace et le temps

Le beau temps qui s'était installé en Suisse depuis quelques jours perdura encore le lendemain. Ainsi, tôt le matin, nous prîmes la route pour Genève. Près de Vevey, nous atteignîmes la corniche surplombant le lac de Genève. J'arrêtai la voiture sur un parking au-dessus de la ville, d'où l'on pouvait voir les Alpes étinceler dans le soleil du matin. Devant nous s'ouvrait l'un des plus beaux panoramas d'Europe.

Newton semblait s'être ennuyé pendant le trajet, mais la vue sur la vallée du Rhône en direction de Martigny réussit à capter un moment son attention. « Hier soir, dit-il alors en se tournant vers Einstein, monsieur Haller et vous-même, vous m'avez laissé entendre que la théorie de la relativité me réservait encore quelques surprises, en particulier concernant la dynamique de la matière. Cette nuit, j'ai essayé de me faire une idée plus concrète de ce que vous commenciez à expliquer, mais je dois avouer que je ne suis pas arrivé bien loin. Puisque vous avez fait une croix sur mes définitions de l'espace et du temps, sans doute faut-il examiner aussi d'autres concepts de ma mécanique, comme celui de masse. Mais je ne vois pas ce qui, dans la théorie de la relativité, peut remplacer la masse d'un corps, qui s'exprime en kilogrammes.

– Cher sir Isaac, répliqua Einstein en souriant, je comprends parfaitement que vous ayez perdu vos certitudes à l'égard de tous les concepts et de toutes les définitions intervenant dans votre mécanique et dans votre dynamique. Je ne vais pas m'attarder sur les détails, mais je vous assure que parler de la masse d'un corps n'a rien d'incongru. Nous verrons même que, mis à part une modification toutefois essentielle, votre conception de la masse demeure valide dans la théorie de la relativité. »

Entre-temps, j'avais repris la route. Einstein et Newton abordèrent encore divers aspects de la théorie de la relativité que je ne mentionnerai pas ici, car très vite nous quittâmes l'autoroute pour longer l'aéroport de Genève et nous engager sur la route de Meyrin en direction du CERN. Je garai la voiture à l'entrée, allai chercher au bureau les clés de nos chambres. Quelques minutes plus tard, nous passions le poste de sécurité.

« Mon Dieu, dit Einstein, regardant avec intérêt par la fenêtre. C'est un institut de physique ? De mon temps, les physiciens avaient pour tout équipement quelques appareils tenant dans deux ou trois pièces. Cela ressemble plus à une usine métallurgique qu'à un institut de recherche. Peut-on faire de la physique dans une si grande entreprise ?

« Faire de la recherche signifie pour moi non seulement jouir de la liberté de pensée, mais aussi ne pas être dérangé dans mes recherches. J'imagine avec peine que cet établissement puisse fonctionner sans une bureaucratie tyrannique, exigeant en tout cas que tout soit planifié longtemps à l'avance. Pourtant, la recherche, ou plutôt ce que j'entends par recherche, ne peut pas être programmée. Pour cela, il faut de l'imagination et de l'inspiration, et, nous le savons trop bien, elles viennent l'une et l'autre sans crier gare – quand elles veulent bien venir – et au moment où l'on s'y attend le moins.

– Justement, répondis-je, on ne peut faire de la recherche ici, au CERN, que parce que les expériences sont prévues longtemps à l'avance. C'est une caractéristique de notre temps. De plus, grâce à une organisation minutieuse, on peut faire baisser les coûts, ce qui est loin d'être négligeable puisque de tels instituts de recherche fonctionnent avec l'argent des contribuables. À cela vient s'ajouter le fait qu'on ne peut plus travailler, du moins en physique, comme au siècle dernier du temps de Faraday. Le plus souvent, les expériences durent des mois, voire des années, et plusieurs physiciens travaillent sur un même projet, ce qui n'est pas forcément un mal. Beaucoup de chercheurs aiment travailler avec des universitaires venant de différents pays. Mais rassurez-vous, monsieur Einstein. Comme la plupart des théoriciens, vous n'êtes pas quelqu'un qui aimerait travailler en équipe. Si vous étiez employé au CERN, vous ne seriez soumis à aucune contrainte bureaucratique. Même dans un institut de cette ampleur, vous auriez l'entière liberté de vous consacrer à vos recherches. Vraisemblablement, vous auriez plus de liberté qu'à l'époque où vous étiez employé au Bureau fédéral des brevets.

– Heureusement pour vous, monsieur Haller, que mon ancien directeur du Bureau des brevets de Berne ne puisse pas vous entendre. D'ailleurs, il s'appelait Haller, comme vous, Friedrich Haller. Mais je n'ai pas à me plaindre, il me laissait toute la liberté que je souhaitais. En tout cas, j'avais tout le loisir de me consacrer à mes recherches, plus qu'en a aujourd'hui un universitaire, pressé de publier le plus de travaux possible, si bien qu'il n'a même plus le temps de lire les communications de ses collègues, le résultat étant que nombre de publications finissent à la poubelle.

– Regardez ! s'exclama soudain Newton, le bras tendu vers un panneau sur lequel on pouvait lire " Route Einstein ".

– J'espère, cher Newton, que vous n'êtes pas jaloux, dit Einstein, peu impressionné. Visiblement, ma théorie a été ici de quelque utilité. Mais je parie volontiers qu'il y a aussi une " Route Newton " dans les parages. N'est-ce pas, Haller ? »

En guise de réponse, je roulai plus lentement, laissant à mes compagnons le temps de lire le panneau d'une rue sur la droite – « Route Newton » – qui visiblement combla le grand homme. Il me sembla pourtant qu'il examinait pensivement « sa » route, une modeste route transversale menant à un grand bâtiment, et ne pouvait s'empêcher de la comparer à la longue et large « Route Einstein ». Mais nous étions déjà devant le centre d'hébergement, et j'arrêtai la voiture.

Nous découvrîmes nos chambres sans nous y attarder. Comme c'était dimanche, nous partîmes aussitôt pour une excursion dans les contreforts du Jura. Après avoir quitté la petite ville française de Gex, nous grimpâmes en direction du col de la Faucille et, au bout d'une heure, nous étions sur le haut plateau. Un chemin à travers champs nous conduisit jusqu'à un versant en pente raide d'où nous avions une vue magnifique sur Genève, le lac Léman et, au fond, les Alpes françaises. Nous nous installâmes sur l'herbe pour reprendre la conversation commencée en voiture.

NEWTON – Ne me cachez plus rien, monsieur Einstein. Que devient la masse dans la théorie de la relativité ? Comment garder telle quelle ma conception de la masse ? Je me souviens bien de la définition que je lui ai donnée. La matière étant constituée d'atomes et ces derniers de noyaux et d'électrons, la masse d'un corps macroscopique est tout simplement la somme des masses de ses noyaux et de ses électrons. Il suffit donc de considérer les masses des électrons et des noyaux.

Supposons que j'accélère un proton – le noyau de l'atome d'hydrogène – avec l'accélérateur du CERN, là-bas dans la vallée. Nous savons que jamais un proton n'accédera à la vitesse de la lumière, du fait de la relativité de l'espace et du temps. À mon avis, il devrait y avoir une raison dynamique rendant la chose impossible. Or je n'en vois aucune, dans la mesure où la masse d'une particule demeure inchangée dans la théorie de la relativité. En principe, on pourrait penser qu'on peut accélérer un proton à des vitesses de plus en plus élevées. Si l'on persévère dans ce mouvement d'accélération, on devrait pouvoir atteindre et même dépasser la vitesse de la lumière. D'un autre côté, c'est impossible, puisqu'on ne peut excéder cette vitesse. Quelque chose cloche ici. J'ai le sentiment que la masse d'une particule se modifie quand on a affaire à de grandes vitesses, ou plus exactement qu'elle augmente, et ce de telle façon qu'il est en principe impossible de porter une particule à une vitesse outrepassant celle de la lumière.

EINSTEIN – Comme toujours, vous avez saisi le cœur du problème. Rappelez-vous : je disais ce matin que votre concept de masse pouvait être repris sans problème dans la théorie de la relativité, avec une petite modification toutefois. Il s'agit précisément de l'effet que vous venez de pressentir. Quand on a affaire à de grandes vitesses, la masse d'une particule est en effet plus élevée, comme le stipule clairement la théorie.

HALLER – Si vous le permettez, je peux vous décrire cet effet grâce à une petite expérience de pensée. Puisqu'il nous faudra inévitablement introduire des observateurs se déplaçant à une vitesse proche de celle de la lumière, partons nous-mêmes dans l'espace, munis d'un fusil et d'une épaisse planche de bois.

Je dessinai un croquis [voir fig. 26].

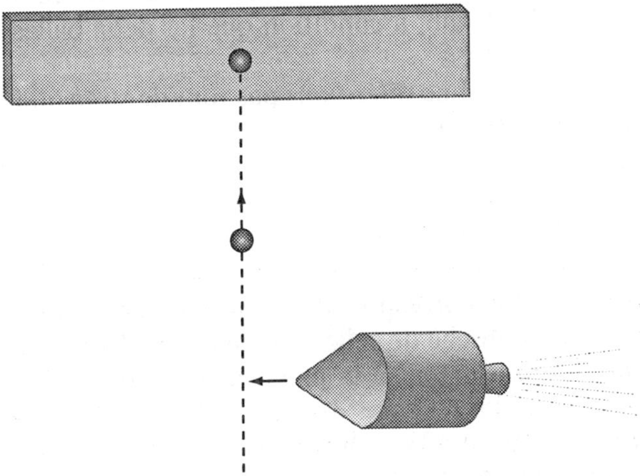

Fig. 26. Une balle de fusil traverse l'espace et pénètre une planche de bois. La profondeur de pénétration dépend de la quantité de mouvement de la balle, donc du produit de la masse par la vitesse. Plus grande est la vitesse, plus profond est l'impact. À vitesse constante, le point d'impact est d'autant plus profond que la masse de la balle est importante. Une balle de plomb, par exemple, s'enfonce plus profondément qu'une balle d'acier, à condition que les deux balles soient d'égale dimension, le plomb étant plus lourd que le fer. L'événement est enregistré par un observateur à bord d'un vaisseau spatial se déplaçant à très grande vitesse. Pour lui, la balle de fusil se meut plus lentement, en raison de la dilatation du temps.

HALLER – Nous nous imaginons à un kilomètre devant la planche qui flotte dans l'espace, de telle sorte que nous soyons au repos par rapport à celle-ci, et nous tirons la balle en direction du centre de la planche. Supposons que la balle du fusil se déplace à une vitesse de 1 000 km/s. La balle pénètre le bois exactement une seconde après. Elle s'immobilise dans la planche après avoir parcouru un certain trajet dans le bois. Simultanément, la planche, ayant été heurtée par la balle, s'éloignera lentement de nous. La profondeur de l'impact dépend de la vitesse de la balle et de la masse de celle-ci : plus la vitesse est grande, plus la balle pénètre le bois profondément, et, à vitesse égale, la profondeur de l'impact est d'autant plus grande que la masse est élevée. Le plomb étant plus lourd que le fer, une balle en acier pénètre moins profondément qu'une balle de plomb, à condition que les deux balles soient de même grandeur.
NEWTON – Pourquoi ne dites-vous pas tout de suite que la profondeur de l'impact dépend de l'impulsion de la balle, soit du produit de la masse et de la vitesse ?
HALLER – En effet, l'impulsion de la balle est la grandeur qui nous intéresse ici. Mais observons maintenant le phénomène depuis un vaisseau spatial en plein vol. Celui-ci se déplace très vite, à une vitesse correspondant à un facteur gamma de 10, une vitesse très proche de celle de la lumière. Il faut aussi qu'il se déplace parallèlement à la planche, donc perpendiculairement à la direction du coup de feu.

Nous savons que la contraction de l'espace, en tant que conséquence de la théorie de la relativité, ne produit pas d'effet dans la direction transversale. L'observateur à l'intérieur du vaisseau constatera aussi bien que nous que la planche se trouve à exactement 1 m devant le fusil. Toutefois, le fusil et la planche de bois ne sont pas au repos, mais foncent dans l'espace, devant le vaisseau, à une vitesse proche de celle de la lumière.

Mais venons-en à l'essentiel. Du fait de la dilatation du temps, l'observateur dans son engin constatera que le projectile ne se déplace pas pendant une seconde, mais pendant une seconde multipliée par le facteur gamma, soit dix secondes. Depuis sa tour de guet, la balle de fusil ne file donc pas à 1 000 km/s dans la direction de la planche, mais seulement à 100 km/s.

NEWTON – Pas si vite ! Nous qui sommes observateurs au repos par rapport à la planche, nous voyons bien que la balle pénètre la planche, ou plutôt nous pouvons aisément le constater d'après l'expérience. Si je ne tirais pas la balle vers la planche à une vitesse de 1 000 km/s, mais à une vitesse comparativement inférieure de 100 km/s, alors la balle ne pénétrerait que peu profondément le bois. Or la profondeur d'impact de la balle est un fait ne pouvant pas dépendre de l'observateur, car enfin, au cours de notre expérience, le bois est manifestement endommagé. L'observateur dans son vaisseau pourrait bien se demander alors pourquoi la balle qui file à une vitesse si faible en direction de la planche peut faire de tels dégâts. Voilà qui est étrange !

EINSTEIN – Que l'observateur du vaisseau spatial s'étonne ou non, cela dépend de sa formation. Si, par exemple, c'est un adepte convaincu de la mécanique newtonienne, alors vraiment il sera stupéfait. Mais non s'il est un défenseur de ma théorie, car cela coule de source. Vous venez de dire très justement que le trou percé dans le bois, à savoir la profondeur de l'impact, ne peut pas dépendre de l'observateur. Nous avons vu à l'instant que cet impact dépendait de l'impulsion (ou quantité de mouvement) de la balle, à savoir du produit de la masse et de la vitesse. Une balle projetée à une vitesse plus faible peut très bien causer le même dégât qu'une balle plus rapide, à condition d'être plus lourde. La conclusion tombe sous le sens. La grandeur qui importe ici et qui ne peut en aucune façon dépendre de l'observateur, c'est l'impulsion, à savoir le produit de la masse par la vitesse. Étant donné que la vitesse diminue du facteur gamma correspondant, la masse doit augmenter exactement du même facteur.

Si nous considérons la balle du fusil au repos, on constate qu'elle a une masse que je désignerai par m. Au demeurant, c'est précisément la masse qu'aurait cette balle si la mécanique newtonienne était rigoureusement exacte.

NEWTON – Puisque c'est le cas pour des vitesses infimes par rapport à celle de la lumière, j'en conclus que votre masse *m* est identique à ce que j'entendais par la masse d'un corps lorsque j'écrivais les *Principia*.

EINSTEIN – Exactement. Mais pour définir cette masse sans équivoque, on parle de la « masse au repos » d'un corps. Nous pourrions tout aussi bien la considérer comme étant la masse newtonienne. Pourtant, si le corps se déplace à grande vitesse, alors sa masse croît, plus précisément sa masse en mouvement, que j'appellerai M, pour la distinguer de la masse au repos. Cette croissance est proportionnelle au facteur gamma :

$$M = \gamma m = \frac{m}{\sqrt{1 - \left(\frac{v}{c}\right)^2}}$$

La masse croît ainsi à la manière d'un intervalle de temps, multiplié par ce même facteur gamma.

Pour illustrer cet effet, je dessinai le rapport de la masse en mouvement M et de la masse inertielle *m*.

HALLER – L'augmentation de la masse, appelée « augmentation relativiste de la masse » dans le jargon des physiciens, s'intensifie d'autant plus que la vitesse du corps considéré s'approche de celle de la lumière. Il est de ce fait impossible d'accélérer un corps de manière qu'il atteigne la vitesse de la lumière, car sa masse deviendrait infiniment grande. Par conséquent, il faudrait déployer alors une énergie infinie, et personne ne dispose d'autant d'énergie.

EINSTEIN – Vous voyez, monsieur Newton, dans la théorie de la relativité, les choses sont exactement comme vous l'aviez pressenti. La masse augmente, et il est en principe impossible d'accélérer un corps massif de sorte qu'il voyage à la vitesse de la lumière ou même à une vitesse supérieure.

HALLER – Dans le grand accélérateur du CERN, là-bas, les protons sont portés à une vitesse proche de celle de la lumière.

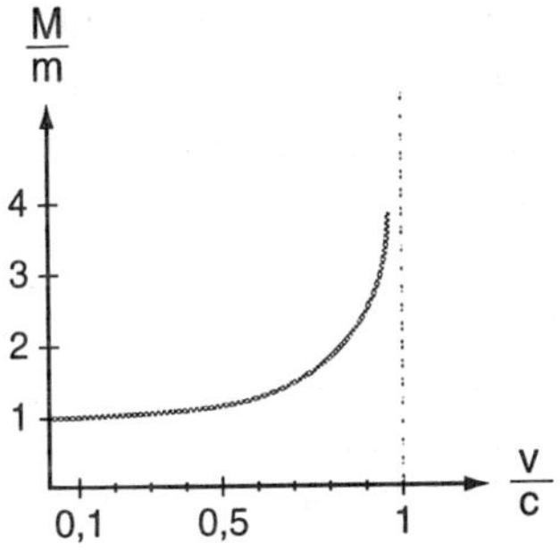

Fig. 27. Augmentation de la masse en mouvement M d'un corps en comparaison de la masse au repos *m*. L'effet indiqué ici par rapport à la vitesse *v* d'un corps, mesurée en unité de vitesse de la lumière, n'apparaît, de même que la dilatation du temps, que si la vitesse est du même ordre de grandeur que celle de la lumière. Ensuite la masse s'accroît rapidement. Plus la vitesse *v* s'approche de la vitesse de la lumière, plus l'augmentation est importante. La limite $v = c$ ne peut jamais être atteinte, car la masse serait alors infiniment grande.

L'énergie que possèdent alors ces particules est pratiquement indépendante de leur vitesse, elle dépend seulement de la masse. Si l'on diminue de moitié la puissance de l'accélérateur, alors les particules ne possèdent plus que la moitié de l'énergie des particules qui circulent dans l'accélérateur fonctionnant avec toute sa puissance. Or, dans les deux cas, la vitesse des particules est très proche de celle de la lumière. La masse des particules dans le second cas est seulement plus élevée que dans le premier cas, elles possèdent donc une énergie supérieure. En voici un exemple. En physique atomique et en physique des particules, on indique l'énergie d'une particule en électronvolts, en abrégé eV.

NEWTON – Je sais. Un électronvolt est l'énergie communiquée à un électron quand on le soumet à la tension électrique d'un volt.

HALLER – Voici mon exemple : l'énergie communiquée à un proton à l'aide de l'accélérateur de particules qui fonctionne à toute puissance est de 400 gigaélectronvolts, en abrégé 400×10^9 eV : c'est considérable. La vitesse des particules est naturellement presque égale à *c*, plus exactement, elle est de 0,999 997 3 *c*. Nous pouvons alors aisément calculer la masse M avec des particules qui se déplacent dans l'accélérateur :

$$M = \gamma m = \frac{m}{\sqrt{1-(0{,}999\,997\,3)^2}} = 430 \text{ m}$$

NEWTON – *My goodness* ! Les protons se déplacent effectivement dans l'accélérateur, là-bas, avec une masse plus de quatre cents fois supérieure à leur masse au repos *m*. Est-il possible d'observer directement cette énorme augmentation de la masse ? Je suppose que, si les protons circulent vraiment avec une masse aussi colossale, cela devrait être perceptible d'une manière ou d'une autre.

HALLER – En effet ! Les protons se meuvent dans un grand tunnel en forme d'anneau. Pour les maintenir sur leur trajectoire, on a recours à des champs magnétiques, car, s'il n'est soumis à aucune force extérieure, un proton, à l'instar de toute autre particule, se déplace de façon rectiligne dans l'espace.

NEWTON – Je devine où vous voulez en venir. L'importance du changement de direction subie par une particule parcourant un champ dépend de l'intensité du champ magnétique. Or ce dernier dépend également de la masse. Si la masse est plus grande, l'influence correspondante sera proportionnellement plus petite. Sitôt qu'apparaît l'accroissement relativiste de la masse, c'est-à-dire lorsque la vitesse des protons approche celle de la lumière, il faut alors des aimants plus puissants pour maintenir les protons sur leur trajectoire.

HALLER – C'est juste. S'il n'y avait pas d'augmentation de la masse, on n'aurait pas besoin d'un champ magnétique particulièrement puissant. Des champs magnétiques faibles suffiraient à maintenir les protons sur leur trajectoire. Pourtant, du fait de l'augmentation de la masse, les aimants doivent être environ quatre cent trente fois plus puissants. La puissance du champ magnétique nécessaire ne peut être atteinte que si l'on communique une énergie suffisante sous forme d'énergie électrique. L'énergie utilisée ainsi par le CERN correspond à la production d'une centrale nucléaire moyenne. Par conséquent,

les coûts de fonctionnement de l'accélérateur seraient beaucoup moins élevés si les effets produits par la théorie de la relativité n'existaient pas.
EINSTEIN – Je suis désolé que l'accélérateur soit plus cher à cause de ma théorie. Monsieur Newton, si votre théorie était juste, tout serait beaucoup moins onéreux. J'espère ne pas croiser le directeur du CERN pendant notre visite, sinon il pourrait lui prendre l'idée de me faire payer la différence.
HALLER – Nous essaierons d'éviter ça. À cette occasion, je voudrais encore signaler quelque chose. Dans les appareils de mesure des particules, par exemple dans les chambres de Wilson ou dans les chambres à bulles, on peut observer les traces des particules. Si une particule traverse alors un champ magnétique, la trace de la particule apparaît courbe. Le degré de courbure nous permet d'évaluer la masse, plus précisément la masse en mouvement de la particule. De cette manière, il est possible d'observer aisément l'augmentation de la masse relativiste.

Allongé dans l'herbe, tenant sa tête dans sa main, Newton regardait pensif en direction de Genève.
NEWTON – N'est-ce pas curieux ? Là-bas, ils accélèrent de la matière ordinaire, plus exactement des protons, à une vitesse proche de celle de la lumière. Par ailleurs, il existe des particules, je pense aux grains de lumière, donc aux photons. Ils possèdent une énergie, mais pas de masse, et traversent l'espace à la vitesse de la lumière. Pour reprendre le concept de masse inertielle, que vous avez utilisé précédemment, on peut dire que les photons sont des particules sans masse inertielle, qui possèdent de l'énergie. Il me semble que, mis à part la masse inertielle existant pour les protons mais non pour les photons, quelque chose est commun aux protons et aux photons. Ces deux particules ne peuvent se déplacer qu'à des vitesses inférieures à celle de la lumière, ou au maximum égales à celle-ci, en ce qui concerne les photons.
EINSTEIN – Et pourquoi trouvez-vous cela curieux ? Nous savons bien que la vitesse de la lumière est quelque chose de

plus que celle des photons, c'est en quelque sorte une vitesse fondamentale dans notre univers.

NEWTON – Je le sais. Seulement, je vois que les protons qui se meuvent dans l'espace à une vitesse proche de celle de la lumière, par exemple les protons du CERN à nos pieds, ont quasiment l'apparence de photons. Entre un faisceau de protons au mouvement rapide et un faisceau de photons possédant la même énergie, la différence n'est pas si grande.

Comprenez-moi bien ! Je suis seulement un peu surpris par le concept de masse. Je croyais savoir ce qu'était la masse quand je rédigeais mes *Principia* ! Maintenant, après tout ce que je vous ai entendu dire sur la structure de l'espace et du temps, il me semble ne plus rien comprendre. Ne serait-ce pas plus simple si toutes les particules, y compris les protons, étaient dénuées de masse au même titre que les photons ? Mais pourquoi y a-t-il donc des particules massives ?

Je m'étonne aussi de cette relation singulière entre l'énergie et la masse. L'énergie cinétique d'un objet dépend, comme nous le savons, de la masse et du carré de la vitesse de cet objet, plus précisément, l'énergie est donnée par $E = \frac{1}{2} mv^2$, en tout cas aussi longtemps que l'objet considéré possède une vitesse très inférieure à celle de la lumière. Si l'on augmente la vitesse d'un projectile d'un facteur 2, alors l'énergie cinétique contenue dans ce projectile s'accroît d'un facteur 2^2, soit 4. Maintenant, je considère les protons qui se déplacent à une vitesse proche de celle de la lumière, là-bas au CERN. Mais qu'est-ce alors que l'énergie de ces protons ? En d'autres termes, je cherche un équivalent à ma formule $E = \frac{1}{2} mv^2$ dans le cas où la vitesse v s'approche de la vitesse de la lumière c.

Si j'accrois l'énergie des protons du CERN, comme nous le savons déjà, seule est accrue la masse en mouvement M, car la vitesse n'est pratiquement pas modifiée. L'énergie et la masse sont donc directement proportionnelles. C'est étrange, on est enclin à penser qu'il y a une relation mystérieuse entre la masse et l'énergie. Monsieur Einstein, vous ne dites rien. Qu'en pensez-vous ? Quelle est votre opinion là-dessus ?

EINSTEIN – Mon opinion est on ne peut plus claire. Cette relation entre l'énergie et la masse existe bel et bien. Dans la théorie de la relativité, elle joue un rôle important, tout à fait spécifique, dont nous parlerons souvent. Sans trop exagérer, on peut dire, je crois, que cette relation est la conséquence la plus intéressante de la théorie de la relativité.

Mais, chers messieurs, il est déjà midi passé ! Si nous pensions au pique-nique ? Je meurs de faim.

Voilà comment nous avons oublié pendant un certain temps l'équivalence entre la masse et l'énergie, pour manger de bon appétit les sandwichs que j'avais rapportés de la cafétéria du CERN.

CHAPITRE XV

Une formule qui changea le monde

Après le pique-nique, nous reprîmes notre promenade sur les crêtes du Jura. Newton cheminait en silence tandis que je vantais à Einstein la magie du paysage avec la solitude de ces forêts préservées comme nulle part ailleurs en Europe occidentale. Souvent, quand je m'étais heurté à des problèmes insolubles au CERN, j'avais retrouvé ici l'inspiration. Nous nous assîmes à la lisière d'un petit bois, et aussitôt sir Isaac nous posa une question qui visiblement n'avait cessé de le tourmenter.

NEWTON – Je suis encore hanté par la relation entre la masse et l'énergie, telle qu'elle existe apparemment dans la théorie de la relativité. J'ai pensé à la chose suivante : l'expression de l'énergie d'un objet se déplaçant rapidement, presque à la vitesse de la lumière, par exemple celle d'un proton dans l'accélérateur du CERN, sera assurément proportionnelle à la masse en mouvement M, et si je double la masse, l'énergie sera deux fois plus grande. Étant donné que la masse en mouvement M augmente quand nous approchons peu à peu la vitesse de la lumière, cela signifierait que l'énergie de l'objet en question s'accroît également. Par ailleurs, l'expression que nous recherchons, ainsi que ma formule $E = \frac{1}{2} mv^2$, contient le carré de la vitesse puisque, en raison des dimensions physiques, l'énergie cinétique d'un objet se révèle être une grandeur constituée par la masse et le carré de la vitesse. Cette vitesse étant proche de la vitesse de la lumière *c*, on pourrait supposer que la relation recherchée entre la masse et l'énergie contient d'une quelconque manière le produit mc^2, sachant que M, comme on l'a déjà dit, est la masse de l'objet en mouvement et donc dépend de la vitesse.

J'ai joué aussi avec l'idée que l'énergie est tout simplement donnée par cette formule, donc par $E = mc^2$, ou encore par un fragment ou un multiple de cette expression, par exemple $E = \frac{1}{2} mc^2$. Cela pourrait être exact, au moins en ce qui concerne les dimensions physiques, car la formule mc^2 indique bien ce qu'on attend de l'énergie : elle contient aussi bien la masse que le carré d'une vitesse, en l'occurrence le carré de la vitesse de la lumière. Quoi qu'il en soit, mc^2 est constamment présent à mon esprit. Étant donné que M désigne la masse de la particule se déplaçant à grande vitesse, je peux modifier la formule, à l'aide du facteur gamma

$$E = m \gamma c^2,$$

sachant que m est ici la masse au repos. Il me semble impossible que cette formule soit juste pour des particules se déplaçant à très grande vitesse, par exemple pour des protons dans l'accélérateur du CERN, donc pour des particules dont la masse M en mouvement est grande par rapport à la masse au repos.

Elle ne peut pas être valable pour des petites vitesses, car nous savons bien que dans ces conditions, c'est ma... – *beg your pardon* – c'est la mécanique newtonienne qui s'applique, l'énergie cinétique d'un corps s'exprimant alors par $E = \frac{1}{2} mv^2$. Comme il était prévisible, cette énergie disparaît quand la vitesse s'annule. Dans ma mécanique, un corps au repos ne possède pas d'énergie.

Or l'équation ci-dessus est très étrange. Si je l'utilise pour de petites vitesses, je peux sans problème passer au cas limite où la vitesse s'annule, et, dans ce cas, le résultat n'est pas nul. Le facteur gamma étant exactement de 1, j'obtiens alors l'équation vraiment remarquable $E = mc^2$.

Je suppose qu'il s'agit ici d'une relation absurde, car, d'après cette formule, on pourrait s'attendre à ce qu'un corps

immobile contienne aussi une énergie et même une énergie considérable comparée à nos résultats habituels, car la vitesse de la lumière c est vraiment très élevée.
HALLER – Avant de poursuivre notre discussion sur cette relation selon vous absurde, je voudrais attirer votre attention sur une petite curiosité mathématique. Supposons que nous considérions la formule que vous venez de mentionner, à savoir $E = mc^2$, comme étant exacte pour toutes les vitesses.
NEWTON – Mais c'est...
HALLER – Laissez-moi aller au bout de mon raisonnement. Nous allons calculer cette relation pour le cas où v est très petite par rapport à la vitesse de la lumière c. Mais d'abord faisons un petit calcul. Si x est petit par rapport à 1, on peut écrire :

$$\frac{1}{\sqrt{1-x}} \approx 1 + \frac{x}{2}$$

Cette relation mathématique n'est certes pas rigoureusement exacte, elle ne s'applique que pour des x suffisamment petits, et, dans ce cas, elle n'est pas exacte mais donne seulement une valeur approchée. Prenons, par exemple, le cas x = 0,02. Sur le côté gauche, nous avons 1,010 2 et sur le côté droit 1,010 0, cette relation est donc juste.
NEWTON – Bien sûr, mais cela vous sert à quoi ?
HALLER – C'est simple, j'utilise cette relation afin de formuler autrement l'équation de l'énergie en remplaçant x par le carré $(v/c)^2$:

$$E = m\gamma c^2 = E = \frac{mc^2}{\sqrt{1-\left(\frac{v}{c}\right)^2}} \approx mc^2\left(1+\frac{v^2}{2c^2}\right) = mc^2 + \frac{1}{2}mv^2$$

Mon interlocuteur jeta un coup d'œil sur l'équation que j'avais notée et bondit, hors de lui, montrant du doigt la feuille de papier.
NEWTON – Mais, monsieur Einstein, c'est mon équation pour l'énergie, $\frac{1}{2}$ mv². Attendez, je veux vérifier encore une fois ce calcul. Mais pas de doute, c'est exact, on retrouve là encore

mc^2. *Gentlemen*, vous savez comment cela s'appelle ? Si notre relation initiale $E = mc^2$ s'avère juste et pas seulement approximative pour les très grandes vitesses, l'énergie d'un corps en mouvement, quand on a affaire à des petites vitesses, est composée de deux parties : mon énergie cinétique donnée par le fameux $\frac{1}{2}\,mv^2$ et le mystérieux $E = mc^2$. Si c'est vraiment juste, ceci signifierait que mon énergie cinétique, à savoir $\frac{1}{2}\,mv^2$, représente une très petite correction, car la partie principale de l'énergie d'un corps réside dans sa masse au repos, donnée par mc^2 et qui est comparativement colossale.
EINSTEIN – Ce n'est pas nouveau pour moi, Newton. L'énergie totale d'un corps est donnée en effet par la formule $E = mc^2$. J'étais déjà parvenu à cette relation dans mes travaux sur la théorie de la relativité en 1905. L'énergie d'un corps massif se déplaçant dans l'espace à une vitesse faible par rapport à c est donc composée des deux éléments que vous venez de mentionner. Si la vitesse est égale à zéro, alors l'énergie du corps n'est pas nulle comme dans votre mécanique, mais elle est donnée par $E = mc^2$, donc par la masse au repos du corps multipliée par le carré de la vitesse de la lumière.
NEWTON – Mais c'est une énergie colossale ! Vous affirmez vraiment que, dans un corps au repos, comme dans cette pierre que j'ai en main, il peut y avoir une énergie aussi considérable ?
EINSTEIN – C'est exactement ce que je veux dire, sir Isaac. Selon moi, il n'y a pas de différence fondamentale entre la masse et l'énergie. Si j'ai bien compris une remarque faite par Haller précédemment, aujourd'hui encore nous ignorons pourquoi certaines particules possèdent une masse. À mes yeux, la masse d'une telle particule n'est rien d'autre que de l'« énergie congelée ».

Pensif, Newton fit quelques pas, puis demanda avec une certaine excitation dans la voix : « Vous voulez dire que l'on pourrait éventuellement “ dégeler ” l'énergie “ congelée ” dans cette pierre, par exemple ?

– Oui, cela se pourrait bien.

– Vous parlez sérieusement ? demanda Newton très pâle, au bord de l'épuisement.

– Si vous ne me croyez pas, répondit Einstein laconique, demandez à Haller.

– Comprenez-moi bien tous les deux, dit Newton, en me lançant un regard incrédule, si cette formule s'avérait juste, il en découlerait pour notre compréhension de la nature des conséquences inouïes qui pourraient avoir un rejaillissement catastrophique sur la planète entière. Qui pourrait alors garantir que la matière est stable dans notre monde et qu'elle ne va pas se transformer soudain en énergie lumineuse par exemple, peut-être sous forme d'une explosion gigantesque, à peine imaginable ? »

Newton escalada une petite hauteur pour s'inspirer de la sérénité du paysage et du vaste panorama sur le lac et les Alpes. Einstein et moi restions allongés sur l'herbe.

EINSTEIN – Et que dit aujourd'hui la science sur ma relation entre la masse et l'énergie ? Bien que cette formule attribue une énergie considérable à toute particule et à tout corps massif, on ne sait pas encore si l'on peut libérer cette énergie entièrement ou partiellement. J'aimerais bien en savoir davantage là-dessus. Mais ce sera pour plus tard, voilà Newton qui revient.

NEWTON – Savez-vous ce à quoi je viens de penser ? Le Soleil... nous savons tous que le Soleil rayonne chaque jour des quantités considérables d'énergie, le plus souvent sous forme d'énergie de rayonnement électromagnétique, et ce depuis déjà des millions, peut-être même des milliards d'années.

HALLER – Le Soleil existe depuis plus de quatre milliards d'années.

NEWTON – Encore mieux ! En tout cas, il rayonne depuis fort longtemps. Autrefois, à Cambridge, quand j'écrivais mon livre, je m'en étonnais déjà... D'où provient cette énergie ? S'il est vrai que la masse représente, comme vous dites, une sorte d'« énergie congelée », on peut aisément résoudre ce problème, à condition toutefois qu'interviennent dans le Soleil des processus utilisant cette énorme « énergie de masse » congelée. Mais alors, de quels processus s'agit-il ? Si cela se révélait vrai, il devrait être possible de libérer cette énergie sur Terre. Quelles perspectives ! On disposerait alors d'une énergie inépuisable.

EINSTEIN – Plus qu'assez pour faire sauter toute la planète.

NEWTON – Calculons la quantité d'énergie correspondant, selon votre formule, à une masse de un kilogramme et ce en unités d'énergie utilisées aujourd'hui, les wattsecondes (Ws) ou les kilowattheures (kWh). Si une masse de un kilo se déplace à la vitesse de 1 m/s, alors elle possède – *dixit* ma mécanique – une énergie de $\frac{1}{2}$ mv², donc $\frac{1}{2}$ kg (m/s)², à savoir $\frac{1}{2}$ wattseconde. Pour obtenir la valeur de l'énergie correspondant à la relation d'Einstein, il me faut seulement remplacer v par c et le multiplier par 2 :

$$1\ \text{kg} \times c^2 = 1\ \text{kg} \times (3 \times 10^8\ \text{m/s})^2 = 9 \times 10^{16}\ \text{Ws} = 25 \times 10^9\ \text{kWh}$$

$$[1\ \text{kWh} = 3\,600\ \text{s} \times 1\,000\ \text{W} = 3{,}6 \times 10^6\ \text{Ws}]$$

Soit presque trente milliards de kilowattheures, une énergie à peine imaginable !

HALLER – Elle correspond à l'énergie que peut produire en une année une très grande usine atomique d'une puissance de 3 mégawatts. Un pays comme la Suisse pourrait vivre presque une année avec cette énergie.

Mais je crois que cela n'a pas de sens de continuer à philosopher sur l'équivalence entre la masse et l'énergie. Même si la formule d'Einstein prévoit qu'à toute masse correspond un certain équivalent relativement élevé d'énergie, cela ne signifie pas qu'on puisse libérer réellement toute cette énergie. Dans les années qui ont suivi la Seconde Guerre mondiale, après 1945, on a assisté à plusieurs événements ayant trait à cette transformation de la masse en énergie selon la formule d'Einstein. Le mieux serait d'en discuter maintenant de façon systématique.

EINSTEIN – Commençons tout de suite, monsieur Haller ! Mais, dorénavant, il faudra que vous preniez l'initiative, parce que Newton et moi... enfin, vous comprenez...

HALLER – J'ai apporté une copie de votre article de 1905. Un article très court peut-être, puisqu'il ne fait que trois pages, mais, si l'on s'en rapporte à ses conséquences sur la physique, sur notre compréhension de la nature et sur l'état actuel du monde, c'est sans doute l'article le plus important du vingtième siècle. Je propose que vous nous lisiez donc les conclusions de la dernière page.

EINSTEIN – « Si un corps émet l'énergie L sous forme de rayonnement, sa masse diminue de L/V^2, V représentant ici la vitesse de la lumière, que nous avons récemment désignée par *c*. Il est ici visiblement de peu d'importance que l'énergie soustraite du corps soit dans ce cas transformée en énergie de rayonnement, si bien que nous en arrivons à la conclusion générale suivante : la masse d'un corps est une mesure de son énergie interne. Si l'énergie varie de L, alors la masse varie dans le même sens de $L/9 \times 10^{20}$, si l'énergie est mesurée en ergs et la masse en grammes. Il n'est pas exclu que la vérification de la théorie soit juste pour les corps dont l'énergie interne est en grande partie transformable (par exemple pour les sels du radium). » Fin de citation.

HALLER – Soit dit en passant, sir Isaac, l'erg est une unité d'énergie peu usitée de nos jours : $1\ \mathrm{Ws} = 10^7$ ergs. Mais venons-en au fait. Comme nous le voyons, dans cette première publication sur le rapport entre l'énergie et la masse, Einstein a déjà prévu qu'il serait possible de vérifier la théorie en examinant de plus près l'énergie de rayonnement du radium. Il avait aussi donné à ce propos un exemple prouvant l'importance de la formule de l'énergie. Monsieur Einstein, permettez-moi de citer ici cet exemple, sous une forme quelque peu modifiée. Quand un corps rayonne de l'énergie, par exemple sous forme d'émission électromagnétique, il perd simultanément de la masse. Une sphère d'acier incandescente émet ainsi de l'énergie électromagnétique sous forme de rayonnement de chaleur. Supposons que la sphère émette au total l'énergie E avant de redescendre à la température ambiante. Conformément à l'équation d'Einstein, cette énergie a un équivalent en masse de E/c^2. Si je pesais la sphère avant et après le refroidissement, je devrais constater qu'elle s'est allégée après coup de la quantité E/c^2. Du fait de l'importance de la vitesse de la lumière, cette différence de masse est si petite qu'elle n'est pas directement mesurable.

Prenons un autre exemple : une ampoule allumée de 100 watts émet pendant une heure une énergie correspondant à 10^{-12} kg, masse très faible et non directement mesurable.

Il existe cependant des phénomènes au cours desquels on observe immédiatement la différence de masse. Mais il s'agit alors exclusivement de phénomènes de physique atomique, nucléaire ou des particules. Examinons, par exemple, le noyau atomique d'hydrogène lourd.

NEWTON – Je connais l'hydrogène normal, mais qu'est-ce que l'hydrogène lourd ?

HALLER – Il existe une forme rare d'hydrogène, dont le noyau atomique n'est pas constitué d'un seul proton comme l'hydrogène ordinaire, mais composé d'un proton et d'un neutron. Les neutrons, vous vous en souvenez, sont des particules à charge électrique neutre, qui à maints égards se comportent comme des protons. Quoi qu'il en soit, un proton et un neutron s'unissent pour former un nouvel objet, appelé « deuton ». La charge électrique du deuton est, bien sûr, égale à celle du proton. C'est pourquoi il est tout à fait possible de prendre un atome ordinaire d'hydrogène et d'échanger son noyau atomique, c'est-à-dire le proton, avec un deuton. Cet atome a maintenant une masse supérieure à celle de l'atome d'hydrogène ordinaire, les deutons étant plus lourds que les protons. Ainsi, on appelle souvent cette sorte d'hydrogène « hydrogène lourd » ou encore « deutérium ». Une partie infime de l'hydrogène, environ 0,016 %, existant sur Terre sous forme naturelle dans l'eau des océans, est de l'hydrogène lourd. Si l'on tient compte du volume considérable des océans, la quantité globale de deutérium existant sur Terre est évidemment très grande malgré son très faible pourcentage.

EINSTEIN – Mais pourquoi le proton et le neutron se réunissent-ils pour former un deuton ? Serait-ce dû aux forces nucléaires ?

HALLER – En effet, il existe entre le proton et le neutron des forces puissantes, les forces nucléaires. Un proton et un neutron s'attirent fortement lorsqu'ils sont placés à proximité l'un de l'autre. Ils s'associent pour former un deuton.

EINSTEIN – Je vois où vous voulez en venir. Pouvez-vous nous donner des précisions sur les masses des protons, des neutrons et des deutons ?

HALLER (*sortant un petit manuel*) – J'ai ici un livre, mis à jour régulièrement, contenant de nombreuses données concernant les particules élémentaires ainsi que leur masse. Au demeurant, en physique subatomique, on n'indique pas les masses des particules en grammes ou en kilogrammes puisqu'il faudrait compter alors en valeurs numériques très petites, on utilise plutôt la formule d'Einstein pour calculer les masses en unités d'énergie et on a recours à l'électronvolt dont on a parlé précédemment.

NEWTON – C'est astucieux. De quel ordre de grandeur est la masse d'un proton, plus exactement d'un proton au repos, exprimée en électronvolts ?

HALLER – J'ai ici un tableau sur lequel vous pouvez lire les masses, aussi bien en électronvolts, plus exactement en mégaélectronvolts, en abrégé MeV [un mégaélectronvolt = 1 million d'électronvolts, donc 10^6 eV], et en kilogrammes.

Masse du proton	938,3 MeV $\div$ 1,673 $\times$ 10^{-27} kg
Masse du neutron	939,6 MeV $\div$ 1,674 $\times$ 10^{-27} kg
Masse du deuton	1 875,7 MeV $\div$ 3,343 $\times$ 10^{-27} kg

Si vous le permettez, je vais à cette occasion vous indiquer la masse de mon propre corps en mégaélectronvolts ; masse de Haller : 4,49 $\times$ 10^{31} MeV $\div$ 80 kg.

EINSTEIN (*après avoir additionné deux chiffres*) – C'est bien ce que je pensais. Voyez-vous, Newton, comme le deuton est composé d'un proton et d'un neutron, on pourrait penser que sa masse est égale ou à peu près égale à la somme des masses du proton et du neutron. Si vous additionnez ces deux quantités, vous obtenez 1 877,9 MeV, c'est-à-dire 2,2 MeV de plus ou, respectivement, 0,004 × 10^{-27} kg de plus que la masse du deuton.

NEWTON – Comment est-ce possible ? Monsieur Haller, vous disiez précédemment qu'on peut produire un deuton en associant un proton et un neutron. Comment se fait-il que la masse du deuton ne soit pas égale ou presque égale à la masse des deux parties ?

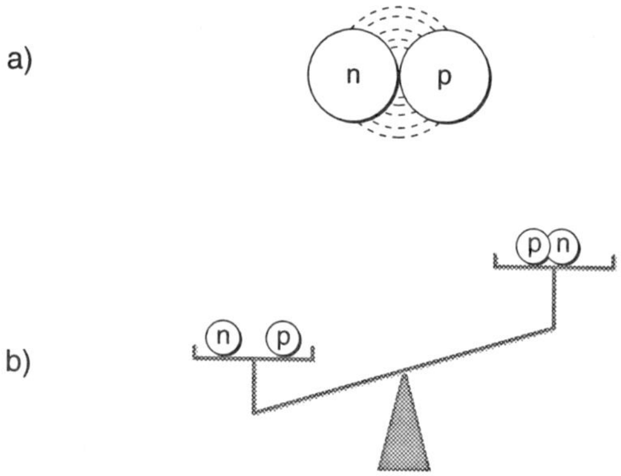

Fig. 28a. Le noyau atomique d'hydrogène lourd, le deuton, se compose d'un proton p et d'un neutron n, liés l'un à l'autre par la force nucléaire. Pour scinder les deux particules, on doit fournir une énergie d'au moins 2,2 MeV. La masse du deuton exprimée en unités d'énergie est inférieure à la somme des masses des deux constituants.
Fig. 28b. La masse du deuton est inférieure d'environ 0,12 % à la somme des masses du proton et du neutron ; on parle d'un défaut de masse.

HALLER – Si vous effectuez vraiment l'expérience au laboratoire, au CERN par exemple, si vous rapprochez peu à peu un neutron d'un proton, vous n'obtenez pas seulement un deuton mais aussi de l'énergie rayonnée sous forme de photons, donc une énergie de rayonnement électromagnétique. Cette énergie correspond exactement à la masse manquante. La somme des masses des deux constituants du deuton étant légèrement supérieure à la masse du deuton, on parle ici d'un défaut de masse, on pourrait dire aussi « un déficit de masse ». Nous assistons à un phénomène correspondant exactement à ce qu'Einstein a décrit dans son article de trois pages : un système libère de l'énergie sous forme de rayonnement électromagnétique et subit une perte de masse.

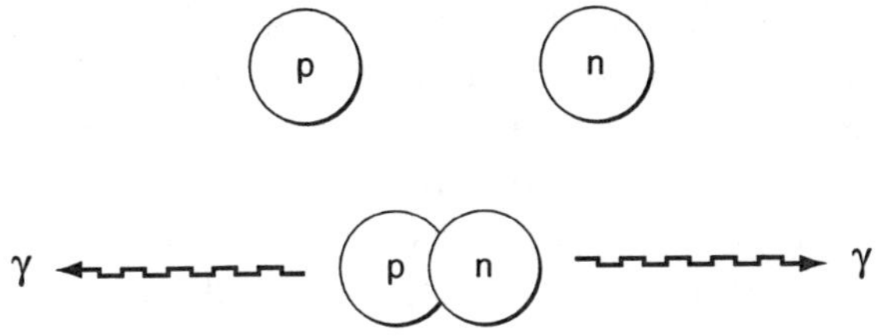

Fig. 29. Quand on associe un proton et un neutron, il se produit un rayonnement de photons. Par exemple, deux photons peuvent être émis dans des directions diamétralement opposées, chacun possédant une énergie de 1,1 MeV. La somme de l'énergie des deux photons, c'est-à-dire 2,2 MeV, correspond exactement à la différence entre la masse du deuton et la somme des masses des deux constituants.

EINSTEIN – Lors de la formation du deuton, une énergie de 2,2 MeV est libérée, c'est-à-dire un pour mille de la masse du deuton. Cela signifie qu'environ un millième de la masse initialement disponible s'est transformé en énergie.
HALLER – Par ailleurs, on doit employer exactement ces 2,2 MeV si l'on veut de nouveau scinder un deuton en ses constituants, proton et neutron. Au laboratoire, c'est aisément réalisable si, comme je l'ai dit, on en accepte le coût en énergie.
NEWTON – J'ignore ce que représente exactement une quantité d'énergie de 2,2 MeV. En revanche, j'imagine bien ce qu'est une quantité d'énergie de un kilowattheure.
HALLER – C'est simple. Cette énergie, l'énergie de liaison du deuton, nous pouvons également la représenter en kilowattheures. Seulement, je crains que cela ne stimule pas notre imagination, car on obtient une valeur très faible, d'après ma calculette, environ 10^{-19} kWh.
NEWTON – Imaginons une grande quantité de protons, de neutrons et aussi d'électrons. J'associe chaque fois un proton à un neutron pour produire un deuton, puis j'allie ce deuton à un

électron et j'obtiens ainsi un atome d'hydrogène lourd. Si je produis ainsi une masse macroscopique – disons de 1 kg d'hydrogène lourd –, une grande quantité d'énergie devrait alors être libérée.
EINSTEIN – C'est facilement calculable. Nous avons déjà dit que, pendant la formation du deuton, un millième environ de la masse totale est transformé en énergie. Maintenant, si nous partons de un kilogramme d'hydrogène lourd, un millième, c'est-à-dire un gramme, est transformé en énergie. Conformément à ma formule $E = mc^2$ et au calcul que nous venons d'effectuer, une masse de 1 g correspond à une quantité d'énergie de 25 millions de kilowattheures. Cette énergie considérable est ainsi libérée principalement sous forme de rayonnement électromagnétique lorsque nous produisons un kilogramme de deutérium à partir de neutrons et d'hydrogène ordinaire.

Si on effectuait très rapidement ce processus, on obtiendrait une bombe d'une force destructrice inimaginable. Cela ne vous donne-t-il pas à réfléchir, Haller ?
HALLER – En effet, nous en reparlerons ; pour l'instant, il faut préciser qu'il n'existe pas de substance naturelle ne contenant que des neutrons. On ne peut donc pas produire des quantités macroscopiques de deutérium de cette manière. En tout cas, on ne peut ainsi ni produire de l'énergie ni construire une bombe.

Mais il se faisait tard. Allions-nous rester ou rentrer ? Aucun de nous n'avait envie de prendre le chemin du retour. Nous passâmes donc la soirée dans les montagnes du Jura. L'air se faisant humide, Newton et Einstein allèrent ramasser du bois sec dans la forêt pendant que je préparais un endroit où allumer le feu. Newton et Einstein revinrent les bras chargés de branches. Toute la soirée, les flammes crépitèrent.

CHAPITRE XVI

La force du soleil

Nous étions tranquillement installés devant le feu afin de jouir de sa douce chaleur car le soleil avait beaucoup baissé à l'ouest et perdu toute intensité.

NEWTON (*avec quelque ironie dans la voix*) – Si nous pouvons nous réchauffer ici, c'est aussi grâce à vous, monsieur Einstein. En effet, l'énergie du rayonnement électromagnétique émise par les flammes provient du fait qu'une petite partie de la masse du combustible se transforme en énergie.

EINSTEIN (*tout aussi ironique*) – Je ne vois pas les choses ainsi, monsieur Newton. Pour alimenter notre feu, il est certes essentiel que nous disposions de matériaux de combustion. Sans le bois sec que nous avons ramassé et porté jusqu'ici, il n'y aurait pas de feu. Avec des pierres, on ne peut pas faire de feu, bien qu'elles possèdent aussi une masse.

Toutefois, dans mon équivalence masse-énergie, seule la masse intervient. Je veux dire par là que ma formule ne décrit sans doute qu'une infime partie du phénomène. Si l'on peut obtenir de l'énergie à partir de la masse, cela résulte d'autres propriétés de la matière. Moi et ma formule, nous n'y sommes pour rien.

NEWTON – C'est vrai. Il reste que le rapport que vous avez établi entre la masse et l'énergie m'a ouvert des horizons entièrement nouveaux que je suis en train d'explorer.

HALLER – Messieurs, si nous poursuivions ? Au cours d'un processus chimique, comme ici la combustion du bois, il n'est pas faux de parler d'une transformation de la masse en énergie de rayonnement, mais c'est quasiment inutile car l'effet est si minime qu'on peut le négliger sans crainte. Certes, les produits de combustion de notre feu sont plus légers, mais seulement d'un dix milliardième de la masse de départ. Du reste, les chimistes sont aujourd'hui en mesure de déterminer la masse de matière ayant pris part à une combustion au dix millionième près. Il faudrait donc améliorer la précision de ces mesures d'un facteur 1 000 pour pouvoir mesurer la réduction de masse prévue par la théorie de la relativité. Dans le fond, les chimistes ont bien raison de parler non seulement de la conservation de l'énergie, mais aussi de celle de la masse. Cette dernière n'est certes pas entièrement exacte, mais elle est convenable, étant donné l'ordre de la précision des mesures atteignables aujourd'hui.

Chaque fois qu'une part importante de la masse est transformée en énergie, il s'agit de réactions qui relèvent du domaine de la physique nucléaire ou des particules élémentaires, comme dans l'exemple précédent de la production du deutérium.

NEWTON – Je suppose que les réactions responsables de l'énergie solaire sont des réactions nucléaires.

HALLER – Si on analyse la composition du Soleil et des étoiles, on constate qu'une grande partie de la matière stellaire est formée d'hélium et de gaz rares. Environ un tiers de la matière constituant l'univers n'est rien d'autre que de l'hélium. L'atome d'hélium est composé de deux électrons dans le cortège électronique et d'un noyau, constitué de deux protons et de deux neutrons. Ce noyau est appelé « particule alpha » (particule α).

Mais considérons ce noyau de plus près. Si, conformément à la relation d'Einstein, nous exprimons sa masse en unités d'énergie, nous obtenons

$$m_\alpha = 3\,727{,}5 \text{ MeV}.$$

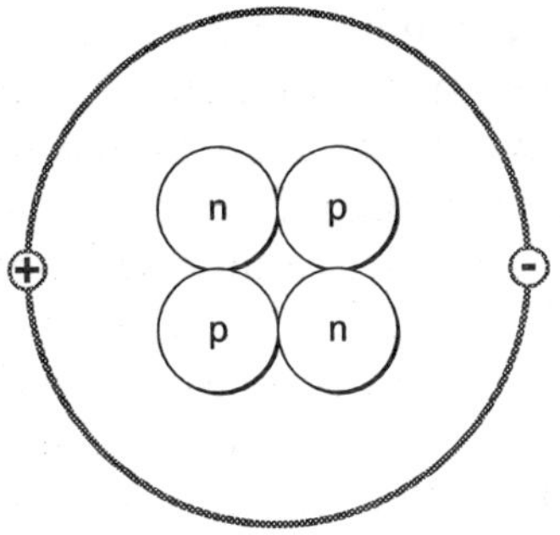

Fig. 30. Schéma d'un atome d'hélium, constitué de deux électrons dans le cortège électronique et d'un noyau composé lui-même de deux protons et de deux neutrons. La taille du noyau est disproportionnée ici.

NEWTON – Quel noyau étrange ! Je viens de comparer sa masse à la somme des masses des constituants, c'est-à-dire aux masses des deux protons ajoutées aux masses des deux neutrons. Cette dernière est tout de même de 3 755,8 MeV, c'est-à-dire 28,3 MeV de plus que la masse de la particule alpha. C'est une énergie ou une masse considérable : elle correspond à presque 0,8 % de la masse totale de la particule alpha. Cette énergie est donc libérée lorsqu'on réunit deux neutrons et deux protons pour former une particule alpha. Pour le deuton, il n'y avait que 2,2 MeV d'énergie de liaison, à savoir seulement un millième de la masse du deuton.

EINSTEIN – Ce qui revient à dire que l'atome d'hélium est de structure relativement stable, les quatre constituants sont en effet solidement liés.

HALLER – Par ailleurs, cette propriété du noyau d'hélium dépend de propriétés inhérentes aux noyaux atomiques dont nous n'allons pas parler ici.

On peut considérer la particule alpha comme étant un système lié, composé de deux deutons. Le défaut de masse résultant de la liaison des deutons pour former une particule alpha est alors inférieur à 28,3 MeV, à savoir 23,9 MeV.

NEWTON – Par conséquent, si je réunis deux deutons, 23,9 MeV sont libérés. Voilà une manière intéressante de produire une particule alpha et d'obtenir simultanément de l'énergie. Vous disiez précédemment que les deutons ne manquaient pas sur Terre, les mers contenant bien suffisamment d'hydrogène lourd. Quand on prend deux deutons et qu'on les associe, on obtient un noyau d'hélium avec émission importante d'énergie de rayonnement.

HALLER – À première vue, vous avez raison. Quand on associe deux deutons – c'est ce qu'on appelle aussi « fusion de deux deutons » –, on libère dix fois plus d'énergie que lors de la fusion d'un proton et d'un neutron. Si l'on produisait un kilogramme d'hélium au cours de la fusion du deutérium, on obtiendrait alors l'énergie considérable de 200 millions de kWh.

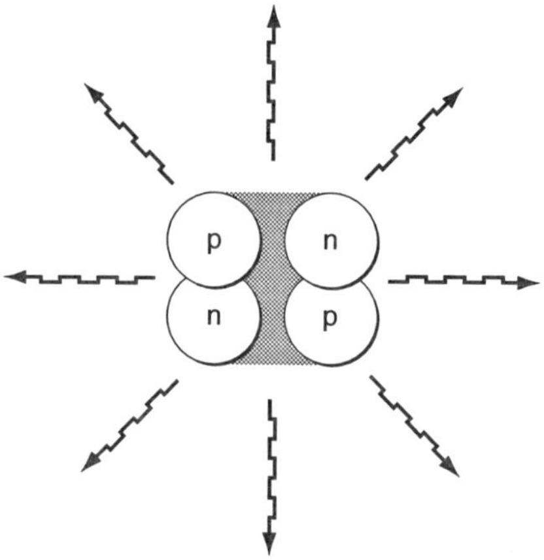

Fig. 31. Lors de la fusion de deux deutons en une particule alpha, c'est-à-dire en un noyau d'hélium, une énergie d'environ 24 MeV est libérée sous forme de rayonnement électromagnétique.

Cela a l'air simple, mais ne l'est pas en vérité. Le problème est que les deutons sont chargés électriquement au même titre que les protons. Deux deutons se repoussent électriquement. Pour les fusionner en une particule alpha, il faut vaincre cette répulsion et placer les deutons suffisamment près l'un de l'autre afin que les forces nucléaires entrent en action.

EINSTEIN – Et à quelle distance cela se produit-il ?
HALLER – À environ 10^{-12} cm, c'est-à-dire 1/10 000 de l'étendue d'un atome.
EINSTEIN – Je vous souhaite bien du plaisir. La probabilité de faire se rencontrer deux deutons quand on les projette l'un sur l'autre est sûrement infime, d'autant qu'il faut vaincre la répulsion électrique entre les deux particules.
HALLER – C'est effectivement le problème. Il est facile d'obtenir de temps à autre un processus de fusion en envoyant des deutons contre d'autres deutons. Mais il faut encore que l'énergie des particules soit assez élevée pour venir à bout de la répulsion. En tout état de cause, très peu de deutons participent au processus de fusion. La plupart d'entre eux passent à côté l'un de l'autre. On a analysé avec précision ces phénomènes. Il s'est avéré que l'énergie nécessaire à l'accélération des particules permettant la fusion est de loin supérieure à l'énergie qu'on pourrait en obtenir. Autrement dit, on ne gagne pas de l'énergie de cette manière, au contraire on en perd.
EINSTEIN – C'est ce que j'ai pensé depuis le début. Mais il m'est venu une autre idée. Nous pourrions chauffer de l'hydrogène lourd. Porter une substance à haute température signifie que l'énergie cinétique des atomes ou des particules est augmentée en conséquence. À une température très élevée, des noyaux de deutérium (des deutons) suivis de beaucoup d'autres, à température plus élevée encore, vaincront la répulsion électrique lors de fréquentes collisions et fusionneront. Autrement dit, quand l'hydrogène lourd est suffisamment chaud, le processus de fusion se produit spontanément. Une sorte de combustion nucléaire de la matière commence, phénomène pouvant se prolonger à la manière d'une explosion s'il y a suffisamment de deutérium.
NEWTON – Peut-être ce phénomène est-il responsable de la production de l'énergie dans le Soleil ?
HALLER – Je vous en prie, une chose après l'autre. Einstein a entièrement raison. La fusion nucléaire intervient spontanément à partir d'une certaine température. Il s'avère, en tout cas, que cette température est très élevée par rapport à celles

que nous connaissons sur Terre. Pour vaincre la répulsion électrique, les deutons doivent posséder une énergie de quelques mégaélectronvolts. Il est facile de calculer la température nécessaire. Afin que l'énergie moyenne des deutons soit d'environ quelques mégaélectronvolts, il nous faut des températures d'environ 10^{10}, donc de dix milliards de degrés, une température à peine concevable.

Quoi qu'il en soit, pour obtenir la fusion, il n'est pas nécessaire que tous les deutons possèdent l'énergie requise. À des températures considérablement plus faibles, l'énergie d'un petit pourcentage de deutons demeure suffisamment grande. Afin d'amorcer le processus de fusion, une température d'environ 10^8, soit de 100 millions de degrés, suffira.

NEWTON – Je ne comprends pas ce que signifierait le fait de porter à 100 millions de degrés une substance comme de l'hydrogène lourd. Qu'adviendrait-il alors des atomes à une température si élevée ?

HALLER – La réponse est simple. Il n'y aura plus d'atomes. Quand on chauffe le deutérium, les électrons sont expulsés de l'assemblage atomique dès que l'énergie des atomes en collision dépasse quelque 10 eV. L'énergie nécessaire à séparer l'électron de l'atome est de cet ordre de grandeur. Elle s'élève, par exemple pour l'hydrogène normal, à 13,6 eV.

On comprend alors qu'à des températures supérieures à quelques millions de degrés il n'y ait plus d'atomes dans l'hydrogène lourd. En revanche, on obtient un amalgame de deutons et d'électrons, appelé « plasma ». Quand on produit un tel plasma et quand on le porte aux températures nécessaires d'un peu moins de 100 millions de degrés, le processus de fusion se déclenche, et la combustion thermonucléaire peut commencer.

NEWTON – Revenons un moment au Soleil. Après tout ce que vous venez de dire, je suppose que l'énergie du Soleil est réellement produite par la combustion thermonucléaire de l'hydrogène lourd.

HALLER – C'est vrai pour l'essentiel. À l'intérieur du Soleil, les températures sont suffisamment élevées pour qu'une fusion ait

lieu et qu'une part importante de la masse soit ainsi transformée en énergie de rayonnement selon l'équation d'Einstein $E = mc^2$. Il est juste de dire qu'on peut aussi obtenir de l'énergie grâce à la synthèse de l'hélium. Le processus que nous venons de décrire, à savoir la synthèse d'un noyau d'hélium par la fusion de deux deutons, est cependant d'une importance secondaire pour la production d'énergie solaire. La plus grande part de l'énergie du Soleil provient d'un phénomène complexe, consistant en fin de compte en la synthèse de l'hélium à partir de noyaux ordinaires d'hydrogène, les protons.
EINSTEIN – Le noyau d'hélium contient deux neutrons. D'où proviennent-ils si la substance de départ est l'hydrogène ordinaire dont le noyau est constitué, comme nous le savons, d'un proton ?
HALLER – Le processus se déroule en plusieurs étapes, au cours desquelles les neutrons sont formés à partir des protons. Nous savons aujourd'hui que protons et neutrons sont apparentés, et il est possible de transformer un proton en neutron. Lors d'un tel processus, d'autres particules jouent un rôle essentiel, les électrons et les neutrinos déjà mentionnés. Mais ce n'est pas le moment de nous perdre dans ces méandres. Toujours est-il qu'on peut, en plusieurs étapes, transformer de l'hydrogène normal en hélium.
NEWTON – Sans doute n'est-il pas trop difficile d'évaluer l'énergie rayonnée par le Soleil en une unité de temps, disons une seconde. Ensuite, on pourrait calculer la diminution de la masse du Soleil en une seconde.
HALLER – C'est facile, en effet. Si j'ai bonne mémoire, la puissance énergétique du Soleil s'élève à $3{,}7 \times 10^{23}$ kW, dont seulement une infime partie parvient jusqu'à nous sous forme d'énergie de rayonnement électromagnétique. Il s'agit, je crois, d'environ 10^{11} kW, en tout cas cent mille fois plus que l'énergie produite par toutes les centrales atomiques sur Terre.

À partir de cette production d'énergie, il est aisé de calculer la perte de masse que subit le Soleil en une seconde selon l'équation d'Einstein, à savoir 4 millions de tonnes par seconde.

NEWTON – C'est énorme. Quand on pense que le Soleil subit cette perte depuis plusieurs milliards d'années, on peut supposer que les choses ne continueront pas ainsi indéfiniment.
HALLER – Soyez sans inquiétude. Le Soleil peut supporter sans problème pendant quelques milliards d'années encore cette perte de masse. Mais une chose est sûre : le Soleil et les étoiles ne brillent que parce qu'il est possible de transformer en énergie de la matière massive, le bilan d'énergie étant donné par l'équation d'Einstein. Sans cette destruction de la masse du Soleil par la combustion thermonucléaire de l'hydrogène, il n'y aurait pas d'énergie solaire, et par conséquent pas de vie possible sur Terre.
NEWTON – Sans théorie de la relativité, il n'y aurait pas de vie possible dans l'univers. Seule existerait la matière froide.
EINSTEIN – Vous exagérez, cher Newton. Mon équation ne fait que définir le bilan d'énergie, comme l'a si bien dit Haller. Si la fusion nucléaire est possible, ce n'est pas dû à ma formule, mais à la nature spécifique des forces nucléaires. C'est un peu comme une banque : mon équation garantit que les bilans sont justes, que la comptabilité ne commet aucune erreur. Mais pour ce qui est de l'argent, la banque doit se le procurer par d'autres moyens.
NEWTON – Revenons à la Terre. Ce que le Soleil peut faire, l'être humain devrait pouvoir le faire aussi. Peut-on aujourd'hui effectuer sur Terre la fusion des atomes ?
HALLER – Vous comprendrez plus tard pourquoi je ne peux pas vous répondre simplement par oui ou par non. Il existe un autre moyen de produire de l'énergie au moyen de processus nucléaires, je pense ici à la fission des noyaux atomiques, dont le bilan énergétique est de nouveau donné par la relation d'Einstein.
EINSTEIN – Je veux bien. Mais je ne vois vraiment pas comment on peut produire de l'énergie grâce à la fission de l'atome, à supposer qu'on parvienne à scinder ce dernier. Nous avons vu qu'on pouvait par la fusion, en associant des deutons à un noyau d'hélium, libérer une grande quantité d'énergie. Inversement, je peux bien sûr scinder un noyau d'hélium en

deux deutons, mais pour cela il me faut une énergie considérable. Il ne peut donc pas être question de production d'énergie.

HALLER – C'est juste. Si vous scindez l'hélium, alors l'énergie liée aux constituants du noyau d'hélium, donc de la particule alpha, est considérable. Seulement, cette énergie de liaison dépend en grande partie de la structure du noyau atomique concerné et plus précisément du nombre de protons et de neutrons dans le noyau.

NEWTON – Pour les noyaux atomiques encore plus lourds que le noyau d'hélium, l'énergie de liaison est-elle donc encore plus élevée pour les différentes particules du noyau ?

HALLER – En effet, elle peut être plus grande. Néanmoins, l'énergie la plus élevée est celle du noyau de l'élément fer. Dans ce sens, le noyau du fer est le noyau atomique le plus stable. C'est l'une des raisons pour lesquelles le fer existe en grande quantité sur Terre.

EINSTEIN – J'en déduis que les noyaux plus lourds que celui du fer, par exemple les noyaux de plomb ou d'or, sont moins stables que celui du fer.

HALLER – C'est juste. Ce phénomène est d'ailleurs facile à comprendre. Les noyaux très lourds possèdent de nombreux protons. Le noyau d'or, par exemple, contient 76 protons, tous chargés positivement. Ces derniers se repoussent électriquement. Si on annulait soudain les forces nucléaires, le noyau éclaterait, les protons se dispersant à très grande vitesse.

On ne peut donc pas augmenter à loisir le nombre de protons à l'intérieur d'un noyau. La répulsion électrique entre les protons s'intensifie dans les gros noyaux, entraînant une instabilité de ces derniers qui seront détruits à la moindre action extérieure, en se scindant par exemple en deux parties.

EINSTEIN – Je comprends. À partir d'une certaine taille, un noyau atomique a tendance à se scinder en deux, libérant de l'énergie parce que les deux moitiés contiennent chacune moins de protons que le noyau initial et sont donc plus fortement liées.

NEWTON – Pouvez-vous me citer un exemple de noyau pouvant se scinder spontanément ?
HALLER – L'exemple le plus connu est le noyau d'uranium qui contient 92 protons et le plus souvent – mais pas toujours – 146 neutrons. Quoi qu'il en soit, il est peu courant qu'un noyau d'uranium se divise en deux pour libérer des noyaux atomiques contenant chacun beaucoup moins de protons, qui par conséquent sont plus fortement liés. Un noyau d'uranium, par exemple, peut se scinder en un noyau de baryum (56 protons) et un noyau de krypton (36 protons) [voir fig. 32].

Il est toutefois possible – en activant un peu le processus – de déclencher instantanément la fission en soi très rare du noyau d'uranium. Si l'on projette un neutron sur un noyau d'uranium et qu'on lui communique ainsi de l'énergie, le noyau d'uranium se met à osciller comme une grosse bulle de savon et se partage en deux presque aussitôt. L'énergie du neutron incident ne doit pas être élevée, une simple impulsion extérieure pouvant provoquer la scission. L'analogie avec la bulle de savon est du reste très pertinente. Plus la bulle de savon est grande, plus elle a tendance à se scinder en bulles plus petites au moindre heurt, à moins d'éclater à cette occasion.
EINSTEIN – Combien d'énergie obtient-on en scindant un noyau d'uranium ?
HALLER – Environ 200 MeV, sachant bien qu'il faut comparer cette énergie à celle contenue, selon votre formule, dans le noyau d'uranium lourd. Il s'agit ici de la transformation en énergie d'à peine 0,1 % de la masse d'uranium.
NEWTON – Il apparaît donc que, pour effectuer la transformation de la masse en énergie, la fission s'avère beaucoup moins efficace que la fusion des deutons en hélium. En effet, environ 1 % de la masse est transformé en énergie au cours de la fusion.

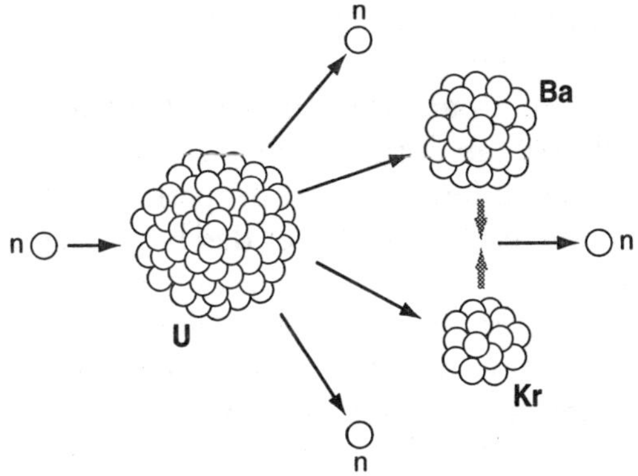

Fig. 32. Neutron heurtant un noyau d'uranium contenant 92 protons et le plus souvent 146 neutrons. Le neutron transmet son énergie au noyau d'uranium qui, telle une grosse bulle de savon, se met à vibrer avant de se scinder en deux noyaux atomiques : un noyau de baryum, contenant 56 protons, et un noyau de krypton, qui en contient 36.

HALLER – Bien sûr ! Pourtant, une partie comparativement plus grande de la masse est transformée en énergie, supérieure en tout cas à celle de notre feu de camp, sachant que la scission du noyau atomique libère un rayonnement électromagnétique plus faible que la fusion du noyau d'hélium. On récupère l'énergie libérée sous forme d'énergie cinétique des deux noyaux atomiques créés lors de la fission. Ceux-ci s'éloignent l'un de l'autre à très grande vitesse.

Il est important, par ailleurs, qu'après la cassure du noyau il ne reste pas seulement deux noyaux d'atomes, mais en moyenne plusieurs neutrons.

NEWTON – Pourquoi faut-il qu'il y ait encore des neutrons ?

HALLER – Pour la scission initiale, ce n'est pas primordial. Elle se produirait aussi bien si aucun neutron ne subsistait. Mais, pour réaliser la fission, il faut réussir à scinder non pas un seul noyau, mais plusieurs, par conséquent une quantité macroscopique de matière. Une telle réaction ne peut être commandée de l'extérieur. Elle doit en quelque sorte s'amplifier de l'intérieur.

NEWTON – Je comprends. D'innombrables neutrons se déplacent dans l'uranium et déclenchent d'autres fissions nucléaires.

HALLER – Oui, cela entraîne, ou, plutôt, peut entraîner une réaction en chaîne, analogue à celle que nous avons observée quand j'ai allumé le feu : d'abord un petit morceau de papier a brûlé, puis des feuilles sèches et des branchages, enfin tout le tas de bois.

Mis à part l'uranium, d'autres éléments permettent le déclenchement d'une réaction en chaîne. Je pense au plutonium, par exemple, dont les noyaux atomiques contiennent 94 protons.

EINSTEIN – Quand une telle réaction est activée, on assiste en quelque sorte à une combustion de l'uranium. J'imagine que cette réaction se déroule très rapidement, produisant une véritable explosion nucléaire.

HALLER – Dans un premier temps, on doit disposer d'une quantité suffisante de matière fissile, pour être sûr que la majorité des neutrons produits déclenchent d'autres fissions nucléaires. C'est pourquoi on parle aussi de « masse critique ». Pour l'uranium 235, un type particulier d'uranium dont le noyau contient exactement 143 neutrons et 92 protons, donc 235 particules nucléaires, la masse critique est d'environ 50 kg.

EINSTEIN – De quel ordre de grandeur est cette quantité d'uranium ?

HALLER – Cela correspond à peu près à une sphère d'uranium de 17 cm de diamètre, la taille d'un ballon de football.

EINSTEIN – Si j'avais ici une telle sphère, elle exploserait donc aussitôt, de telle manière que 0,1 % de la matière, soit 50 g de la masse, serait transformé en énergie.

HALLER – Oui, et on aurait alors une explosion considérable. C'est ainsi qu'on a construit une bombe dont le potentiel de destruction est énorme. Heureusement, nous n'en avons pas une ici.

Newton avait bondi et, après quelques pas devant le feu, s'arrêta et dit : « Je m'en doutais. Dès l'instant où vous avez dit, monsieur Haller, qu'il était possible de libérer une infime partie de l'énergie résidant au sein de la matière, selon la formule d'Einstein, j'ai nourri quelques soupçons. C'est donc ça les armes nucléaires !

– Oui, répondis-je, les armes nucléaircs qu'on appelle souvent à tort “ bombes atomiques ”. À la fin de la Seconde Guerre mondiale, en 1945, on les a utilisées à des fins bellicistes. Suite à la découverte des lois physiques dont nous avons parlé ce soir – c'était en 1940 –, un groupe de physiciens – et vous en étiez, monsieur Einstein – craignait non sans raison que, dans l'Allemagne gouvernée par les nationaux-socialistes, des scientifiques réussissent à fabriquer une telle bombe avant l'achèvement de la guerre qui ravageait alors l'Europe et le monde entier. Les physiciens s'adressèrent au président Roosevelt, qui, en bonne intelligence avec l'état-major militaire, ordonna qu'un programme fût mis sur pied afin de construire la bombe. Ce qui a suivi est une longue histoire. Il faut pourtant que je vous la raconte.

– Je vous en supplie, dit Einstein avec gravité, s'il vous plaît, ne nous cachez rien.

– L'année dernière, je me trouvais pour quelques semaines sur les lieux mêmes où a explosé la première bombe, à Los Alamos, au Nouveau-Mexique. Là-bas, j'ai fait la connaissance d'un physicien qui avait participé activement au projet Manhattan. Il me raconta un jour, pendant une promenade dans les canyons des environs de Los Alamos, certains détails concernant cette époque. Je vais essayer de résumer ici son récit. »

CHAPITRE XVII

L'éclair d'Alamogordo

Newton et Einstein écoutèrent avec attention mon récit du projet Manhattan. Je commençai par le premier volet de ce projet auquel travaillèrent à Washington, peu après l'éclatement de la Seconde Guerre mondiale, un groupe de physiciens de grande valeur ainsi que des militaires de haut rang.

J'évoquai la carrière de Robert J. Oppenheimer, jeune physicien de génie qui devint plus tard directeur du projet mis en œuvre à Los Alamos dans les montagnes du Nouveau-Mexique. L'objectif était de construire des bombes atomiques le plus rapidement possible. La difficulté majeure était d'extraire de la matière fissile par un procédé compliqué à partir du minerai d'uranium. La Seconde Guerre mondiale touchait à sa fin en Europe, lorsqu'on put enfin effectuer le premier test de la bombe dans le désert du Nouveau-Mexique.

Jornada del Muerto, « Voyage du mort », est le nom que les premiers conquérants espagnols ont donné il y a quatre cents ans à cette région du Nouveau-Mexique, au sud de la ville de Socorro, à juste titre, car ce désert est particulièrement aride et inhospitalier. Ici, à proximité du lieu-dit Alamogordo, Oppenheimer choisit un endroit pour l'explosion qui allait entrer dans l'histoire sous le nom de *Trinity.*

On construisit une tour en acier de 30 m. Il fallait en effet placer l'explosif nucléaire à quelques mètres au-dessus du sol pour éviter la formation d'un gros cratère et la projection de nuages de poussière.

Le test eut lieu le 16 juillet 1945. Les travaux de montage avaient commencé quelques jours plus tôt. Une partie importante de la charge explosive consistait en un mécanisme complexe, par lequel on pouvait rassembler avec une extrême rapidité les différentes fractions du matériau fissile, ce qui était rendu possible au moyen d'explosifs conventionnels.

Le matin du 16 juillet, peu après 5 heures, Oppenheimer et le général Groves, directeur militaire du projet, s'installèrent dans le bunker d'observation. Peu après, on alluma l'explosif, et l'ère atomique commença. Le physicien Otto Frisch décrivit les premières secondes après l'explosion en ces termes : « Dans un silence de mort, le Soleil se mit à briller ou du moins nous en avons eu la sensation. Les dunes de sable s'embrasèrent d'une lumière vive, presque sans couleur et sans relief. Cette lumière pénétrante persista environ deux secondes, puis le ciel s'assombrit lentement. Je me retournai, mais cet objet à l'horizon dont l'aspect était celui d'un Soleil en miniature restait trop lumineux pour qu'on puisse le regarder en face. Je clignai des yeux pour mieux le fixer. Dix secondes plus tard, il avait augmenté de volume et perdu de son ardeur. On aurait dit un gisement de pétrole en feu, dont la structure évoquait une fraise gigantesque. Il s'éleva lentement, aspirant derrière lui une colonne de sable tourbillonnante, de plus en plus haute. J'avais devant moi un éléphant d'un rouge incandescent suspendu par sa trompe. Plus tard, quand le nuage de gaz brûlant se refroidit pour revêtir une teinte rouge foncé, on aperçut un halo d'un bleu ardent, causé par l'incandescence de l'air ionisé... C'était un spectacle hallucinant qu'il est impossible d'oublier. Et tout cela se déroulait dans un silence absolu, la détonation explosive ne se produisant qu'au bout de quelques minutes, terriblement intense (alors que j'avais bouché mes oreilles) et suivie d'un bruit sourd que j'entends encore aujourd'hui. »

Pour sa part, Robert Oppenheimer a évoqué en ces termes cet instant historique : « Dans le bunker, certains riaient, d'autres criaient, la plupart restaient muets de stupeur. Une phrase de la Bhagavad-Gita, par laquelle Krishna tente de convaincre le prince qu'il doit maintenant accomplir son devoir me traversa l'esprit. "Voilà, je suis la mort, le destructeur des mondes. " »

En plus de la bombe expérimentale, deux bombes avaient été fabriquées à Los Alamos. Sur ordre du président Truman, la première fut lancée le 6 août 1945 sur la ville portuaire d'Hiroshima. Trois jours plus tard, la deuxième explosa sur Nagasaki. Les deux bombes tuèrent plus de cent mille personnes.

J'arrêtai ici mon récit. Newton avait fermé les yeux. Einstein fixait les flammes. Un instant plus tard, je l'entendis répéter à voix basse : « Voilà, je suis la mort, le destructeur des mondes. »

Newton se redressa et posa la main droite sur l'épaule d'Einstein : « Courage, monsieur Einstein. Vous savez bien que les physiciens de Los Alamos n'ont pas inventé le feu nucléaire, ils n'ont fait que le ramener du Soleil sur la Terre. C'était seulement une question de temps. Je suis convaincu que toutes les civilisations de l'univers y seraient parvenues un jour ou l'autre. Quant à l'emploi de cette source d'énergie pour construire des bombes, c'est une autre question, à laquelle il incombe aux politiques et non aux physiciens de répondre.

– Il faut ajouter, dis-je, que la majorité des physiciens participant à la réalisation des premières bombes avaient décidé de les faire exploser sur un territoire inhabité, uniquement dans un but de démonstration et d'intimidation de l'adversaire. À l'encontre des physiciens, certains politiciens en ont décidé autrement. Permettez-moi ainsi de citer l'extrait d'une lettre que vous-même, monsieur Einstein, aviez écrite alors : " Je n'ai participé à aucun projet militaire et je n'ai pas effectué mes recherches dans le but de fabriquer des bombes atomiques. Mon unique contribution dans ce domaine est d'avoir découvert en 1905 la relation entre la masse et l'énergie, une vérité de nature très générale concernant le monde physique.

Qu'il pût y avoir un lien entre cette vérité et son application militaire m'était totalement étranger. " [Lettre de l'année 1950.]

– Il est certain que j'ai toujours été pacifiste, répliqua Einstein. Jamais je ne travaillerai à la construction de bombes. Je suis de votre avis, sir Isaac, ce n'est qu'une question de temps : chaque civilisation finira un jour ou l'autre par découvrir la fission et la fusion nucléaires. Mais l'humanité pourra-t-elle survivre longtemps avec de telles connaissances ? Ou bien cette irrésistible tentation de jouer avec le feu nucléaire finira-t-elle par l'emporter ?

– Nul ne peut savoir, dis-je sans attendre la réponse de Newton, si nous saurons résister à cette tentation. Peut-être le destin de toute civilisation est-il d'être brûlée par le feu nucléaire, qui pourtant est à l'origine de toute vie sur Terre ? Mais peut-être réussirons-nous à éviter l'enfer nucléaire qui provoquerait l'anéantissement de notre planète. Personne ne connaît la réponse à votre question, monsieur Einstein. Mais une chose est sûre : au temps zéro, à l'instant de la première explosion, une ère nouvelle a commencé. Une ère où la guerre entre les nations possédant l'arme nucléaire ne peut plus être considérée comme l'ultime solution d'un conflit. Dans la construction d'armes nucléaires, je vois donc en tout premier lieu une exhortation à résoudre les conflits autrement que par la guerre. Ainsi, j'envisage l'avenir avec optimisme.

– Vous parlez sincèrement, Haller ? demanda Einstein en levant les yeux vers moi. Pensez-vous vraiment que le commandement militaire d'un État renoncerait à l'emploi d'armes nucléaires si la sécurité du pays était en jeu ? Il faut être très optimiste pour le croire, mais peut-être avez-vous raison. J'espère que vous avez raison.

« Une chose m'est apparue ce soir avec certitude. L'équivalence entre la masse et l'énergie que j'ai découverte au Bureau des brevets de Berne a contribué à ébranler la force qui sommeillait dans les noyaux atomiques. En ce sens, ma formule a changé le monde. Mais ce qu'elle n'a pas modifié, c'est notre manière de penser et de résoudre les conflits.

L'humanité doit apprendre à penser autrement afin de ne pas s'anéantir avec ces armes nouvelles. Qui saura mieux transmettre ce message que ceux qui ont ramené sur Terre le feu thermonucléaire, à savoir les physiciens, les scientifiques et les techniciens ? Monsieur Haller, il me semble que l'histoire vous a donné une grande responsabilité, à vous et à vos collègues. »

À la fin du projet Manhattan, Oppenheimer quitta Los Alamos. À l'occasion de son départ, une fête fut organisée, au cours de laquelle il fit un petit discours qu'il termina par ces mots : « Si, à l'avenir, les bombes atomiques constituent l'arsenal de nations bellicistes, alors viendra le temps où l'humanité maudira les noms de Los Alamos et d'Hiroshima. Il faut que les êtres humains parviennent à s'entendre, sinon ils courront à leur perte. Cette guerre si destructrice avait déjà gravé ces mots à la surface de la Terre. La bombe atomique a martelé ce message, afin que chacun le comprenne une fois pour toutes. D'autres hommes ont déjà tenu ce discours en d'autres temps, au cours d'autres guerres. Ils n'ont pas su l'imposer. Certains croient alors, égarés par une fausse conception de l'histoire, qu'il ne s'imposera pas plus aujourd'hui. Ce n'est pas notre affaire. Face au danger qui nous menace tous, étant donné nos travaux et nos succès, nous, physiciens, sommes responsables devant le monde entier. »

Comme Oppenheimer, je mise sur notre science, indissociable de la conscience du danger nucléaire. Nous devons tout mettre en œuvre pour que n'ait pas lieu l'apocalypse que nous avons rendue possible du fait de notre bêtise et de notre imperfection.

Mais cette conscience sera-t-elle assez puissante ? Pour la plupart des gens, l'équation d'Einstein ne décrit pas une propriété inhérente à la nature, à laquelle vraisemblablement nous devons notre existence, mais est une formule magique qui, au même titre que la bombe atomique ou la bombe à hydrogène, aurait été inventée par les physiciens. On ne peut plus s'en débarrasser. Elle fait peur. Or la peur n'est jamais de bon conseil.

Il faudrait expliquer aussi ce qu'on entend par science dans ce contexte. Il faut faire la différence entre entendement et raison. L'entendement nous permet d'appréhender le monde selon ses lois propres sans référence à nous-mêmes. Grâce à l'entendement, nous avons édifié le monde rationnel des sciences qui se développe de plus en plus vite et qui ne peut plus être maîtrisé pleinement. Nous n'avons plus aucun critère de référence. Il n'y a que cette fuite en avant, cette volonté d'aller au delà du connu.

En revanche, la raison nous permet de mettre des limites, parfois des limites à ne pas franchir. Elle est cette instance qui appréhende l'être humain et ses insuffisances, sans se réduire au monde froid, rationnel et illimité de la connaissance scientifique. La raison finira-t-elle par triompher ? Je ne sais pas, nul ne le sait.

Einstein se redressa et leva les yeux vers le ciel étoilé. Le ruban de la voie lactée se déployait dans le firmament. « Sir Isaac, dit-il alors, quelle belle soirée nous passons là ensemble. Pendant votre jeunesse à Cambridge, ne vous êtes vous pas demandé pourquoi les étoiles brillaient ? Pour ma part, que de fois dans mon enfance je suis monté au grenier de notre maison de Munich pour sonder le ciel. Voilà, maintenant nous savons pourquoi la lumière des étoiles et des galaxies éclaire l'obscurité de l'univers et pourquoi la lumière du Soleil réchauffe la Terre. Lorsqu'en 1905, à Berne, j'ai rédigé ces trois pages pour les *Annalen der Physik* contenant l'équation $E = mc^2$, jamais je n'aurais imaginé avoir trouvé la clé permettant d'accéder à cette réserve d'énergie quasi inépuisable recelée par les étoiles. Et comment aurais-je pu imaginer que cette formule, s'ajoutant aux équations de la physique nucléaire, établissait les bases théoriques de bombes dont le potentiel de destruction dépasse tout ce qu'on a connu jusqu'alors.

« C'est toujours la même chose en physique. Nous élaborons des théories que nous-mêmes, dans un premier temps, ne prenons pas tout à fait au sérieux. Quand j'ai découvert cette formule, nul ne pouvait en prévoir les conséquences, ni Max Planck à Berlin ni Arnold Sommerfeld à Munich. Ensuite, la réalité nous a rattrapés et dépassés. Nous devrions prendre nos théories plus au sérieux, même si cela peut paraître superflu sur le moment. Nous devrions veiller aussi à ne pas garder nos connaissances pour nous, mais à en informer le public avec précision et honnêteté. La science est une chose trop grave pour être laissée aux seuls scientifiques. »

CHAPITRE XVIII

L'énergie contenue dans les noyaux

Le lendemain matin, je retrouvai Einstein à la cafétéria du CERN. Il semblait ne pas avoir bien dormi et répondit avec une certaine brusquerie à mon salut matinal. Maussade, il buvait son cappuccino en silence. Bientôt apparut Newton, souriant et enthousiaste. Avant le petit déjeuner, il avait déjà fait le tour du site.

NEWTON – J'ai découvert une multitude de choses et j'ai mille questions à vous poser. Mais nous sommes convenus hier de procéder avec méthode. Commençons par les applications actuelles de l'énergie nucléaire.

HALLER – Après l'explosion des premières bombes atomiques à la fin de la Seconde Guerre mondiale, aucune autre bombe n'a été lancée sur des régions habitées ; en revanche, l'évolution de nouvelles armes s'est intensifiée. Un pas important a été la fabrication d'une bombe exploitant le processus de fusion.

EINSTEIN – Cette nuit, je n'ai pas trouvé le sommeil, obsédé que j'étais par les conséquences des radiations d'uranium et de plutonium. Entre autres, j'ai pensé qu'en faisant exploser une bombe à uranium on pourrait atteindre, au moins pour un laps de temps très court, les températures élevées nécessaires à la fusion nucléaire. Je crains seulement que cette possibilité ne soit utilisée pour fabriquer une bombe à hydrogène ou à deutérium, dotée d'un potentiel de destruction plus élevé que la bombe à uranium.

HALLER – Je vous l'accorde, c'est redoutable. De fait, peu après la Seconde Guerre mondiale, des experts américains aussi bien que soviétiques aspiraient à construire une bombe à hydrogène exactement d'après le modèle que vous venez de décrire. Cela fut réalisé avec une rapidité déconcertante, environ dix ans après la mise en œuvre du projet Manhattan. On entoure une petite bombe atomique d'un matériau approprié à la fusion nucléaire. Ce dernier est porté à la température de fusion par l'explosion de la bombe atomique, ce qui déclenche immédiatement une autre explosion beaucoup plus puissante.

Au cours des années passées, les grandes puissances, États-Unis et Union soviétique en tête, ont fabriqué un immense arsenal de diverses armes thermonucléaires, construites d'après ce même principe. L'efficacité, partant, le potentiel de destruction d'une bombe à hydrogène, est infiniment supérieure à celle d'une bombe à uranium. L'éclair lumineux, résultant de l'explosion d'une telle bombe, pourrait être perçu à l'œil nu depuis la Lune.

Une grosse bombe à hydrogène possède la force de destruction d'environ 200 millions de tonnes de trinitrotoluène (TNT), un explosif conventionnel très puissant. La moitié de l'énergie libérée par l'explosion se retrouve dans la prodigieuse onde de choc émise, et un tiers environ dans le rayonnement de chaleur et de lumière libéré.

On peut imaginer ce qui se produirait si une telle bombe explosait à 50 km au-dessus de Genève par temps clair. Non seulement la ville de Genève, mais tous les environs du lac Léman jusqu'au-delà de la frontière française seraient rayés de la surface de la Terre. Toutes les forêts, tous les matériaux combustibles seraient incendiés dans un rayon de plus de 100 km, allant jusqu'à Berne, au Jura et aux Alpes. Autrement dit, toute la Suisse occidentale et une grande partie des régions françaises avoisinantes seraient transformées en désert. Le nombre des victimes atteindrait le million. Si une telle bombe explosait au-dessus de régions à forte densité de population comme la Ruhr ou de grandes agglomérations telles que New

York ou Moscou, on compterait même plusieurs millions de victimes.

NEWTON – S'il vous plaît, fermons ce sinistre chapitre sur l'exploitation de l'énergie nucléaire. Parlez-nous plutôt des possibilités d'extraire, à des fins pacifiques, l'énergie du noyau de l'atome, que ce soit par fusion ou par fission.

HALLER – Commençons par la fusion, telle qu'elle a lieu à l'intérieur du Soleil. Quand je parle de fusion nucléaire, il ne s'agit pas seulement de la fusion des deutons en noyaux d'hélium. Il existe en effet un autre processus intéressant, la fusion des deutons et des tritons.

Par « triton », on désigne un noyau atomique composé d'un proton et de deux neutrons. On peut créer un tel noyau en associant un neutron à un deuton. Si nous entourons ce noyau d'un électron, nous obtenons un atome, l'atome d'hydrogène lourd, appelé « tritium ».

Si on associe un deuton et un triton, on obtient un atome d'hélium et un neutron :

$$d + t \rightarrow He + n$$

On peut écrire autrement cette réaction en introduisant de façon explicite les différentes particules :

$$(p + n) + (p + 2n) \rightarrow He + n$$

Au départ, on a donc deux protons et trois neutrons, et il en est de même à la fin. Les particules nucléaires sont seulement liées dans des noyaux atomiques différents. L'hélium étant un noyau fortement lié, de l'énergie est libérée au cours de cette réaction sous forme d'énergie cinétique : le noyau d'hélium et le neutron se séparent très rapidement.

Une analyse plus précise nous permet de constater que 0,4 % de la masse initiale est transformée en énergie au cours de cette réaction. C'est cette réaction qui est d'ailleurs exploitée par les armes thermonucléaires. Peut-on exploiter cette réaction ou d'autres réactions de fusion pour produire de l'énergie utilisable ? Malgré d'importants efforts effectués, on n'y est pas parvenu jusqu'à présent.

EINSTEIN – Sans doute parce qu'il est difficile de porter à des températures très élevées, de l'ordre de 100 millions de degrés, le matériau de fusion tel que le deutérium ou le tritium.

HALLER – On a réussi à obtenir des températures d'environ 10 millions de degrés pendant des temps très courts, des fractions de seconde. Or cela ne suffit pas. Y parviendra-t-on un jour ? C'est écrit dans les étoiles, là-haut, où le processus de fusion se produit naturellement.

NEWTON – Mais comment a-t-on pu obtenir ces températures ?

HALLER – On porte d'abord le matériau de fusion à une température d'environ 12 000°. Cela suffit pour décomposer les atomes en un plasma de noyaux et d'électrons. Ce plasma est ensuite compressé par des champs magnétiques intenses. On obtient ainsi des températures de 40 millions de degrés, mais, comme nous l'avons déjà dit, seulement pour un temps très bref.

L'installation la plus moderne en Europe, nommée « JET », qui permet doucement de s'approcher des températures nécessaires à la réaction de fusion, se trouve en Angleterre, à Culham près d'Oxford.

Très récemment, on a essayé aussi d'atteindre ces températures en bombardant le matériau de fusion avec des particules de lumière, ou plus exactement au moyen de rayons laser. Quand un puissant rayon laser percute le deutérium, il se produit une explosion du matériau, et la température requise est atteinte pendant le moment très bref de l'explosion. De cette manière, on a déjà induit plusieurs millions de réaction de fusion, sans toutefois déclencher la combustion, qu'on espère alors facilement maîtrisable.

Réussira-t-on un jour à construire des centrales thermonucléaires produisant de l'énergie utilisable ? Cela demeure incertain. Une chose est sûre : si cela devait réussir, on pourrait avec de tels réacteurs produire toute l'énergie souhaitée. Le matériau de fusion nécessaire, le deutérium, existe en quantités plus que suffisantes sur Terre. On pourrait, par exemple, produire toute l'énergie utilisée chaque jour par un pays grand comme les États-Unis en procédant à la fusion de 250 kg de deutérium et de tritium.

EINSTEIN – Qu'en est-il alors de la production d'énergie à des fins pacifiques ?
HALLER – En ce qui concerne la mise en œuvre technique de la fission contrôlée, la situation est beaucoup plus favorable qu'elle ne l'est pour la fusion. La raison en est simple. La fission a lieu spontanément sans traitement préalable du matériau fissile. Les températures élevées, par exemple, ne sont pas indispensables.

Par ailleurs, la fission de l'atome se contrôle facilement. Nous avons vu déjà que, pour une certaine quantité de matériau fissile, l'uranium par exemple, une réaction en chaîne ne se déclenche que si le matériau nucléaire est en quantité suffisante, c'est-à-dire seulement si l'on atteint une taille critique. Le pilotage du processus de fission d'un réacteur atomique requiert des systèmes appropriés de régulation permettant d'éviter le déclenchement de réactions en chaîne, telle une avalanche, comme pour l'explosion d'une bombe, mais qui au contraire maintiennent une grande régularité de fonctionnement. À cette fin, il faut pouvoir contrôler très exactement le nombre de neutrons qui circulent à l'intérieur du réacteur et qui entraînent constamment de nouvelles fissions. Maintenant, cette maîtrise est facile à assurer à l'aide de barres de contrôle composées par un matériau dont les noyaux atomiques peuvent absorber facilement les neutrons, par exemple le cadmium. L'introduction de ces barres de contrôle dans l'uranium arrête immédiatement la réaction en chaîne. Le processus de fission est réamorcé dès qu'on les retire. De cette manière, il est facile de contrôler le processus de fission et de l'arrêter à la moindre difficulté.
EINSTEIN – Il reste que cette procédure me paraît risquée. Ne pourrait-elle pas déclencher une explosion lors d'une combinaison défavorable de situations imprévues toujours possibles ?
HALLER – Certainement pas une véritable explosion nucléaire comparable à celle d'une bombe atomique. Un réacteur est constitué tout autrement qu'une bombe. Même si un accident grave se produit, si par exemple les mécanismes de régulation

ne fonctionnent pas, il y aura, dans le pire des cas, une destruction du réacteur, mais pas une explosion nucléaire, car il est impossible que la quantité critique de matériau fissile soit concentrée dans un espace aussi réduit que le cœur d'un réacteur.

Je voudrais mentionner à ce propos que ce n'est pas l'être humain qui a mis en route le premier réacteur atomique sur notre planète, mais la nature. Il y a quelques années, on a trouvé dans les gisements d'uranium d'Oklo, au Gabon (Afrique occidentale), une étonnante concentration d'un certain type d'uranium. Selon l'unique explication plausible de cet étrange phénomène, nous avons affaire ici à des résidus d'un réacteur nucléaire naturel. Il y a 1,8 milliard d'années, une réaction nucléaire en chaîne s'est produite à cet endroit pendant un million d'années environ. À partir des produits résiduaires de ce réacteur naturel, on a pu étudier ce qu'il advenait à long terme des déchets nucléaires. Il est intéressant de constater que ce réacteur s'est régulé de lui-même pendant des centaines de milliers d'années puisqu'il n'y a pas eu d'explosion.

Mais je ne voudrais pas minimiser les dangers que présente la production d'énergie par des processus de fission. Il faut reconnaître qu'il existe maintenant sur Terre des centaines de centrales nucléaires qui fonctionnent bien, à quelques exceptions près, et ce depuis de nombreuses années. Beaucoup d'États produisent aujourd'hui une grande partie de leur énergie au moyen de réacteurs nucléaires. Une fois seulement, dans les années 1980, un grave accident a eu lieu dans une centrale soviétique près de Tchernobyl, en Ukraine. Un réacteur a été complètement détruit, et une énorme quantité de matière radioactive s'est échappée dans l'atmosphère. Le résultat des enquêtes diligentées par la suite a montré que cette catastrophe s'était produite à la suite d'un concours de circonstances tragiques, dues à l'incompétence du personnel de service et à son manque de vigilance. Le gouvernement de Moscou a bien voulu reconnaître en toute franchise que cet accident aurait pu être évité.

EINSTEIN – Qui donc peut garantir que de telles erreurs ne se reproduiront pas ?
HALLER – Personne en effet ! Mais je suis convaincu cependant qu'on pourrait concevoir des réacteurs de telle manière qu'un degré acceptable de sécurité soit atteint. Cependant, il n'y a pas de sécurité absolue.
NEWTON – En cela vous avez raison. On ne peut rien affirmer avec certitude dans les sciences de la nature, pas plus que dans les sciences techniques. J'ai dû moi-même en faire l'expérience ces jours-ci.
EINSTEIN – Je vous en prie, ne vous perdez pas en subtilités, messieurs. S'il y a eu une grave catastrophe en Union soviétique, cela peut se reproduire facilement. À moins que vous ne prouviez le contraire ?
HALLER – Je n'ai pas d'arguments tout à fait convaincants. Cependant, l'accident du réacteur soviétique nous a beaucoup appris, si bien qu'il est quasiment certain que les erreurs commises là-bas ne pourront pas se reproduire. Pourtant, on n'est certes jamais immunisé contre l'incapacité et l'incompétence du personnel. C'est ainsi que les ingénieurs responsables de l'accident du réacteur de Tchernobyl ont éteint consciemment le système automatique de sécurité du réacteur, pour effectuer certaines expériences, inconscients qu'ils étaient du danger. C'est pourquoi le véritable danger réside moins dans les aspects techniques que dans la défaillance du personnel, dans la situation politique ou économique

Quand un pays équipé de réacteurs nucléaires entre en guerre, il court indéniablement de grands risques en raison de l'existence même de ces réacteurs. Un commando ennemi pourrait prendre possession du site du réacteur et le faire sauter, au moyen d'un petit explosif atomique, rendant pour longtemps inhabitable une grande étendue de ce pays. Le nombre des victimes d'un tel attentat pourrait atteindre plusieurs millions. C'est pourquoi les réacteurs nucléaires ne peuvent être construits que dans des pays stables économiquement et politiquement. Bien sûr, la réalité est tout autre dans la mesure où la stabilité économique et politique d'un pays ou d'une région n'est pas garantie à tout jamais.

EINSTEIN – Croyez vous que dans l'avenir on pourra résoudre le problème de l'énergie grâce aux réacteurs nucléaires ? Je veux bien être optimiste pour une fois et supposer que l'on saura résoudre les problèmes politiques que vous avez évoqués.

HALLER – On pourrait imaginer en théorie que la principale source d'énergie de l'avenir sera la fission. En supposant que les aspects politiques mentionnés ci-dessus ne soient plus préoccupants à plus ou moins long terme. Malheureusement, vu l'état actuel du monde, il est difficile d'espérer que ce soit vraisemblable dans un proche avenir. Mais, pour d'autres raisons, je suis d'avis que la fission n'est pas la bonne solution. Je pense ici aux déchets des réacteurs nucléaires.

NEWTON – Ces déchets sont-ils plus dangereux que ceux que l'on obtient en brûlant du charbon ou du pétrole ? À Cambridge, j'ai lu dans le journal que ces derniers posaient déjà beaucoup de problèmes.

HALLER – Oui et non. Tout dépend de la quantité de ces matières premières. Lors de la combustion du charbon et du pétrole, une quantité de substances nuisibles se dégage dans l'atmosphère, provoquant de sérieux dommages sur l'environnement. Les déchets des réacteurs atomiques détériorent la nature d'une autre manière, en raison de leur radioactivité. Comme nous le savons, la plupart des noyaux atomiques provenant de réactions nucléaires ne sont pas stables mais radioactifs : au fil du temps, ils se désintègrent en d'autres noyaux atomiques stables, en émettant des particules très rapides, telles que des photons à très forte énergie, à savoir des quanta gamma.

Par ailleurs, ces substances radioactives existent dans notre environnement naturel. C'est pourquoi on parle de radioactivité naturelle. Autrefois, il y a des milliards d'années, quand notre planète était encore jeune, il y avait sur Terre beaucoup plus d'éléments radioactifs qu'aujourd'hui. Par conséquent, la radioactivité naturelle était beaucoup plus importante. La majeure partie de ces noyaux instables s'est désintégrée par rayonnement. C'est pourquoi on trouve aujourd'hui essentiellement des éléments stables sur Terre. Néanmoins, on ne peut pas négliger la radioactivité naturelle. Chacun de nous y est exposé.

NEWTON – Maintenant, je comprends pourquoi dans son article de trois pages, dont Einstein nous a lu hier un extrait, il était question d'une vérification de sa théorie au moyen des sels de radium. Le radium est donc l'un de ces éléments radioactifs, c'est-à-dire instables.

HALLER – En effet, l'énergie émise par le radium provient directement du noyau atomique. Monsieur Einstein avait donc entièrement raison de parler du radium dans sa courte publication. À cette époque, il ne pouvait pas savoir que sa formule allait jouer un rôle aussi déterminant dans les réactions nucléaires.

EINSTEIN – Je me souviens d'une lettre que j'ai envoyée à mon ami Conrad Habicht peu après avoir rédigé ce travail sur la théorie de la relativité. J'écrivais : « Pour le radium, il devrait s'ensuivre une réduction considérable de la masse. Voilà une réflexion drôle et séduisante. Mais comment savoir si Dieu n'en rit pas et ne me mène pas par le bout du nez ? » Visiblement, ce n'est pas ce qu'il a fait. On peut voir à nouveau que Dieu est subtil mais pas méchant.

HALLER – Les rayonnements émanant des noyaux instables radioactifs, du radium par exemple, sont extrêmement nocifs pour notre environnement biologique et terriblement dangereux pour notre organisme. Ils en détériorent le tissu cellulaire. Le problème des réacteurs est qu'ils produisent, entre autres, des substances radioactives de très longue durée de vie, composées exclusivement d'éléments lourds. Il faudra attendre dix mille ans avant que le rayonnement de ces substances ait suffisamment baissé pour être comparable à la radioactivité naturelle d'un minerai fortement radioactif.

EINSTEIN – Il faut donc conserver pendant au moins dix mille ans les produits résiduaires d'un réacteur nucléaire. Dix mille ans, c'est long ! Il peut se passer beaucoup de choses pendant tout ce temps. Nous ne serions pas très heureux de découvrir les déchets laissés il y a dix mille ans par les hommes des cavernes, dans le cas où de tels déchets auraient été produits autrefois.

HALLER – C'est bien là le problème. Il faut dire pourtant que nous sommes aujourd'hui en mesure, grâce aux techniques modernes, d'entreposer les déchets radioactifs dans des couches géologiques stables très profondes, par exemple au fond d'anciennes mines de sel situées à 1 000 m sous terre. Une très grande marge de sécurité devrait ainsi être garantie, à condition que les quantités soient limitées, car, comparativement aux ères géologiques mesurées en millions d'années, cette période de dix mille ans est, somme toute, négligeable.

Tout compte fait, ce qui importe, c'est de connaître le taux moyen de radioactivité des déchets des réacteurs, par rapport à la radioactivité naturelle totale à laquelle l'humanité est exposée depuis l'origine. N'ayons pas peur de comparer ! Supposons qu'au moyen de la fission nous produisions autant d'énergie qu'il est possible d'en obtenir à partir de la combustion de toutes les réserves de charbon sur Terre, sachant que cela engendrerait des quantités considérables de substances nocives. Même dans ce cas extrême, le rayonnement des substances radioactives de longue durée de vie, générées par les réacteurs, est infime par rapport à la radioactivité naturelle. Elle lui est environ dix mille fois inférieure.

EINSTEIN – Voilà qui est plutôt rassurant. Toutefois, il ne faut pas oublier que les déchets des réacteurs sont stockés au même endroit à une forte concentration et ne peuvent pas être répartis de façon régulière sur toute l'écorce terrestre.

HALLER – Vous avez raison. En cela, ma comparaison n'est pas tout à fait juste. Mais elle est utile, car elle nous donne une idée de la quantité de substances radioactives générées par les réacteurs nucléaires, même dans le cas où ces derniers fonctionneraient en très grand nombre. Les déchets des réacteurs nucléaires existent depuis toujours et ne font que s'ajouter aux matières radioactives déjà présentes dans la nature, si bien que leur effet est généralement négligeable.

Einstein – Toujours est-il que vous nous avez laissé entendre à l'instant que vous ne croyez pas que les réacteurs nucléaires soient la bonne solution au problème de l'énergie.
Haller – Produire pendant un certain temps de l'énergie au moyen de la fission me paraît justifiable, dans la mesure où la quantité de ces déchets reste contrôlable. Actuellement, il serait irresponsable de renoncer tout à fait à l'énergie nucléaire sans avoir une alternative raisonnable. La combustion du charbon et du pétrole, matières premières précieuses, ne représentent pas une telle alternative, car elle contribue aussi peu à peu à la pollution de l'atmosphère.

Concrètement, je considère une période allant de cinquante à cent ans. Une production constante d'énergie à partir des processus de fission ne me paraît pas réalisable à long terme. Cela ne serait possible que si la population mondiale, s'élevant aujourd'hui à cinq milliards d'individus, était réduite de quelques cent millions de personnes. Pour l'heure, la population ne fait qu'augmenter, et je ne peux pas imaginer que dans le futur on puisse produire l'énergie nécessaire à, disons, dix milliards de personnes au moyen de réacteurs nucléaires sans déclencher des catastrophes et contaminer des régions entières.
Einstein – Autrement dit, la fission ne peut pas apporter une solution globale au problème de l'énergie.
Haller – Non. D'ailleurs, il ne peut pas y avoir de solution parfaite. Nous savons aujourd'hui que les sources d'énergie traditionnelles comme le charbon et le pétrole s'épuisent. Le problème de la production de l'énergie ne pourra être résolu que lentement et douloureusement grâce à la mise en œuvre de toute une série de moyens, l'énergie nucléaire n'étant que l'un d'entre eux. Les économies d'énergie, rendues possibles grâce aux techniques modernes, principalement l'électronique, tiendront une place primordiale, l'énergie économisée, donc non consommée, étant de l'énergie qu'il n'est plus nécessaire de produire.

Dans les pays du Sud, la production d'énergie, essentiellement électrique, à partir du rayonnement solaire jouera un rôle grandissant. Je mise aussi sur une diminution à long terme de la population mondiale. Vous voyez donc que, pour ce qui est d'une solution du problème de l'énergie dans l'avenir, je ne suis ni euphorique ni particulièrement pessimiste.

NEWTON – Je constate que vous ne parlez plus de la production d'énergie par fusion.

HALLER – Hier, j'ai déjà souligné le fait que, jusqu'à présent, il n'était pas sûr que l'on puisse un jour produire de l'énergie au moyen de la fusion, sur Terre bien entendu. Dans le Soleil, cela a lieu journellement, et l'énergie obtenue sur Terre à partir du rayonnement solaire est en quelque sorte de l'énergie de fusion indirecte. Peut-être en resterons-nous à cette utilisation de la fusion nucléaire. Même si nous parvenions un jour à maîtriser la fusion, il n'est pas du tout certain que l'on puisse produire de l'énergie à l'échelle industrielle. Quoi qu'il en soit, il y a encore un grand chemin à parcourir entre les acquis actuels des recherches et leur application.

EINSTEIN – Et qu'advient-il des déchets ?

HALLER – Lors de la fusion comme lors de tout processus nucléaire, on assiste à l'émission de substances radioactives. Pourtant, la fusion présente un grand avantage : les produits résiduels sont la plupart du temps des éléments légers dont l'activité radioactive n'est pas d'aussi longue durée, pas de dix mille ans en tout cas. Toujours est-il que, pour construire un réacteur à fusion dans l'avenir, il nous faudra aussi disposer d'éléments lourds tels que les métaux. Ces derniers deviendront également radioactifs, à cause des rayonnements provenant de la fusion, et il n'est pas sûr qu'avec un réacteur à fusion on ne soit pas confronté aux graves problèmes des déchets. Mais je pense que ces dernières difficultés seront, dans l'ensemble, moins préoccupantes.

Je ne voudrais pas paraître trop pessimiste en ce qui concerne la fusion. Aujourd'hui, nous ne savons absolument pas s'il sera un jour possible de construire des réacteurs à fusion fournissant une énergie utilisable. Il ne fait aucun doute qu'il faut poursuivre les recherches dans ce domaine. Mais nous savons bien que les résultats en recherche scientifique sont imprévisibles. Ceux-ci arrivent souvent au moment où l'on s'y attend le moins, mais souvent aussi ils se laissent désirer longtemps ou ne viennent jamais parce que le chemin choisi se révèle être une impasse. Même si l'on devait découvrir qu'il est possible d'obtenir de l'énergie au moyen de la fusion, disons dans cinquante ans, il n'est pas dit que ce serait quantitativement suffisant. Se poserait, de plus, le problème des déchets. Par ailleurs, un excédent d'énergie n'est en rien souhaitable ; l'expérience montre que notre société la gaspille sans compter, les conséquences étant désastreuses pour notre environnement.

Cela peut sembler paradoxal, mais je crois que la civilisation humaine ne peut espérer survivre à long terme sur notre planète que si elle parvient à utiliser les sources d'énergie et de matières premières avec parcimonie et circonspection, y compris l'énergie nucléaire. C'est là notre unique chance.

Je regardai ma montre, et constatai que la matinée était bien avancée. À ce moment précis, un ami américain, spécialiste de physique expérimentale, apparut sur le seuil de la porte. Il fit un signe vers notre petit groupe, exprimant sa curiosité. Dans les présentations, j'évitai bien évidemment de décliner le nom entier de mes compagnons, ne révélant que leur prénom comme il est d'usage aux États-Unis.

Il fut convenu que mon ami poursuivrait avec eux la visite du CERN. Nous nous retrouverions en fin d'après-midi dans le bureau du département de physique théorique qui était à ma disposition pendant mes séjours en ce lieu.

CHAPITRE XIX

Énigmatique antimatière

Soudain, les voix d'Einstein et de Newton retentirent dans le couloir. Peu après, s'entretenant avec vivacité, ils entrèrent dans le bureau, visiblement impressionnés par tout ce qu'ils avaient vu et entendu dans la journée.

Pendant un certain temps, nous parlâmes encore des grands accélérateurs du CERN : le SPS (*Super Proton Synchrotron*) et le LEP (*Large Electron Positron*). Comme le nom l'indique, la première de ces deux machines est un accélérateur de protons, capable d'accélérer ces particules à 400 GeV, ce qui revient à dire que l'énergie des protons est plus de quatre cents fois plus élevée que l'énergie correspondant à leur masse inertielle selon la formule d'Einstein. À l'aide du SPS, on peut aussi accélérer les antiprotons, antiparticules des protons, et cela simultanément aux protons. [Plus loin, il sera question des antiparticules et notamment du concept d'antimatière.] Il est donc possible de faire entrer en collision frontale protons et antiprotons, puis d'analyser au moyen d'instruments de mesure appropriés les particules produites au cours de telles collisions. Grâce à ces appareils – les détecteurs de particules –, on peut interpréter les traces des particules.

Le LEP est une machine permettant d'accélérer simultanément les électrons et simultanément leurs antiparticules – les positrons – à des énergies de plus de 50 GeV. Sont étudiées également les collisions frontales des particules dans les détecteurs, eux-mêmes placés sous terre, ainsi que les accélérateurs.

NEWTON – Votre ami nous a exposé les principes essentiels des accélérateurs. Lorsqu'il a évoqué les recherches physiques qu'on peut et qu'on pourra effectuer à l'aide de ces machines, il a souvent prononcé les mots « antiparticule » ou « antimatière ». Ne sachant évidemment pas à qui il avait affaire et nous croyant parfaitement au courant, notre guide ne nous a pas expliqué ces notions. Évidemment, ni Einstein ni moi n'avons posé de question. C'est pourquoi je vous demande maintenant : qu'est-ce qu'une antiparticule, qu'est-ce que l'antimatière ?
HALLER – Pour vous répondre, je dois revenir au point de départ de notre histoire, c'est-à-dire à Cambridge. Vers la fin des années 1920, un jeune physicien, Paul A. M. Dirac, a essayé de faire une synthèse entre, d'une part, relier la physique atomique qui à l'époque se développait très vite et la théorie physique qui en est la base, la mécanique quantique, et, d'autre part, la théorie de la relativité d'Einstein. D'ailleurs, Paul Dirac fut par la suite titulaire de la chaire du Trinity College que vous avez occupée vous-même en votre temps.

Il s'est avéré qu'une telle liaison n'allait pas de soi ; les effets relativistes n'ont guère d'importance pratique en physique atomique. Les vitesses caractéristiques des particules à l'intérieur des atomes sont infimes par rapport à celle de la lumière. C'est pourquoi l'espace et le temps jouent des rôles foncièrement différents en physique atomique, de même que dans l'ancienne mécanique. Ce qui importait à Dirac n'était pas tant une conception nouvelle de la physique atomique que le Principe même. Son but était de généraliser les acquis de la physique atomique en y intégrant la théorie de la relativité.
EINSTEIN – Dans la théorie de la relativité, on ne peut pas faire de distinction entre l'espace et le temps, ces derniers formant pour ainsi dire une unité indissoluble. Je présume que c'est Dirac qui, par la suite, a effectué cette unification en ce qui concerne la physique nucléaire ?
HALLER – Oui. Dirac a tout simplement supposé qu'il fallait traiter le temps et l'espace de façon identique pour représenter des situations où les particules se déplaçaient à une vitesse avoisinant celle de la lumière. Ainsi a-t-il réussi en 1928 à for-

muler une équation grâce à laquelle la théorie de la relativité pouvait être intégrée à la physique atomique. Cette équation, appelée aujourd'hui « équation de Dirac », s'est aussitôt avérée étonnamment fructueuse : elle décrivait avec précision la force des interactions entre les électrons et les champs magnétiques.

Dirac découvrit cependant que non seulement son équation décrivait avec exactitude le comportement des électrons à l'intérieur des champs de forces atomiques, mais qu'elle prédisait aussi l'existence d'un type nouveau de particules, dont la masse était identique à celle des électrons, mais avec une charge opposée, donc positive.

Initialement, Dirac ne voulut pas accepter cette conséquence de sa théorie, car, dans l'atome, seuls les protons ont une charge positive. Or ces derniers ont une masse de loin supérieure à celle des électrons. Après de nombreuses et vaines tentatives pour trouver une autre solution au problème, Dirac fut convaincu que ces particules devaient vraiment exister. Il les nomma « antiparticules de l'électron ».

Il est intéressant de constater que, selon la théorie de Dirac, les électrons et leurs antiparticules sont parfaitement symétriques et interchangeables. On peut intervertir les deux particules, donc passer des particules aux antiparticules, sans qu'il en résulte de réels changements.

Quittons maintenant l'Europe et rendons-nous au California Institute of Technology de Pasadena. C'est là qu'au début des années 1930 les caractéristiques des rayons cosmiques ont pu être examinées de plus près. Carl Anderson, l'un des chercheurs de l'Institut, construisit une chambre à brouillard de très grandes dimensions pour l'époque, grâce à laquelle on a pu parfaitement observer et photographier les particules chargées électriquement qui traversaient la chambre. Si l'on connecte l'une de ces chambres à un champ magnétique, les particules décrivent alors des trajectoires courbes. À partir de l'importance et du sens de cette courbure, on peut déterminer la masse et la charge d'une particule. Anderson examina plusieurs de ces traces et constata qu'il avait affaire à des objets bien connus, des protons chargés positivement et des électrons chargés négativement.

Le 2 août 1932 au matin, comme il étudiait ainsi qu'il le faisait chaque jour les clichés de ses dernières expériences, il aperçut une trace qui de prime abord ressemblait à celle d'un électron. La masse de la particule correspondait exactement à celle de l'électron. Seule la courbure de la trajectoire de la particule se révélait fausse. Elle était diamétralement opposée à la courbure habituelle d'un électron. La particule se comportait donc comme un électron chargé positivement.

La première réaction d'Anderson fut de vérifier ses appareils. Peut-être y avait-il une erreur expérimentale. Après une série d'autres expériences, Anderson put exclure de telles erreurs. Simultanément, il découvrit d'autres particules mystérieuses, dont les traces se perdaient parfois à un certain point, comme si ces particules s'évanouissaient soudainement. Il n'y avait plus aucun doute : l'électron avait un frère jumeau chargé positivement. Anderson appela cette particule « positron ».

EINSTEIN – Anderson avait donc découvert la particule dont Dirac avait prédit l'existence !

HALLER – Quand Anderson fit ses expériences, il ignorait les travaux théoriques effectués par Dirac à Cambridge. En 1933 seulement, on put établir avec certitude qu'Anderson avait découvert les antiparticules prévues par Dirac. Ainsi, le positron est l'antiparticule de l'électron. On le désigne aussi par le symbole e^+. Comme je viens de le dire, la masse du positron est identique à celle de l'électron : $m(e^+) = m(e^-) = 9{,}109\,1 \times 10^{-31}$ kg $\div$ 0,511 MeV

NEWTON – Y a-t-il aussi une antiparticule du proton ?

HALLER – La découverte d'Anderson ne fut que le premier pas dans un monde entièrement nouveau, celui de l'antimatière. Aujourd'hui, on sait qu'à chaque particule correspond une antiparticule et que cette antiparticule est parfois identique à la particule initiale, comme c'est le cas pour les photons, par exemple, que l'on peut observer simultanément comme particules et comme antiparticules.

Par conséquent, il y a aussi une antiparticule du proton, désignée en abrégé par p^-. L'antiproton a la même masse que le proton, mais une charge électrique négative. Il fut découvert en 1955, non pas dans le rayonnement cosmique, mais à l'aide d'un accélérateur. Plus tard, on a également découvert les antiparticules des neutrons, les antineutrons. Au même titre que les neutrons, les antineutrons sont électriquement neutres et n'ont pas de charge électrique.

Ici, au CERN, on est d'ailleurs en mesure de produire aujourd'hui un très grand nombre d'antiprotons. On les crée à l'aide d'un accélérateur de petite dimension pour les introduire ensuite dans l'accélérateur SPS. On les accélère à une vitesse proche de celle de la lumière, selon la méthode utilisée pour les protons.

EINSTEIN – Si j'avais ici un positron et un antiproton, ils s'attireraient en raison de leur charge électrique opposée, au même titre qu'un électron et un proton. Cela signifie, n'est-ce pas, que je peux de cette manière construire un atome à partir d'une antiparticule ?

HALLER – En effet. Nous pouvons créer ainsi un nouvel élément, l'élément antihydrogène. De même, en introduisant les antineutrons, nous obtenons des antiéléments complexes, comme l'antihélium ou l'antifer, et même de l'antiuranium. Mais en principe seulement, car expérimentalement, à l'aide d'accélérateurs de particules, on n'a pu produire que les noyaux atomiques de l'hydrogène lourd, les antideutons, et ceux de l'antihélium. Néanmoins, il est essentiel, en principe, qu'à chaque élément dans l'univers corresponde un antiélément, ce qui ne signifie pas toutefois que cet élément existe réellement dans la nature. Entre la matière et l'antimatière, il n'existe pas de différence fondamentale. Voilà un point particulièrement important de la théorie de Paul Dirac.

NEWTON – Vous avez dit à l'instant que, parmi les traces de positrons découvertes par Anderson, beaucoup s'interrompaient brusquement ? Que s'est-il donc produit ? Les particules ont-elles soudain disparu ?

EINSTEIN – On peut aussi se demander si les traces de positrons ont commencé quelque part. D'où proviennent les positrons dans l'expérience d'Anderson ? Si, comme vous l'affirmez, les positrons peuvent soudain disparaître, alors ils peuvent aussi réapparaître subitement.

HALLER – En effet, ces deux phénomènes sont étroitement liés, comme nous le verrons. Mais parlons d'abord des traces de positrons qui s'interrompent soudainement. La théorie de Dirac en a fait mention. J'ai déjà dit que cette dernière était en quelque sorte une synthèse de la théorie de la relativité et de la physique atomique. Il n'est donc pas étonnant que la formule d'Einstein s'avère encore fondamentale et de manière impressionnante ici. Considérons un positron et un électron entrant en collision. Au moment du choc se produit un événement vraiment catastrophique à une échelle microphysique. Les deux particules se détruisent mutuellement en libérant de l'énergie sous forme de rayons électromagnétiques, donc de photons. La masse des deux particules s'est entièrement transformée en énergie, celle des photons du rayonnement d'annihilation, ce qui confirme l'équivalence entre la masse et l'énergie de la formule d'Einstein.

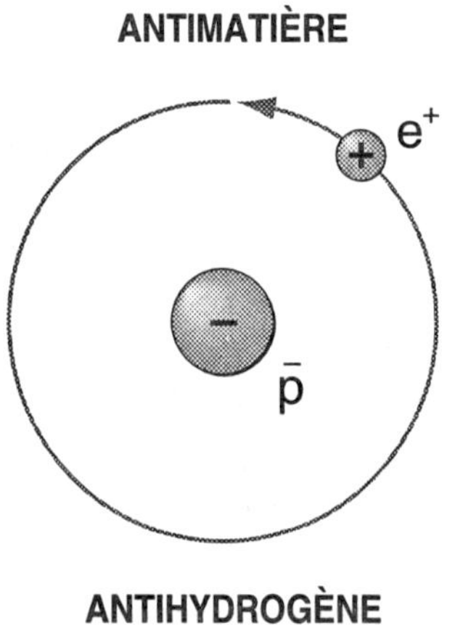

Fig. 33. L'antihydrogène est composé d'un antiproton et d'un positron.

NEWTON – Ce qu'avait observé Anderson est donc vérifié. Chaque fois qu'il trouvait une trace de positron s'interrompant brusquement, cela signifiait que le positron avait heurté un électron dans l'un des atomes et s'était désintégré avec lui.
HALLER – Exactement ! On peut même évaluer, de nouveau grâce à la théorie de Dirac, le nombre de photons apparaissant lors d'un tel processus de désintégration, à savoir deux la plupart du temps.

Anderson ne décelait évidemment que la disparition du positron. Il ne pouvait pas percevoir avec sa chambre la formation des deux photons quittant le lieu de l'annihilation avec la vitesse de la lumière, puisque les particules électriquement neutres ne sont pas détectables dans une chambre à brouillard.
NEWTON – Vous voyez, monsieur Einstein, cette étonnante annihilation des particules et des antiparticules en photons est l'application la plus radicale de votre formule. La masse totale des particules est transformée en énergie, et pas seulement une fraction de cette masse, comme dans le cas des réacteurs nucléaires ou de la fusion nucléaire. Voilà ce que j'attendais depuis si longtemps. Nous avons enfin découvert un processus par lequel toute la masse se transforme en énergie de rayonnement.
EINSTEIN – Connaissant les masses des électrons et des positrons, il est facile de déterminer l'énergie des deux nouveaux photons. Si les deux particules s'approchent lentement, leur énergie cinétique s'avérant alors négligeable, seule la masse inertielle des particules se transforme en énergie photonique. La masse inertielle d'un électron étant de 0,511 MeV, l'énergie des deux photons créés devrait être respectivement de 0,51 MeV, à condition de considérer ce processus d'annihilation dans un système de référence où les deux électrons s'approchent à une vitesse identique mais antagoniste.
HALLER – En effet. On a trouvé une étonnante concordance entre les hypothèses théoriques et les mesures expérimentales. En ce sens, les réactions d'annihilation des électrons et des

positrons sont la preuve irréfutable de votre formule, et donc de la théorie de la relativité.

EINSTEIN – Vous ne nous avez pas encore dit comment se formaient les positrons.

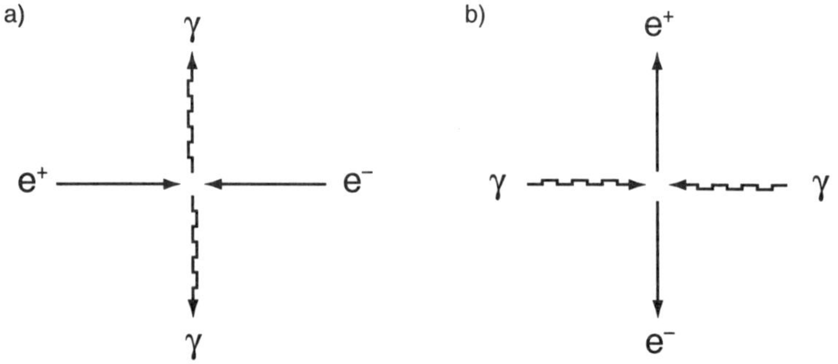

Fig. 34a. Un électron et son antiparticule, le positron, s'annihilent réciproquement tandis que sont produits deux photons. L'énergie des deux particules incidentes se retrouve dans celle des photons.
Fig. 34b. Paire électron-positron produite par transformation de deux photons. Ce processus ne peut avoir lieu, selon la formule d'Einstein, que si l'énergie du proton est suffisamment grande pour produire deux particules matérielles selon la formule d'Einstein.

HALLER – Mais je vous l'ai laissé entendre. Nous venons de voir qu'un électron et un positron s'annihilent pour former deux photons. Par ailleurs, dans la théorie de Dirac tout autant que dans la mécanique de Newton et dans la théorie de la relativité, une loi stipule que tout phénomène physique est réversible. C'est ce qu'on appelle « la loi de la réversibilité du temps ». Deux photons sont créés lors de la désintégration positron-électron. Imaginons l'interaction de deux photons. Il peut arriver que les deux photons se transforment soudain en un couple électron-positron. Auparavant, ces particules n'étaient pas là, elles ont été pour ainsi dire créées à partir du néant, ou plus exactement à partir de l'énergie. C'est exactement le processus inverse de celui de l'annihilation avec émission de radiations. Création et annihilation des particules sont par conséquent des phénomènes étroitement liés.

EINSTEIN – Je comprends. Voici notre bon vieux principe : pas de création sans destruction, pas de naissance sans mort. Un tel phénomène ne peut avoir lieu que si l'énergie des deux photons est suffisamment grande pour que, selon ma formule, on obtienne au moins les masses des deux particules.
HALLER – Bien sûr. Cela signifie que les deux photons possèdent une énergie fabuleuse d'au moins 0,511 MeV pour produire un couple positron-électron. Autrement, il ne se passe rien, ce qui revient à dire que les deux photons ne font que passer l'un à côté de l'autre.
NEWTON – J'ai encore une question. L'électron et le positron possèdent des charges électriques opposées. En cela, ils devraient se comporter comme un électron et un proton. Pourtant, si j'associe un électron et un proton, j'obtiens un atome d'hydrogène. On pourrait penser qu'un phénomène identique se produit avec le couple électron-positron, donnant lieu à une sorte d'atome, juste avant la désintégration des deux particules. Est-ce exact ?
HALLER – Sir Isaac, de nouveau vous avez anticipé. En effet, on obtient une structure analogue à celle d'un atome qu'on nomme « positronium ». Chaque fois qu'un électron et un positron s'approchent lentement l'un de l'autre, on se retrouve dans ce cas de figure. Mais on ne peut pas parler ici d'un véritable atome, car, à l'opposé d'un atome d'hydrogène, il n'y a pas de noyau atomique, les deux particules, l'électron et le positron, étant aussi lourdes l'une que l'autre. Par conséquent, chaque particule est en rotation autour de l'autre. Ce positronium a, de plus, une très courte durée de vie : au bout de moins d'un millionième de seconde après sa formation, il se désintègre, par exemple, en deux photons.
EINSTEIN – Quel chemin parcouru depuis la parution de mes premiers travaux sur la théorie de la relativité ! Quelle élégance, ce positronium : la matière et l'antimatière, étroitement imbriquées l'une dans l'autre, trouvent encore le temps de produire une sorte d'atome avant de se désintégrer, tandis que la masse se transforme entièrement en énergie de rayonnement...

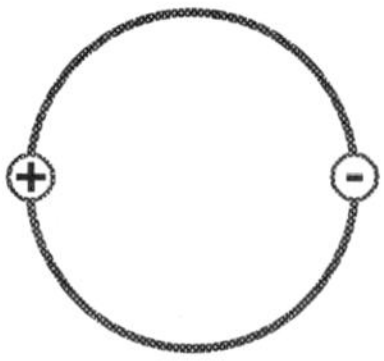

Fig. 35. Positronium, état semblable à l'atome, composé de matière et d'antimatière, ou plus exactement d'un électron et d'un positron. Les deux particules se déplacent sur une orbite. Un millionième de seconde après sa création, le positronium se désintègre. Il émet des photons, deux photons par exemple.

Et l'antimatière ! Jusqu'à présent, nous avons seulement parlé de quelques antiparticules isolées se formant plus ou moins incidemment lors des collisions de particules. On pourrait facilement imaginer qu'il existe quelque part dans le cosmos de plus grandes quantités d'antimatière, disons de l'antihydrogène ou de l'antifer. Tombant sur Terre, un morceau de fer relativement gros se désintégrerait aussitôt avec la matière présente, vraisemblablement sous la forme d'une explosion colossale, dont la force explosive excéderait de beaucoup celle d'une bombe à hydrogène.

HALLER – Tout dépend de la vitesse à laquelle matière et antimatière entrent en contact. Si nous associions un kilogramme d'antimatière avec de la matière ordinaire, ce serait l'enfer. Néanmoins, on pourrait contrôler le processus d'annihilation de telle sorte que celui-ci s'effectue progressivement et puisse être utilisé comme source d'énergie.

Techniquement, cela ne devrait pas poser de problème, car, à la différence de la fusion nucléaire par exemple, on n'a pas besoin de températures élevées pour initier la désintégration entre la matière et l'antimatière, le processus a lieu spontanément. Un kilogramme d'antimatière, désintégrée lentement avec une quantité équivalente de matière, suffirait à approvisionner en énergie, pendant une année, un pays comme la Suisse. Malheureusement, ou heureusement peut-être, nous n'avons pas d'antimatière.

Mais le soir tombe. Revenons aux choses matérielles et allons dîner ! Remettons l'antimatière à plus tard !

Je suggérai un dîner en France. Ma proposition fut acceptée à l'unanimité et nous passâmes la frontière.

CHAPITRE XX

Étonnantes particules élémentaires

Vingt minutes plus tard, nous arrivions à La Fortune du pot, un petit restaurant très agréable, juste en face des montagnes du Jura, dans le petit hameau de Saint-Jean-de-Gonville. Le garçon nous indiqua une table d'angle, où nous pourrions parler tranquillement. À peine installé, Einstein étudia intensément la carte des vins. Suivant son conseil, je commandai une bouteille de châteauneuf-du-pape. Dans le menu, nous choisîmes du râble de lièvre, un plat que j'avais particulièrement apprécié ici et que j'étais donc en mesure de recommander. Reposant la carte des vins, Einstein relança aussitôt la conversation sur l'antimatière.

EINSTEIN – Vous avez déjà évoqué à plusieurs reprises la symétrie entre la matière et l'antimatière. Mais, si je contemple l'univers qui nous entoure, cette symétrie m'échappe totalement de prime abord. Tout ce que je vois autour de nous est matière, nous, cette table, l'air que nous respirons. Le plat qu'on va nous servir provient très vraisemblablement d'un lièvre et non d'un anti-lièvre. Autrement dit, notre monde est bien un monde de matière. Pourquoi ? Pourquoi ne voyons-nous pas d'antimatière dans le cosmos ? Vous n'allez quand même pas nous dire qu'il y aurait quelque part dans l'univers des étoiles et des planètes constituées d'antimatière ?

HALLER – Vous soulevez là un problème majeur, auquel – je

vous l'avoue – nous n'avons aujourd'hui aucune réponse vraiment satisfaisante. Mais d'abord, je voudrais mentionner quelques faits. Une étoile se composant d'antimatière aurait exactement l'apparence d'une étoile ordinaire. Peu importe que la lumière émise provienne de particules de matière ou de particules d'antimatière.

NEWTON – Vous voulez dire que, dans notre galaxie, il pourrait y avoir une foule d'anti-étoiles ? Peut-être notre galaxie est-elle constituée à parts égales de matière et d'antimatière ? Il y aurait en moyenne autant de matière que d'antimatière, et la symétrie dont nous parlons serait réalisée, tout au moins en moyenne. Nous serions alors de manière purement fortuite sur une planète de matière, et une autre civilisation pourrait se trouver sur une planète d'antimatière.

HALLER – Non, c'est impossible. S'il y avait une anti-étoile quelque part dans notre voie lactée, nous observerions immanquablement de nombreux processus de rayonnement de désintégration, puisqu'un contact entre la matière de l'anti-étoile et la matière ordinaire de son environnement serait inévitable. L'émission des nombreux photons très riches en énergie en serait la conséquence. On a recherché de telles sources de rayons gamma, mais sans succès. C'est pourquoi on est sûr aujourd'hui que, dans notre galaxie tout au moins, il n'y a pas d'antimatière, hormis les rares antiparticules, à l'instar des positrons découverts par Anderson, produites au cours des collisions entre particules ordinaires,

À seulement quelques kilomètres d'ici, au CERN, il existe une grande quantité d'antiprotons. Sans exagérer, on peut dire que le CERN et le Fermi National Laboratory près de Chicago sont les seuls endroits dans notre galaxie où l'on trouve une multitude d'antiprotons. Quoi qu'il en soit, il s'agit chaque fois de quantités infimes, absolument pas macroscopiques.

Même une quantité aussi petite qu'un gramme d'antimatière n'existe nulle part dans notre galaxie sous une forme concentrée. Nous pouvons d'ailleurs être heureux qu'il n'y ait pas d'anti-étoiles dans notre galaxie. Si la nature avait écouté votre conseil, monsieur Newton, elle aurait construit notre galaxie pour moitié d'étoiles et pour moitié d'anti-étoiles, et vraisemblablement alors nous n'existerions pas. Les très fréquents phénomènes de rayonnement provenant des désintégrations déclencheraient un bombardement continuel de la Terre par des rayons gamma de très haute énergie, dont les conséquences seraient catastrophiques pour notre planète, qui dans ces conditions n'aurait jamais pu se développer.

Quand on a compris au cours du vingtième siècle que la galaxie se composait seulement de matière, on a naturellement d'abord supposé que d'autres galaxies pourraient être constituées d'antimatière. On sait maintenant que cette hypothèse est fausse, car il existe aussi entre les galaxies des phénomènes qui entraînent des échanges de faibles quantités de matière. Or ces échanges ne sont accompagnés d'aucun processus de désintégration radiative. Il est donc très vraisemblable que le cosmos tout entier, tel qu'on peut l'observer avec nos télescopes actuels, est uniquement constitué de matière. Il semble ainsi que la nature ait désavantagé l'antimatière. Certes, dans nos laboratoires de physique, les antiparticules sont en totale symétrie avec les particules. Toutefois, elles ne jouent en fin de compte aucun rôle dans l'architecture de l'univers.

NEWTON – Aujourd'hui pourtant, il doit y avoir des hypothèses pour expliquer cet étrange phénomène. Si j'étais chercheur en physique, ce sujet serait fort à mon goût.

HALLER – Des hypothèses, il y en a beaucoup. Selon une théorie, intéressante à plus d'un titre, notre monde aurait vu le jour il y a environ quinze milliards d'années au cours d'une formidable explosion, l'explosion originelle. Il y aurait eu au début une symétrie entre la matière et l'antimatière, ce qui de surcroît n'est pas rigoureusement juste, car les particules de matière étaient initialement un peu plus nombreuses que les particules d'antimatière. Il y avait, à la vérité, une particule supplémentaire pour environ dix milliards de paires matière-antimatière. Ces dernières se sont ensuite annihilées au fil du temps, si bien qu'à la fin il n'y avait plus que des particules de matière, constituant à présent le monde dont nous faisons partie.

Notre conversation fut interrompue par les serveuses qui apportaient les plats. Nous observâmes un moment de silence pour savourer ce mets délicieux.

EINSTEIN – Vous avez déjà évoqué à une autre occasion, monsieur Haller, cette étrange explosion originelle. Mais je dois avouer que je n'ai pas compris, à ce propos, ce que vous expliquiez précisément sur l'absence d'antimatière. Pourquoi, par exemple, y avait-il à l'origine cet excédent, fût-il infime, de matière ? Que s'est-il passé lors de cette explosion ? Est-on vraiment sûr qu'elle a eu lieu ?

HALLER – Cela nous écarterait trop de notre sujet. Nous voulions nous concentrer sur la théorie de la relativité et les aspects qui lui sont immédiatement liés. Si nous commençons à parler des lois cosmologiques, nous allons oublier le thème initial de notre conversation et nous perdre des jours entiers, voire des semaines, dans les méandres de l'astrophysique, de la physique des particules et de la cosmologie.

EINSTEIN – Vous avez sans doute raison. Remettons l'explosion originelle à plus tard !

NEWTON – Je suis du même avis. Certes, les hypothèses les plus récentes sur la genèse du monde m'intéressent beaucoup, mais je voudrais bien aussi en savoir davantage sur les connaissances récentes concernant l'antimatière, d'autant plus qu'il ne me reste plus beaucoup de temps. Demain soir, il me faut être de retour à Cambridge.

Revenons à l'antimatière. Jusqu'à présent nous avons seulement considéré l'annihilation d'un électron et d'un positron. Quand les deux particules entrent en collision, elles se détruisent pour former deux photons.

HALLER – C'est vrai, à condition que les particules se déplacent à une vitesse peu élevée. Si l'électron et le positron se percutent à une vitesse proche de celle de la lumière, d'autres phénomènes peuvent encore survenir. Des expériences de ce type ont été effectuées, par exemple, dans un laboratoire allemand, au Centre de recherche DESY à Hambourg.

Quand on provoque la collision d'un électron et d'un positron, ces particules possédant chacune une énergie de plusieurs gigaélectronvolts, il arrive souvent qu'elles se désintègrent en une sphère de feu microscopique. Immédiatement après, comme un phénix renaissant de ses cendres, toute une série de particules élémentaires se créent, parmi lesquelles on compte des protons et des antiprotons. Lors de telles réactions, on constate toujours que la somme des énergies des particules engendrées est exactement égale à la somme des énergies des électrons et des positrons incidents. Il y a toujours conservation d'énergie.

Il existe même des réactions au cours desquelles sont produites des particules relativement lourdes. En voici un exemple significatif. Supposons que nous envoyions un électron et un positron l'un contre l'autre, les énergies des deux particules étant de 4,7 GeV exactement. Elles se meuvent donc presque à la vitesse de la lumière. Aussitôt que les particules entrent en collision, il peut se former soudain une nouvelle particule dont la masse est exactement la somme des énergies des deux particules, à savoir 9,4 GeV. Cette particule, dix fois plus lourde que le proton, fut découverte en 1977 et produite pour la première fois une année plus tard, de la manière décrite plus haut, au Centre de recherche DESY. Elle fut nommée « ypsilon », en abrégé y.

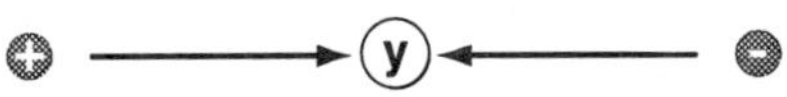

Fig. 36. Un électron et un positron possédant tous deux une énergie de 4,7 GeV entrent en collision et produisent un méson y lourd au repos.

NEWTON – La création d'une telle particule massive est par conséquent l'application la plus évidente de la formule d'Einstein, puisque l'énergie cinétique de l'électron et du positron est récupérée dans la masse.

EINSTEIN – Qu'advient-il alors de cette particule après sa création ? La retrouvera-t-on tout simplement quelque part dans les parages ?

HALLER – Pas du tout. Après une courte durée de vie, elle se désintègre en donnant d'autres particules, par exemple un électron et un positron. Lors de la désintégration, un proton et un antiproton peuvent aussi apparaître, ou encore un neutron et un antineutron, ainsi que d'autres particules.

NEWTON – Puisque nous parlons de ces particules très lourdes, nous pouvons nous demander ce qui les caractérise. Que savons-nous en réalité de cette particule y ?

HALLER – Nous revoilà dans le même dilemme. Si nous nous attardons sur les détails de la physique moderne, il nous faudra plusieurs jours pour n'en avoir en fin de compte qu'un bref aperçu. Avec mon exemple, je voulais seulement montrer qu'il était possible aujourd'hui, au moyen d'accélérateurs modernes, de créer aussi des particules très massives, par des collisions de particules légères, telles que des électrons ou des positrons par exemple. Comme vous venez de le constater, sir Isaac, il s'agit de l'une des applications les plus marquantes de la relation masse-énergie d'Einstein.

NEWTON – À plusieurs reprises, nous avons évoqué l'annihilation des électrons et des positrons. Que se passe-t-il si un proton et un antiproton entrent en collision ? Aurons-nous aussi dans ce cas deux photons comme lors d'une annihilation radiative électron-positron ? En pratique, cela pourrait arriver. Si les deux particules sont quasiment au repos juste avant la destruction, et si elles s'approchent lentement, alors l'énergie totale disponible serait le double de la masse du proton, donc de 1,88 GeV. On récupérera cette énergie dans l'énergie des deux photons.

Mais, si nous effectuons réellement l'expérience, les phénomènes auxquels nous assistons sont la plupart du temps entièrement différents. En effet, une kyrielle d'autres particules apparaissent, parmi lesquelles on compte souvent des photons ainsi que d'autres particules chargées électriquement. Je ne vais pas approfondir ici ce phénomène, qui est en rapport avec la nature des particules en collision. Les protons sont en effet des particules fort différentes des électrons.

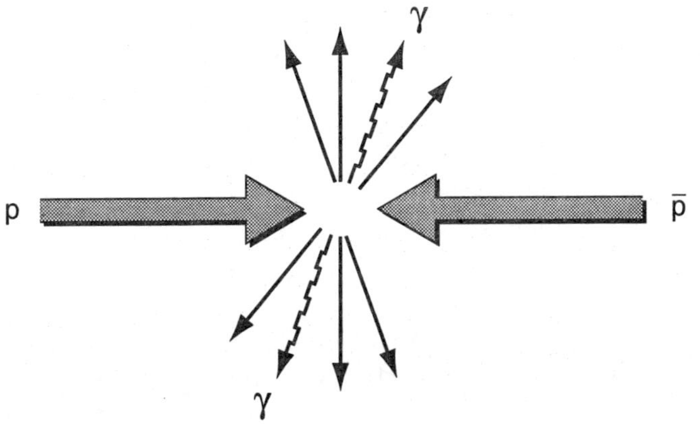

Fig. 37. Annihilation d'un proton et d'un antiproton. À la différence de l'annihilation d'un positron et d'un électron, au cours de laquelle deux photons sont fréquemment produits, on assiste ici à la création de plusieurs particules, les mésons, parfois simultanément à l'apparition de photons gamma.

EINSTEIN – Quelles sont ces particules ? Des électrons peut-être, ou des positrons ?
HALLER – Il s'agit de particules que nous n'avons pas encore mentionnées, les mésons π. Juste avant d'aborder ce sujet, permettez-moi d'ajouter que ces particules sont fréquemment produites lors de la collision de protons ou aussi de noyaux atomiques. Regardez ! j'ai justement ici une photo d'un heurt particulièrement violent. (*Einstein et Newton se penchèrent sur le cliché que je posai sur la table.*) Voilà ce qui se passe quand on projette des noyaux atomiques de soufre fortement accélérés – ils possèdent une énergie très élevée de 6 400 GeV – contre des noyaux atomiques d'or au repos.
EINSTEIN – Mon Dieu, il y a là des centaines de particules nouvelles !
HALLER – Parmi les traces que vous voyez ici, jaillissant de la gauche, beaucoup sont des traces de protons, qui apparte-

naient au noyau de soufre initial. Mais, pour la plupart, ce sont des mésons qui se forment à partir de l'énergie libérée au cours de cette collision très violente.
NEWTON – Conformément à votre formule, monsieur Einstein ! Il semble que ces mésons soient très bon marché. Visiblement, on peut les créer facilement en grande quantité au cours de collisions entre protons ou noyaux atomiques, à condition que l'énergie soit suffisante pour que la relation d'Einstein soit satisfaite.
EINSTEIN – Haller, s'il vous plaît, parlez-nous encore de ces particules étonnantes !

Mais à ce moment-là survint la serveuse avec le dessert. Un peu plus tard, nous sortions du restaurant. La lune était haute dans le ciel. Les contours des monts du Jura se découpaient sous sa vive clarté. Comme Einstein en manifesta le désir, nous déambulâmes encore dans les rue de Saint-Jean-de-Gonville et le long des champs avoisinants. Il était presque minuit quand nous arrivâmes à la voiture pour prendre le chemin du retour.

CHAPITRE XXI

La désintégration de la matière

Le lendemain matin, je retrouvai Einstein et Newton à la cafétéria du CERN. Après le petit déjeuner, nous regagnâmes mon bureau. Le temps ne nous permettait pas de prolonger nos discussions, car mes compagnons voulaient utiliser une partie de cette journée, la dernière, pour se familiariser avec certaines expériences effectuées ici.

NEWTON – Hier soir nous en sommes restés aux mésons. Il faut nous en dire plus sur ces objets singuliers !

HALLER – Vous vous souvenez des muons, ces petites particules, produites en haute atmosphère, qui pouvaient atteindre la surface de la Terre à vitesse relativiste.

EINSTEIN – Oui, grâce à la dilatation du temps.

NEWTON – Comment aurais-je oublié ces particules, responsables de l'effondrement de mon ancien édifice espace-temps ?

HALLER – Je vous ai dit précédemment que les muons se formaient au cours des collisions entre les protons du rayonnement cosmique et les noyaux atomiques de haute atmosphère. Ce n'est pas rigoureusement juste. Dans une première étape, ce sont les mésons qui apparaissent lors de tels chocs, plus précisément les mésons π qui se désintègrent en muons et en neutrinos, après un bref parcours dans l'espace.

EINSTEIN – Mais qu'est-ce que les mésons ? Sont-ils de la même famille que les protons ?

HALLER – Il existe trois types de mésons π : des mésons de charge positive, négative ou neutre. Leur masse est pratiquement identique, soit d'environ 140 MeV. Ainsi ces particules sont-elles 30 % plus lourdes que les muons. Selon leur charge électrique, on les désigne par π^+, π^- et π^o. Les muons se forment lors de la désintégration de ces mésons chargés. La durée de vie de ces particules est très courte, environ 10^{-8} secondes, c'est-à-dire un centième de microseconde.

NEWTON – Je serais curieux de savoir comment ils se désintègrent, ces mésons neutres.

HALLER – Leur durée de vie est beaucoup plus courte que celle des mésons chargés, à savoir de l'ordre de 10^{-16} secondes. Il est très difficile en général de mesurer expérimentalement un laps de temps aussi bref. Les mésons neutres se désintègrent immédiatement après leur création, et ce en deux photons.

EINSTEIN – Comme pour la désintégration du positronium, où l'électron et le positron s'annihilent ?

HALLER – Vous avez touché juste, monsieur Einstein. Il s'est avéré que les mésons ressemblent beaucoup au positronium, donc à l'état matière-antimatière.

NEWTON – Est-ce à dire que les mésons sont constitués d'électrons et de positrons ? Je ne vois pas d'où peut provenir alors la charge électrique des mésons chargés ?

HALLER – Non, je voulais simplement dire que les mésons sont faits de matière et d'antimatière. Nous savons aujourd'hui que les protons et les neutrons, ainsi que tous les noyaux atomiques, sont constitués d'objets encore plus petits, que l'on nomme les « quarks ». Un proton, par exemple, contient trois quarks. De façon analogue, un antiproton est formé de trois antiquarks.

EINSTEIN – C'est étrange ! Hier, quand nous avons regardé les clichés des collisions de particules à très haute énergie, nous avons recensé de nombreuses traces. Vous avez dit pourtant que c'était soit des mésons soit des protons. Pour quelle raison n'a-t-on pas vu de quarks ? Puisqu'il s'agissait de collisions à haute énergie, on aurait pu penser que les quarks seraient arrachés aux particules nucléaires.

HALLER – Jusqu'à présent, personne n'a encore observé en

laboratoire des quarks en tant que particules isolées. On a constaté qu'à l'intérieur des noyaux atomiques les quarks se comportaient comme des particules ordinaires, pouvant être mises en évidence indirectement. Mais séparer un quark d'un autre quark s'avère impossible. Les forces liant les quarks entre eux augmentent avec l'éloignement. Nous savons aujourd'hui avec certitude qu'il est impossible d'observer les quarks à l'état de particules isolées. Voilà pourquoi j'ai employé le mot « objet » pour désigner les quarks à l'intérieur des protons, et non le terme de « particule ».

NEWTON – Je comprends maintenant votre remarque de tout à l'heure. Ainsi donc, les mésons sont composés de matière et d'antimatière, en l'occurrence d'un quark et d'un antiquark.

HALLER – En effet. C'est dans ce sens que les mésons sont aussi apparentés au positronium, également constitué d'une particule et de son antiparticule associée. Quant aux quarks, ils apparaissent aujourd'hui étroitement impliqués dans la structure de la matière. Cela va vous étonner, il existe plusieurs sortes de quarks. Les mésons chargés sont formés de quarks d'un type et d'un antiquark d'un autre type, cela expliquant le fait que certains mésons ont une charge électrique. Les charges des différentes familles de quarks ne sont pas identiques, et la charge électrique d'un méson dépend de celles des quarks qu'il contient.

Le méson neutre π^o est composé d'un quark et de son antiquark. Dans ce cas, nous obtenons alors une structure ressemblant au positronium. Il suffit de remplacer l'électron et le positron par un quark et l'antiquark associé, et nous obtenons un méson neutre, ce qui explique aussi sa courte durée de vie, quark et antiquark n'aspirant qu'à se détruire l'un l'autre. La destruction va effectivement se produire immédiatement après la création du méson.

EINSTEIN – C'est donc là la caractéristique des mésons. Ils sont simultanément matière et antimatière. Aussitôt après la création de ces particules, une sorte d'énergie de liaison est libérée au cours de la désintégration qui suit.

HALLER – On peut le dire ainsi. Les mésons neutres sont par

conséquent les témoins éphémères de votre formule. Au moment de leur désintégration, leur masse totale d'environ 2×10^{-25} grammes est transformée en énergie de rayonnement.

NEWTON – Nous avons tant parlé des particules instables que peu à peu je crains que les protons, en l'occurrence les noyaux atomiques, se révèlent aussi être des particules instables. D'où savons-nous après tout que les protons sont stables ? N'est-il pas étrange que, dans la physique des particules élémentaires, on ait constamment affaire à des particules instables et que, d'un autre côté, les noyaux atomiques soient stables ?

HALLER – C'est une notion plus fondamentale. Nous supposons aujourd'hui que la matière, dont nous sommes également constitués, est apparue il y a environ quinze milliards d'années, comme résultat de l'explosion originelle, le big bang. Or dans la nature domine une loi qui, semble-t-il, est irrévocable : si une chose se crée, elle va aussi se désintégrer. Naissance et mort sont étroitement liées. Si la matière nucléaire s'est formée à un certain moment, il faut qu'elle puisse à nouveau disparaître. C'est pourquoi nous supposons que les protons aussi ne sont pas stables, et que, au cours du temps, ils peuvent à nouveau se désintégrer.

EINSTEIN – Comment un proton pourrait-il se désintégrer ?

HALLER – Une éventualité intéressante serait la désintégration en un positron, reprenant en quelque sorte la charge électrique du proton, et en un méson neutre, qui aussitôt après sa création se désintégrerait en deux photons.

NEWTON – Un positron se forme ! Supposons que nous considérions de l'hydrogène. Le positron s'arrachant du proton pourrait percuter incidemment l'électron de l'enveloppe. Il en résulterait la désintégration de cette dernière en deux photons. Voyez donc, monsieur Einstein, ce qui s'est passé : l'atome d'hydrogène tout entier s'est décomposé en quatre photons – il s'est évanoui sous forme d'énergie –, conformément à votre formule.

EINSTEIN – Je ne parviens pas à vous croire, Haller. Si le pro-

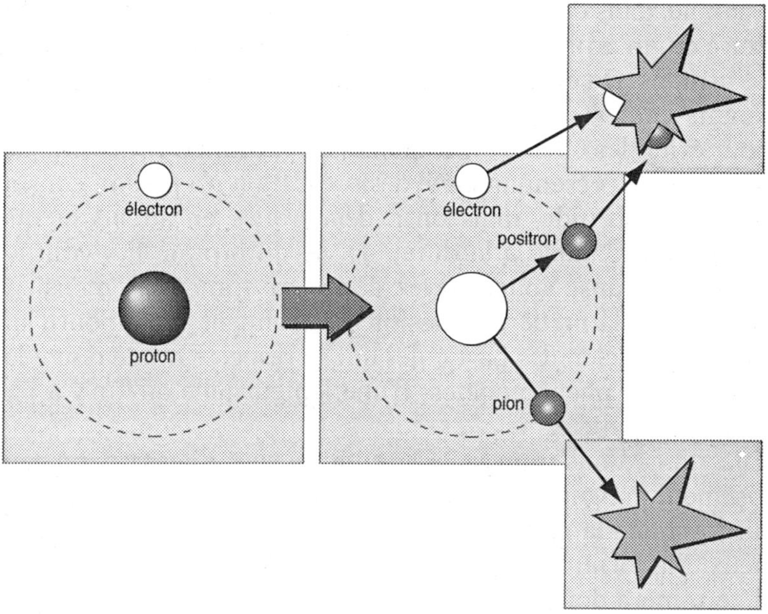

Fig. 38. Désintégration possible du noyau d'hydrogène. Le proton se désintègre en un positron et un méson neutre. Ce dernier se désintègre à son tour en émettant deux photons pendant que l'électron et le positron s'annihilent en émettant également deux photons. L'atome tout entier s'est transformé en énergie de rayonnement.

ton peut se désintégrer, pourquoi y a-t-il encore des protons sur Terre ? Pourquoi n'ont-ils pas tous disparu ?

HALLER – Il n'y a qu'une réponse. La durée de vie des protons est très longue. On possède aujourd'hui des repères concrets, plus exactement des théories en ce sens, stipulant que la durée de vie est en moyenne d'environ 10^{32} à 10^{33} ans, donc d'environ cent milliards de milliards de milliards d'années.

NEWTON – Mais c'est une durée de vie inimaginable ! Cela veut-il dire qu'on ne pourra jamais observer cette désintégration ?

HALLER – Pas du tout. Il s'agit seulement d'une durée de vie moyenne. Il faut simplement observer beaucoup de protons pour avoir une chance d'assister à une désintégration. Par exemple, dans quelques milliers de tonnes d'eau, il doit se produire en un an environ quelques douzaines de désintégrations de protons. On effectue aujourd'hui de telles expériences à différents endroits sur Terre, le plus souvent dans des mines, pour éviter les effets perturbateurs du rayonnement cosmique.

Jusqu'à présent, aucune désintégration n'a pu être constatée avec certitude, mais on a déjà trouvé en attendant une limite considérable à la durée de vie du proton. Il vivrait au moins 10^{31} ans. Vous pouvez donc être tranquille, monsieur Einstein, si la matière se désintègre vraiment – et aujourd'hui aucun physicien des particules qui se respecte n'a de doute là-dessus –, ce phénomène est d'une lenteur telle qu'il n'y a pas lieu de s'inquiéter.

EINSTEIN – Vous trouvez ? Car enfin, si vous dites vrai, on peut aisément prévoir ce qu'il arrivera à notre monde dans un avenir lointain : la matière se désintégrera en rayonnement lumineux. Ma formule sur l'équivalence de l'énergie et de la masse déterminera donc également la fin de notre monde. Dans une époque très éloignée, l'univers sera un océan de particules de lumière, sans étoiles et sans galaxies. Il n'y aura plus aucune trace de la magnificence du cosmos, plus aucune trace des êtres ayant réussi à comprendre un peu la dynamique du cosmos. Seuls subsisteront l'espace, le temps et l'énergie. Pas le moindre vestige de la Terre et de notre présence ici...

NEWTON – *Gentlemen* ! Mais seulement dans un avenir très très lointain ! (*L'émotion lui coupant le souffle, sir Isaac marqua une pause...*) Il y a quelques jours nous avons commencé nos conversations par des considérations sur l'espace et le temps. Puis nous avons abordé l'énigme de la constance de la vitesse de la lumière qu'Einstein a résolue avec génie. Ensuite, nous avons avancé par étapes, chaque pas entraînant nécessairement le suivant. Maintenant nous en sommes arrivés à la désintégration de la matière, au dénouement ultime de l'univers. Votre formule, monsieur Einstein, a tenu la place de l'accoucheur de la matière au cours de l'explosion originelle. Il semble qu'elle jouera un rôle aussi fondamental au moment de sa disparition, dans les temps à venir.

Monsieur Haller, lorsque nous nous sommes rencontrés à Cambridge, nous voulions seulement parler de la théorie de la relativité. Voilà que nous y avons passé plusieurs jours, chaque idée nouvelle en entraînant toujours une autre.

De mon temps, et surtout quand j'écrivais les *Principia*, combien de fois me suis-je demandé ce qu'il adviendrait des sciences naturelles... J'avais eu l'intuition d'un système fermé, capable de tout expliquer. Comme je me trompais ! Jamais je n'aurais imaginé que la « philosophie de la nature », que j'ai contribué à fonder, évoluerait ainsi, qu'elle deviendrait aussi intéressante et variée que la physique aujourd'hui... Je parle aussi, je crois, au nom de monsieur Einstein, quand je vous souhaite à vous et à vos collègues toutes les meilleures choses du monde.

Nous traversâmes les couloirs du CERN jusqu'au bureau du collègue de physique expérimentale, qui avait promis de présenter encore quelques installations à mes compagnons. Pendant ce temps, je voulais régler par téléphone les formalités du départ, commander le taxi d'Einstein pour la gare, d'où il prendrait le train pour Berne, le taxi de Newton pour l'aéroport. J'allai à mon bureau et...

Épilogue

« Et après ? »

Haller et moi, nous étions toujours assis à l'entrée d'El Capitan State Park, face aux hautes vagues du Pacifique. Haller avait subitement interrompu son récit.

« Et après ? demandai-je. As-tu vu Einstein et Newton à nouveau ? Les as-tu vus de tes propres yeux ?

– Mais non ! Je les ai quittés pour aller dans mon bureau. À peine en avais-je franchi la porte que je perçus la vive lumière du soleil à travers mes paupières. Je me réveillai sur ma pelouse de Cambridge. Le soleil était à son zénith. J'avais dû dormir plusieurs heures. Et j'avais rêvé avec une intensité et une richesse de détails jamais connues auparavant. Newton et Einstein occupèrent mes pensées tout le reste de la journée. Pendant l'après-midi que je passai encore au Trinity College, mes yeux restaient en quête de la silhouette de Newton. En vain. Le rêve s'était évanoui. »

Glossaire

ACCÉLÉRATEUR DE PARTICULES : Un accélérateur de particules est utilisé pour porter à haute énergie des particules chargées électriquement, en général des électrons ou des protons. L'accélération des particules résulte de champs électromagnétiques. Il existe des accélérateurs en forme d'anneau torique et des accélérateurs linéaires. Le plus grand accélérateur du monde est le LEP, au CERN, dont l'étendue est de 23 km (mis en service en 1989).

ACCÉLÉRATION : On appelle accélération la variation de la vitesse en fonction du temps.

ANNEAU DE STOCKAGE : Dispositif en anneau dans lequel se déplacent des particules portées à très grande vitesse.

ANNÉE-LUMIÈRE : Mesure de distance astronomique représentant la distance que parcourt la lumière en une année : $9{,}46 \times 10^{12}$ km.

ANTIMATIÈRE : On appelle « antimatière » la matière composée d'antiparticules des particules nucléaires (antiprotons, antineutrons) et de positrons.

ANTIPARTICULE : À chaque particule correspond son antiparticule possédant la même masse, mais une charge électrique opposée. Par exemple, l'antiparticule de l'électron est le positron, particule chargée positivement. Certaines particules neutres sont identiques à leur antiparticule, par exemple le photon ou le pion neutre.

ATOME : La matière est constituée d'atomes. Les atomes à leur tour sont composés d'un noyau chargé positivement, qui lui-même est formé de particules nucléaires, les protons et les neutrons, et d'un cortège de particules chargées négativement. Comparativement à la taille d'un atome déterminée par son cortège, le noyau est très petit. Son diamètre n'est que le dix millième du diamètre de l'atome. Malgré la petitesse du noyau, la plus grande partie de la masse atomique y est concentrée.

CERN : Abréviation de « Conseil européen pour la recherche nucléaire ». Le CERN est le plus grand laboratoire de recherche en physique des particules élémentaires du monde. Il a été fondé en 1954 par douze pays d'Europe de l'Ouest.

CONSTANTE RADIOACTIVE, PÉRIODE RADIOACTIVE, DEMI-DURÉE DE VIE RADIOACTIVE : On désigne par ces termes la durée au bout de laquelle la moitié d'une substance radioactive se désintègre. Par exemple, pour l'uranium 238, cette période est d'environ 4,5 milliards d'années. Le tritium a une constante radioactive de 12,3 années, le strontium 89 de seulement 50,5 jours. La durée de vie radioactive du césium 137 est d'environ trente ans.

DÉSINTÉGRATION BÊTA : On caractérise ainsi la désintégration d'un neutron en un proton, d'un électron en un antineutrino électronique. Cette désintégration est provoquée par l'interaction faible.

DESY : Abréviation des mots allemands *Deutsche Elektronensynchrotron*, centre allemand de recherche sur les particules élémentaires situé à Hambourg. Le plus grand accélérateur du DESY est l'accélérateur Hera, grand anneau de stockage, à l'intérieur duquel des électrons et des protons entrent en collision. Mis en fonction en 1990.

DEUTON : Particule composée d'un proton et d'un neutron, formant le noyau du deutérium (hydrogène lourd).

ÉLECTRODYNAMIQUE : Étude des phénomènes électromagnétiques et de leurs effets.

ÉLECTRON : Plus légère particule chargée électriquement. Les électrons sont les constituants du cortège de l'atome. L'électron porte une charge électrique qu'on qualifie de charge élémentaire et qui en valeur correspond exactement à celle du proton avec un signe négatif. On ignore aujourd'hui encore si l'électron est une particule élémentaire ponctuelle ou étendue spatialement.

ÉNERGIE : On désigne par ce mot la capacité à réaliser un travail. L'énergie peut apparaître sous différentes formes, par exemple l'énergie cinétique ou énergie de mouvement. Conformément à la théorie de la relativité, l'énergie et la masse sont interchangeables. On mesure l'énergie en joules (J), c'est-à-dire Ws. Dans la vie quotidienne, on exprime souvent l'énergie en kWh. En physique nucléaire et en physique des particules, on la mesure souvent en électronvolts (eV). Un électronvolt est l'énergie que possède un électron quand il est accéléré au moyen d'une différence de potentiel de 1 volt.

ESPACE-TEMPS : Association introduite par la théorie de la relativité. Le système de coordonnées espace-temps est à quatre dimensions : trois dimensions d'espace et une de temps.

ÉTHER : Milieu hypothétique, grâce auquel on espérait ramener les forces à longue portée, par exemple les forces de gravitation ou les forces électromagnétiques, à des forces à courte portée. Un éther remplissant tout l'espace est très proche du concept newtonien d'un espace absolu, indépendant du système de référence de l'observateur. Au moyen de l'éther, on a aussi essayé de décrire la propagation des champs et des ondes électromagnétiques. La physique moderne a abandonné la notion d'éther, on y décrit les forces comme des effets de champs gravitationnels ou électromagnétiques.

FISSION NUCLÉAIRE : Division d'un noyau atomique lourd en deux ou plusieurs noyaux plus légers. Comme un processus de désintégration radioactif, la fission nucléaire peut se dérouler spontanément ou sous l'action d'un bombardement de particules, par exemple de neutrons. Lors de la fission d'atomes lourds, de l'énergie peut être libérée.

FORCE DE PESANTEUR OU INTERACTION GRAVITATIONNELLE : La force de pesanteur, ou gravitation, est la force la plus faible rencontrée dans la nature. La masse en est à l'origine : toutes les masses s'attirent. Sa valeur dépend de la grandeur des masses et de la distance entre elles.

FORCE ÉLECTROMAGNÉTIQUE : Ce terme désigne généralement les

effets agissant sur les particules ou les corps chargés électriquement. La force d'attraction ou de répulsion électrique, entre deux corps de même charge ou de charge opposée, en est un exemple. Les forces électromagnétiques résultent du champ de force électromagnétique.

FORCE NUCLÉAIRE : Force assurant la cohésion entre les particules nucléaires dans le noyau. Aujourd'hui, on peut décrire cette force comme la conséquence indirecte des forces les plus fortes que nous connaissons dans la nature, les forces entre les quarks qui constituent les particules nucléaires. Mais elle agit seulement à faible distance et n'est donc pas détectable macroscopiquement.

FUSION NUCLÉAIRE : Lors d'une réaction de fusion nucléaire, deux petits noyaux se fondent en un nouveau noyau plus lourd. Au cours de la fusion nucléaire, une énergie considérable est libérée puisqu'une partie de la masse totale s'est transformée en énergie selon l'équivalence entre masse et énergie. L'énergie des étoiles est produite grâce à la fusion nucléaire.

GALAXIE : Grand amas d'étoiles pouvant contenir jusqu'à mille milliards d'étoiles dont la cohésion est assurée par la gravitation. On observe des galaxies elliptiques, spirales, des galaxies aplaties et d'autres appelées « galaxies irrégulières ».

INTERACTION FAIBLE : Force très faible agissant entre les électrons, les neutrinos et les quarks. Elle est, par exemple, à l'origine de la désintégration β. L'interaction faible intervient lors de l'échange de particules élémentaires, nommées « bosons faibles ». Ces particules sont environ cent fois plus lourdes que le proton. C'est pourquoi l'interaction faible est à très courte portée.

LIGNE D'UNIVERS : Elle décrit le comportement d'un corps dans l'espace-temps.

MASSE : Grandeur physique fondamentale, mesurant l'inertie qu'oppose un corps au changement de son état de mouvement, ou son poids dans le champ gravitationnel d'autres corps. Dans la théorie de la relativité, la masse d'un corps dépend de son état de mouvement. L'équivalence masse-énergie a été découverte par Einstein.

MUON : Particule de la famille de l'électron dont la masse est environ deux cents fois plus grande. Le muon est instable et se désintègre immédiatement après sa création en un électron et un neutrino.

NEUTRINO : Partenaire neutre électriquement de l'électron, désigné par le symbole ν. Jusqu'à présent, on a établi l'existence de trois neutrinos différents : le neutrino électronique, le neutrino μ et le neutrino τ.

PARTICULE ALPHA : Noyaux d'hélium, composés de deux protons et de deux neutrons. Les particules alpha sont produites lors de certaines désintégrations radioactives (appelées « rayonnement alpha »). En abrégé, « particule α ».

PARTICULE ÉLÉMENTAIRE : Outre les constituants de l'atome, on connaît aujourd'hui des centaines d'autres particules élémentaires. La plupart ne sont pas vraiment élémentaires, mais se composent d'autres constituants, les quarks. On peut ramener les particules observées à six quarks et à six leptons, c'est-à-dire à des particules de la famille des électrons. La matière ordinaire est cependant composée de deux quarks, appelés u et d, et des électrons.

PHOTON : Particule de lumière, souvent désignée par le symbole γ. Les photons n'ont pas de masse inertielle et se déplacent donc toujours à la vitesse de la lumière.

PION : Aussi appelé « méson π ». Particule élémentaire d'interaction forte instable apparaissant sous trois formes différentes, deux formes chargées ($\pi+$, $\pi-$) et une neutre π^o. On sait aujourd'hui que les mésons π sont les particules les plus légères formées de quarks et d'antiquarks.

PLASMA : Si on élève la matière à haute température, sa structure atomique en est détruite, à cause des collisions entre atomes. Il se forme un mélange de noyaux atomiques et d'électrons appelé « plasma ». La matière interne des étoiles est en général un plasma.

PROTON : Particule élémentaire chargée positivement, ou encore noyau d'hydrogène. Le noyau atomique est constitué de protons et de neutrons.

QUANTITÉ DE MOUVEMENT : Cette grandeur a été introduite par Newton et désigne le produit de la masse par la vitesse.

QUARKS : Constituants des particules élémentaires. Jusqu'à

aujourd'hui, on a établi l'existence de six différents types de quarks, lesquels sont désignés par les symboles u, d, s, c, b et t. On suppose qu'il est impossible d'obtenir les quarks comme particules isolées, étant donné que les forces entre quarks augmentent énormément avec les distances.

RADIOACTIVITÉ : Quand les noyaux atomiques émettent spontanément des particules, ils sont dits « radioactifs ». Selon le type de particules émises, on distingue trois sortes de radioactivité : le rayonnement α, le rayonnement β et le rayonnement γ. Les émissions α sont des noyaux d'hélium. Les émissions β sont composées d'électrons. Les émissions γ sont des photons de grande énergie. La radioactivité est dangereuse car elle peut détruire des molécules importantes de la matière vivante, par exemple celles qui portent le patrimoine génétique.

RAYONNEMENT COSMIQUE : Rayonnement de particules produit par leurs collisions lors de leur entrée dans l'atmosphère terrestre. Le rayonnement cosmique est composé essentiellement de protons, de neutrons, de noyaux d'atomes légers et de pions. Ces derniers ont une durée de vie très courte et se désintègrent au cours de leur chute vers la Terre soit en photons soit en muons et neutrinos.

SUPERNOVA : Explosion d'étoile, lors de laquelle la plus grande partie de la matière stellaire est projetée dans l'espace sidéral. Pendant cette explosion, l'énergie libérée est aussi grande que celle que rayonnerait le soleil en plusieurs milliards d'années. La dernière supernova observée dans notre galaxie a été décrite par Johannes Kepler en 1604. En 1987 explosa une supernova dans le Nuage de Magellan, une des plus petites galaxies à proximité de la nôtre.

SYSTÈME INERTIEL : Système de référence en physique dans lequel la trajectoire d'un corps qui n'est soumis à aucune interaction décrit une droite.

Index

Table

Ouvrage publié sous la responsabilité
éditoriale de Gérard Jorland

Figures reproduites par l'agence Agraph

CET OUVRAGE A ÉTÉ TRANSCODÉ
ET ACHEVÉ D'IMPRIMER SUR ROTO-PAGE
PAR L'IMPRIMERIE FLOCH À MAYENNE
EN JANVIER 2006

N° d'impression : 64833.
N° d'édition : 7381-0551-2.
Dépôt légal : août 1998.

Imprimé en France.